“十二五”江苏省高等学校重点教材（编号：2013-2-041）

卓越工程技术人才培养特色教材

U0890871

太阳能热利用技术

主 编 邵理堂 刘学东 孟春站

江苏大学出版社
JIANGSU UNIVERSITY PRESS
镇 江

图书在版编目(CIP)数据

太阳能热利用技术 / 邵理堂,刘学东,孟春站主编
. — 镇江 : 江苏大学出版社, 2014.6(2021.2 重印)
ISBN 978-7-81130-733-7

Ⅰ.①太… Ⅱ. ①邵… ②刘… ③孟… Ⅲ. ①太阳能利用—高等学校—教材 Ⅳ. ①TK519

中国版本图书馆 CIP 数据核字(2014)第 125251 号

太阳能热利用技术

主　　编/邵理堂　刘学东　孟春站
责任编辑/李经晶
出版发行/江苏大学出版社
地　　址/江苏省镇江市梦溪园巷 30 号(邮编: 212003)
电　　话/0511-84446464(传真)
网　　址/http://press.ujs.edu.cn
印　　刷/广东虎彩云印刷有限公司
开　　本/718 mm×1 000 mm　1/16
印　　张/17
字　　数/324 千字
版　　次/2014 年 6 月第 1 版
印　　次/2021 年 2 月第 4 次印刷
书　　号/ISBN 978-7-81130-733-7
定　　价/42.00 元

江苏省卓越工程技术人才培养特色教材建设
指导委员会

序

深化高等工程教育改革、提高工程技术人才培养质量，是增强自主创新能力、促进经济转型升级、全面提升地区竞争力的迫切要求. 近年来，江苏高等工程教育飞速发展，全省 46 所普通本科院校中开设工学专业的学校有45 所，工学专业在校生约占全省普通本科院校在校生总数的 40%，为“十一五”末江苏成功跻身全国第一工业大省做出了积极贡献.

“十二五”时期是江苏加快经济转型升级、发展创新型经济、全面建设更高水平小康社会的关键阶段. 教育部“卓越工程师教育培养计划”启动实施以来，江苏认真贯彻教育部文件精神，结合地方高等教育实际，着力优化高等工程教育体系，深化高等工程教学改革，努力培养造就一大批创新能力强、适应江苏社会经济发展需要的卓越工程技术后备人才.

教材建设是人才培养的基础工作和重要抓手. 培养高素质的工程技术人才，需要遵循工程技术教育规律，建设一套理念先进、针对性强、富有特色的优秀教材. 随着知识社会和信息时代的到来，知识综合、学科交叉趋势增强，教学的开放性与多样性更加突出，加之图书出版行业体制机制也发生了深刻变化，迫切需要教育行政部门、高等学校、行业企业、出版部门和社会各界通力合作，协同作战，在新一轮高等工程教育改革发展中抢占制高点.

2010 年以来，江苏大学出版社积极开展市场分析和行业调研，先后多次组织全省相关高校专家、企业代表就应用型本科人才培养和教材建设工作进行深入研讨.经各方充分协商，拟定了“江苏省卓越工程技术人才培养特色教材”开发建设的实施意见，明确了教材开发总体思路，确立了编写原则：

一是注重定位准确，科学区分.教材应符合相应高等工程教育的办学定位和人才培养目标，恰当把握与研究型工程人才、设计型工程人才及技能型工程人才的区分度，增强教材的针对性.

二是注重理念先进，贴近业界.吸收先进的学术研究与技术成果，适应经济转型升级需求，适应社会用人单位管理、技术革新的需要，具有较强的领先性.

三是注重三位一体，能力为重.紧扣人才培养的知识、能力、素质要求，着力培养学生的工程职业道德和人文科学素养、创新意识和工程实践能力、国际视野和沟通协作能力.

四是注重应用为本，强化实践.充分体现用人单位对教学内容、教学实践设计、工艺流程的要求以及对人才综合素质的要求，着力解决以往教材中应用性缺失、实践环节薄弱、与用人单位要求脱节等问题，将学生创新教育、创业实践与社会需求充分衔接起来.

五是注重紧扣主线，整体优化.把培养学生工程技术能力作为主线，系统考虑、整体构建教材体系和特色，包括合理设置课件、习题库、实践课题以及在教学、实践环节中合理设置基础、拓展、复合应用之间的比例结构等.

该套教材组建了阵容强大的编写专家及审稿专家队伍，汇集了国家教学指导委员会委员、学科带头人、教学一线名师、人力资源专家、大型企业高级工程师等.编写和审稿队伍主要由长期从事教育教学改革实践工作的资深教师、对工程技术人才培养研究颇有建树的教育管理专家组成.在编写、审定教材时，他们紧扣指导思想和编写原则，深入探讨、科学创新、严谨细致、字斟句酌，倾注了大量的心血，为教材质量提供了重要保障.

该套教材在课程设置上基本涵盖了卓越工程技术人才培养所涉及的有关专业的公共基础课、专业公共课、专业课、专业特色课等；在编写出版上采取突出重点、以点带面、有序推进的策略，成熟一本出版一本.希望大家在教材的编写和使用过程中，积极提出意见和建议，集思广益，不断改进，以期经过不懈努力，形成一套参与度与认可度高、覆盖面广、特色鲜明、有强大生命力的优秀教材.

江苏省教育厅副厅长 丁晓昌

前　言

20 世纪 70 年代以来，鉴于常规能源供给的有限性和环保压力的增加，世界上许多国家掀起了开发利用太阳能等可再生能源的热潮. 开发和利用新能源特别是太阳能已成为国际社会的一大主题和共同行动. 随着新能源利用技术的突破和产业化发展，部分西方国家已经在战略上将新能源作为近中期的重要替代能源和中长期的主体能源. 太阳能作为一种取之不尽、用之不竭的绿色能源，更具有其特殊的优势和广阔的发展空间.

太阳能是各种可再生能源中最重要的基本能源，生物质能、风能、海洋能、水力能等都来自太阳能. 广义上，太阳能包含以上各种可再生能源；狭义上，则是指太阳能的直接转化和利用. 按照利用途径的不同，太阳能利用技术可分为太阳能热利用、太阳能光伏发电、太阳能光化学利用等几种形式，而其中太阳能热利用技术相对发展最为成熟.

太阳能热利用技术涉及物理、材料、热工、电子等多个学科领域，将这些知识合理地融合到一起并满足本科教学的需要，是编者需要首先解决的问题. 本书在内容选取上，从太阳辐射的基本理论、太阳辐射能的转换技术及工艺、太阳能的集热技术、热能的储存技术到热利用系统的性能分析方法和系统集成设计方法，基本上涵盖了目前太阳能热利用领域的主要技术和方法. 内容安排兼顾基础和工程应用两个方面，既注重太阳能热利用的基本理论和基本知识，又反映出利用基本知识分析实际问题并进行系统集成设计的方法，同时力争将最新的工程技术和方法吸收到教材中来. 取材上力争做到深浅适度，并能与相关课程相互衔接，避免不必要的交叉重复.

本书在结构上，基本可以分为理论、技术和应用三个模块，各模块之间既相互联系又相对独立，有利于按需施教. 理论知识模块论述全面简洁，技术和应用模块重视知识的应用、融合与贯通. 通过本课程的学习，能有效提高学生解决工程实际问题的能力和创新能力.

全书共分 8 章，第 1 章至第 2 章为太阳能热利用的基础理论，主要介绍太阳辐射的特点、计算方法以及太阳能热利用中各选择性涂层材料及其制备方法；第 3 章至第 5 章为太阳能集热技术，主要介绍平板集热器、真空管集热器、聚光集热器的原理及性能分析方法;第 6 章为太阳能热储存,主要介绍太阳能的热储存方法;第 7 章至第 8 章为太阳能热利用工程的内容,主要介绍太阳能热水系统的分析及设计方法.

本书由淮海工学院新能源科学与工程系邵理堂、刘学东、孟春站主编.第 1,6 章由孟春站编写;第 2 章由刘学东编写;第 3,4,5,7,8 章由邵理堂编写,并由其完成全书的统稿工作.

本书初稿承蒙东南大学王式民教授、陈振乾教授,江苏大学王助良教授,南京理工大学张后雷教授,淮海工学院李明教授仔细审阅,提出了许多宝贵的修改意见,特此致谢.淮海工学院新能源科学与工程系的各位同事特别是李志国、宋祥磊两位老师协助进行了插图及文字校对等工作,为编者提供了不少帮助.在本书的编写过程中,编者参考了大量的文献资料,在此对这些文献资料的作者一并表示衷心感谢.

限于编者水平,书中缺点和错误之处在所难免,衷心希望读者批评指正.

编　者

2014 年 6 月

目　录

第 1 章

太阳辐射

1.1　太阳　太阳能

1.1.1　太阳

太阳是位于太阳系中心的恒星，离地球的平均距离为 1.5×10^{8} km，是太阳系唯一会发光的天体，其直径大约是 1.39×10^{6} km，相当于地球直径的 109 倍，体积大约是地球的 130 万倍，质量为 1.989×10^{30} kg(约是地球的 332 000 倍)，平均密度约为地球的 1/4. 从化学组成来看，太阳物质构成中大约 3/4 是氢，剩下的几乎都是氦，其他包括氧、碳、氖、铁和其他的重元素在内质量少于 2%. 可以说，太阳是一个主要由氢和氦组成的炽热气体火球.

太阳内部通过核聚变把氢转变为氦，在反应过程中，太阳每秒要亏损 4.0×10^{9} kg 质量(每 1 g 氢转变成氦时质量亏损 0.072 g)，根据质能方程($E=mc^2$)，可产生 360×10^{21} kW 的能量. 这股能量以电磁波形式向空间四面八方传播，到达地球大气层上界的只占上述总功率的 1/(20 亿)，即 180×10^{12} kW. 考虑到穿越大气层时的衰减，最后到达地球表面的功率约为 85×10^{12} kW，相当于全世界发电量的几十万倍，从这个意义上讲太阳提供的能量是无穷尽的.

太阳结构如图 1-1 所示. 按照由里往外的顺序，太阳由核心、辐射层、对流层、光球层、色球层、日冕层构成. 光球层之下称为太阳内部，光球层之上称为太阳大气.

1) 核反应区

太阳的半径为 R，在 $0\sim0.25R$ 范围内为太阳核心，是太阳放射巨大能量的真正源头，也称为核反应区. 这里温度高达 1 500 万度，压力相当于 3 000 亿个大气压，随时都在进行着 4 个氢核聚变成 1 个氦核的热核反应. 根据原子核物理学和质能方程，每秒钟有质量为 6 亿吨的氢经过热核聚变反应成为 5.96 亿吨的氦，并释放出相当于 400 万吨氢的能量，正是这巨大的能源给我们带来了光和热,而损失的质量与太阳的总质量相比,却是不值一提的.根据对太阳内部氢含量的估计,太阳至少还有 50 亿年的正常寿命.

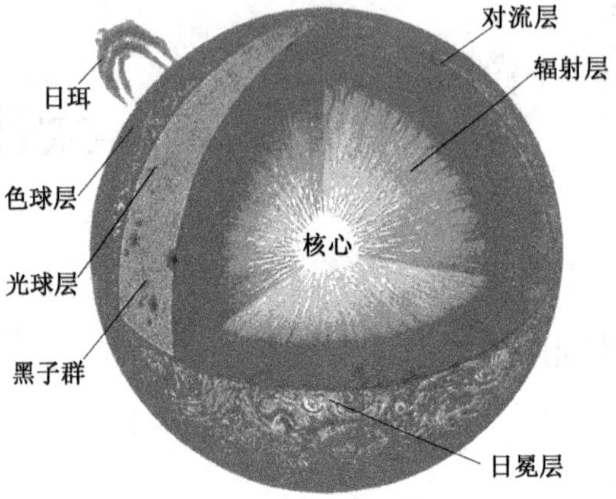

图 1-1　太阳结构

2) 辐射层

0.25 R～0.86 R 范围内是太阳辐射层,这里包含了各种电磁辐射和粒子流.辐射从内部向外部的传递过程是多次被物质吸收而又再次发射的过程.

3) 对流层

对流层是辐射层的外侧区域,其厚度约有十几万千米,由于这里的温度、压力和密度梯度都很大,太阳气体呈对流的不稳定状态.太阳内部能量就是靠物质的这种对流,由内部向外部传输.

4) 光球层

对流层的外层也就是肉眼可见的太阳表面,称为光球.光球是一层不透明的气体薄层,它确定了太阳非常清晰的边界,其温度约为 6 000 K,密度为 10^{-3} kg/m^3,厚约 500 km.光球内的气体电离程度很高,因而能吸收和发射连续的辐射光谱.光球是太阳的最大辐射源,几乎所有的可见光都是从这一层发射出来的.光球表面常有黑子及光斑活动,对于太阳辐射量及电磁场有强烈的影响,其活动周期约为 11 年.

5) 色球层

色球层位于光球层之上,厚度约为 2 000 千米.太阳的温度从核心向外直到光球层逐渐下降,但到了色球层,却又反常上升,到色球层顶部时已达几万度.由于色球层发出的可见光总量不及光球层的 1%,因此人们平常看不到它.只有在发生日全食时,即食既之前几秒或者生光以后几秒,在光球所发射的明亮光线被月影完全遮掩的短暂时间内,肉眼才能在日面边缘看到太阳呈现出狭窄的玫瑰红色的发光圈层，这就是色球层. 平时，科学家们要通过单色光(波长为 656.3 nm)色球望远镜才能观测到太阳色球层.

6) 日冕层

日冕层是太阳大气的最外层，由高温、低密度的等离子体组成，亮度微弱，在白光中的总亮度比太阳圆面亮度的百分之一还低，约相当于满月的亮度，因此只有在日全食时才能展现其光彩，平时观测则要使用专门的日冕仪. 日冕层的温度高达百万度，其大小和形状与太阳活动有关，在太阳活动极大年时，日冕层接近圆形；在太阳宁静年时，则呈椭圆形. 自古以来，观测日冕的传统方法都是等待一次罕见的日全食. 在黑暗的天空背景上，月面把明亮的太阳光球面遮掩住，而在日面周围呈现出青白色的光区，这就是人们期待观测的太阳最外层大气——日冕层，如图 1-2 所示.

图 1-2 日冕

1.1.2 太阳光谱

如前所述，太阳并不是某一固定温度的黑体辐射体，而是各层发射和吸收各种波长的综合辐射体. 太阳辐射中辐射能按波长的分布称为太阳辐射光谱. 大气上界太阳光谱能量分布曲线，与用普朗克黑体辐射公式计算出的 6 000 K 的黑体光谱能量分布曲线非常相似. 因此可以把太阳辐射看作黑体辐射. 根据维恩位移定律可以计算出太阳辐射峰值的波长 λ_{max} 为 0.475 μm. 在全部太阳辐射能中，波长在 0.15～4 μm 的占 99%以上，且主要分布在可见光区和红外区，前者约占太阳辐射总能量的 50%，后者约占 43%；紫外区的太阳辐射能很少，只占总量的约 7%. 在太阳能热利用技术中，可将太阳看成温度为 6 000 K，波长为 0.3～3 μm的黑体辐射.

图 1-3 为日地平均距离的标准太阳辐射光谱. 为使用方便，相应的数据列在表 1-1 上.

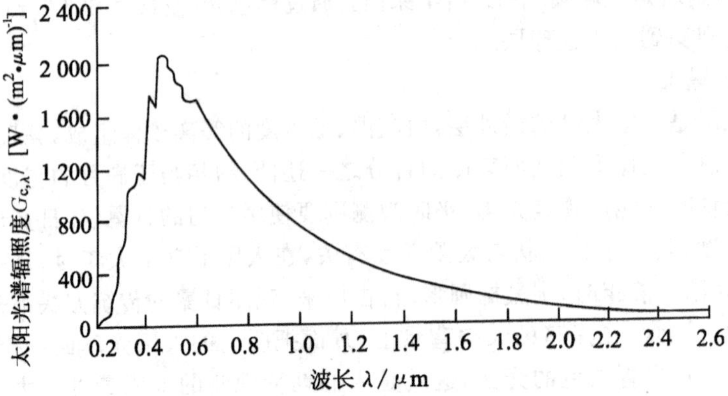

图 1-3 太阳辐射光谱(NASA,1971 年)

表 1-1 太阳辐射能量按波长分布

光谱段		波长范围/μm	辐射强度/(W/m²)	占总辐射能的百分比/%	
				分区	总计
紫外线	紫外-A	0.20～0.28	7.864×10^0	0.57	8.02
	紫外-B	0.28～0.32	2.122×10^1	1.55	
	紫外-C	0.32～0.40	8.073×10^1	5.90	
可见光	可见-A	0.40～0.52	2.240×10^2	16.39	46.43
	可见-B	0.52～0.62	1.827×10^2	13.36	
	可见-C	0.62～0.78	2.280×10^2	16.68	
红外线	红外-A	0.78～1.40	4.125×10^2	30.18	44.91
	红外-B	1.40～3.00	1.836×10^2	13.43	
	红外-C	3.00～100.00	2.637×10^1	0.93	

1.1.3 太阳常数

太阳和地球的几何关系如图 1-4 所示.地球轨道的偏心,引起太阳到地球的距离在 1.7%范围内变化.太阳辐射通过星际空间到达地球,若把日地的平均距离(1.495×10^{11} m)定义为天文单位(AU),当距离为 1 AU 时,太阳所对的张角为 32′.由于日地距离变化不大以及太阳发射辐射能的特点,使得地球大气层外的太阳辐照度*基本保持不变.当日地距离为平均值时,在被照亮的半个地球的大气上界,垂直于太阳光线的每平方米面积上,每秒获得的太阳辐射能量称为太

* 辐照度指的是单位面积上单位时间的辐射能量,见本书 1.3 节.

阳常数(solar constant),用 G_{sc} 表示,单位为(W/m^2).太阳常数是一个非常重要的常数,一切有关研究太阳辐射的问题,都要以它为参数.

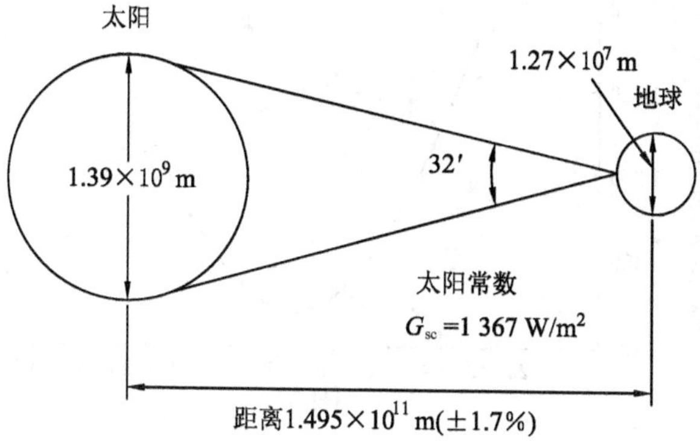

图 1-4　太阳-地球几何关系

早在 20 世纪初,人们就已经通过各种观测手段估计太阳常数的大小,认为大约应在 1 350～1 400 W/m^2.太阳常数虽经多年观测,但由于观测设备、技术以及理论校正方法不同,所测数值常不一致.据研究,太阳常数的变化具有周期性,这可能与太阳黑子的活动周期有关.在太阳黑子最多的年份,紫外线部分某些波长的辐射强度可为太阳黑子最少年份的 20 倍.近年来,气候学家指出,只要地球的长期气候发生 1%的变化,就会引起太阳常数的变化.目前已有许多无人或有人操作的空间实验站对太阳辐射进行直接观测,并在宇宙空间实验站设计了名为“地球辐射平衡”的课题研究,其中一个重要的项目就是对太阳辐射进行长期监视.这些观测数据对进一步了解大气物理过程及全球气候变迁的原因有很大帮助.1981 年,世界气象组织推荐太阳常数值 $G_{sc}=(1\ 367\pm7)\ W/m^2$,通常采用 1 367 W/m^2.

实际上,大气层外的太阳辐照度随着日地距离的改变,在±3%范围内变化.它可由公式(1-1)和图 1-5 确定.

$$G_{o,n}=G_{sc}\left(1+0.033\cos\frac{360^\circ n}{365}\right) \tag{1-1}$$

式中,$G_{o,n}$ 为一年中第 n 天在法向平面上测得的大气层外的辐照度.

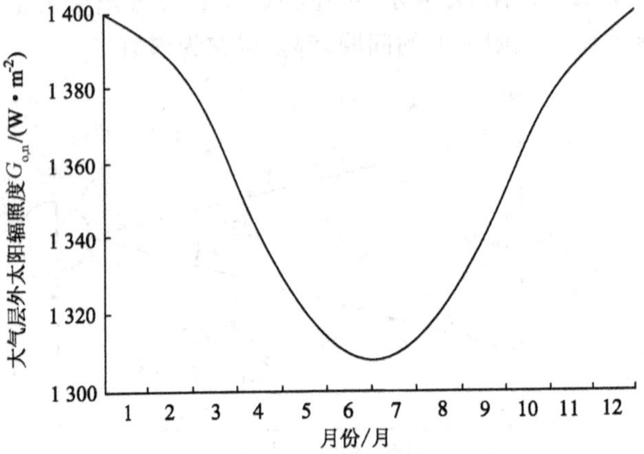

图 1-5 大气层外太阳辐照度与月份的关系

1.1.4 太阳能利用的特点

太阳能利用是开发和利用可再生能源的重要领域.依据能量转换的形式,太阳能可以分别转换为热能、电能和化学能等,即太阳能的转换方式有光热转换、光电转换和光化学转换等几种.依据太阳能这些转换原理加以利用的技术,分别称为太阳能热利用技术、太阳能光电利用技术和太阳能光化学利用技术等.本书主要介绍太阳能热利用技术.

太阳能作为一种可再生能源,与煤炭、石油、天然气等化石能源相比较,其特点可概括为以下几个方面:

① 普遍——阳光普照大地,处处都有太阳能,可以就地利用,不需要到处寻找,更不需要火车、轮船、汽车等交通工具日夜不停地运输.这对于解决边远偏僻地区以及交通不便的乡村、山区、海岛等地的能源供应尤为重要.

② 巨大——太阳能储量无比巨大.一年内到达地面的太阳能的总量,要比现在地球上每年消耗的各种能源的总量多几万倍.

③ 长久——只要有太阳,就有太阳能.因此,利用太阳能作为能源,可以说是取之不尽、用之不竭的.

④ 无害——利用太阳能作为能源,没有废渣、废料、废水、废气排出,不产生对人体有害的物质,因而不会污染环境,没有公害.

当然,太阳能还有如下几个不可忽视的缺点:

① 分散性——太阳能的能量密度低.晴朗白天的正午,在垂直于太阳光方向的地面上,1 m^2 面积所能接受的太阳能,平均只有 1 kW 左右.作为一种能源,这样的能量密度是比较低的.因此在实际利用时,往往需要一套相当大的装置来

收集太阳能，这就使得太阳能利用装置占地面积大、用料多、成本较高.

② 间歇性——到达地面的太阳能，随昼夜的交替而变化，这就使大多数太阳能利用装置在夜间无法工作.为克服夜间没有太阳能所造成的困难，需要配备必要的储能设备，以便在白天收集并储存太阳能，供夜晚使用.

③ 随机性——到达地面的太阳能，由于受气候、季节等因素的影响，是极不稳定的，这也给太阳能利用增加了不少难度.为克服阴雨天没有太阳能所造成的困难，也需要配备必要的储能设备，以便在晴朗天时收集并储存太阳能，供阴雨天使用.

1.2 与太阳辐射有关的角度的计算

1.2.1 相关角度的定义

太阳能集热器所截取的太阳直接辐射能量，主要取决于太阳入射角 θ，而 $\theta=f(\delta,\varphi,\beta,\gamma,\omega)$，它是太阳赤纬角 δ、地理纬度 φ、集热器的倾斜角 β、方位角 γ 和太阳时角 ω 的函数，以下给出相关角度的定义.

1.2.1.1 赤纬角

地球在椭圆形轨道上围绕太阳公转，公转周期为一年，椭圆的偏心率不大，在1月1日近日点时，日地距离为 1.47×10^8 km，在7月1日远日点时为 1.52×10^8 km，相差约3%.地球公转轨道所在平面称为黄道平面.地球自转轴(地轴，即贯穿地球中心与南、北极相连的线)与黄道平面的夹角为 $66°33'$，地轴在空间的方向始终不变，因而赤道平面与黄道平面的夹角为 $23°27'$.但是，地心与太阳中心的连线(即午时太阳光线)与地球赤道平面的夹角是一个以一年为周期变化的量，它的变化范围为 $\pm23°27'$，这个角被定义为太阳赤纬角.

赤纬角是地球绕日运行规律造成的特殊现象，它使处于黄道平面不同位置上的地球接收到的太阳光线方向不同，从而形成地球四季的变化，如图1-6所示.北半球夏至(6月22日左右)即南半球冬至，太阳光线正射北回归线 $\delta=23°27'$；北半球冬至(12月22日左右)即南半球夏至，太阳光线正射南回归线，$\delta=-23°27'$；春分及秋分，太阳正射赤道，赤纬角都为零，地球南、北半球日夜相等.每天的赤纬角可由下式计算

$$\delta=23.45°\sin\left(360°\times\frac{284+n}{365}\right) \tag{1-2}$$

式中，n 为所求日期在一年中的日子数，也可借助表1-2查出.

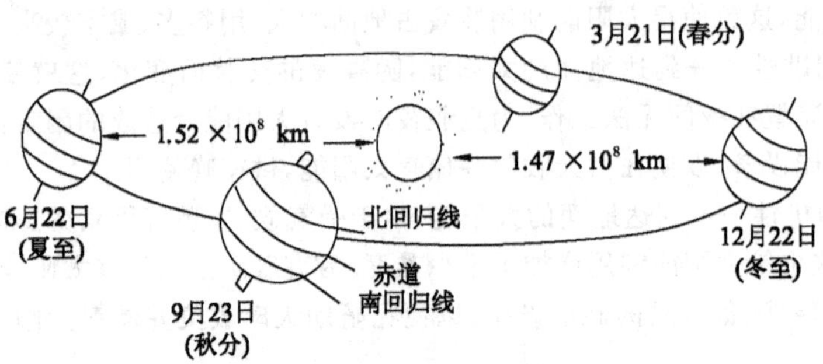

图 1-6 地球绕太阳运行图

表 1-2 推荐每月的平均日及相应的日子数

月份	各月第 i 天的日子数	各月平均日	该天的日子数 n/(天)	该天赤纬角 δ/(度)
1 月	i	17 日	17	−20.9
2 月	$31+i$	16 日	47	−13.0
3 月	$59+i$	16 日	75	−2.4
4 月	$90+i$	15 日	105	9.4
5 月	$120+i$	15 日	135	18.8
6 月	$151+i$	11 日	162	23.1
7 月	$181+i$	17 日	198	21.2
8 月	$212+i$	16 日	228	13.5
9 月	$243+i$	15 日	258	2.2
10 月	$273+i$	15 日	288	−9.6
11 月	$304+i$	14 日	318	−18.9
12 月	$334+i$	10 日	344	−23.0

注：① 按某日算出大气层外的太阳辐射量和该月的日平均值最为接近，则将该日定为该月的平均日.

② 表中的 n 数没有考虑闰年，对于闰年 3 月份之后的 n 要加一，赤纬角也稍有改变.

1.2.1.2 太阳时与时角

1）太阳时 t_s

在太阳能工程计算中，涉及的时间都是当地太阳时，它的特点是午时(中午12点)阳光正好通过当地子午线，即在空中最高点处，它与日常使用的标准时间并不一致. 转换公式为

$$t_s = t + E \pm 4(L - L_s) \tag{1-3}$$

式中，t_s 为太阳时；t 为当地标准时间；E 为时差；L 为当地经度，(°)；L_s 为制定标

准时间采用的标准经度,(°).所在地点在东半球取正号,西半球取负号.

我国以北京时间为标准时间,将式(1-3)转变为

$$t_s = \text{北京时间} + E + 4(L - 120) \tag{1-4}$$

转换时考虑了两项修正:

第一项 E 为时差,是地球绕日公转时进动和转速变化而产生的修正,E 以分为单位,可按下式计算

$$E = 9.87\sin 2B - 7.53\cos B - 1.5\sin B \tag{1-5}$$

式中,$B=\dfrac{360(n-81)}{364}$;n 为所求日期在一年中的日子数,$1 \leqslant n \leqslant 365$.时差 E 也可以从图 1-7 上查出.

第二项是考虑所在地区的经度与制定标准时间的经度(我国定为东经 120°)之差所产生的修正.由于经度每相差 1°,在时间上就相差 4 min,所以公式中最后一项乘以 4,单位也是分.

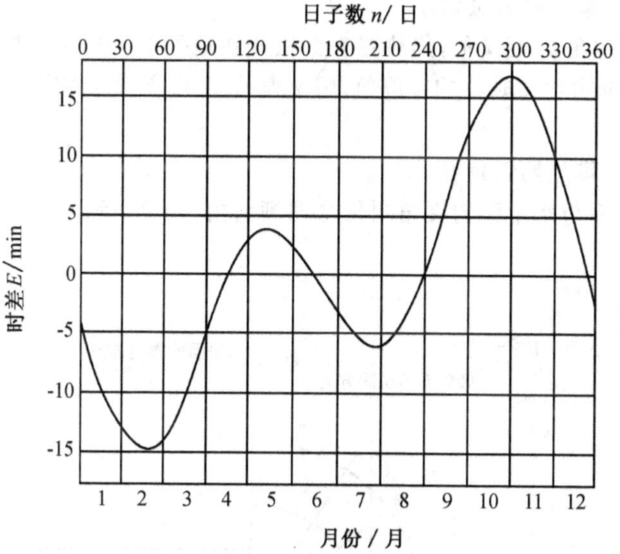

图 1-7　时差曲线

2) 时角 ω

地球始终绕着地轴由西向东在自转,每转一周(360°)为一昼夜(24 小时).因此时间可以用角度来表示,每小时相当于地球自转 15°.

用角度表示的太阳时叫太阳时角(简称时角),以 ω 表示.它是以一昼夜为变化周期的量,太阳午时 $\omega=0°$,上午取负值,下午取正值.每昼夜变化为 ±180°,每小时相当于 15°,例如上午 10 点相当于 $\omega=-30°$;下午 3 点,$\omega=45°$.

1.2.1.3 太阳入射角 θ

太阳光线与集热器表面法线之间的夹角，称为太阳光线的入射角，用 θ 表示. 太阳光线可分为两个分量，一个垂直于集热器表面，一个平行于集热器表面，只有前者的辐射能被集热器所收集. 由此可见，实际使用时入射角 θ 越小越好.

1.2.1.4 太阳高度角 α 和太阳方位角 γ_s

从地面某一观察点向太阳中心作一条射线，该射线在地面上有一投影线，射线与投影线的夹角叫太阳高度角，用 α 表示. 该射线与地面法线的夹角叫太阳天顶角，用 θ_z 表示. 这两个角度互为余角. 假如集热器水平放置，则入射角 θ 与高度角 α 互为余角.

地面上投影线与正南方的夹角为太阳的方位角，用 γ_s 表示，并规定正南方为零度、向西为正、向东为负，变化范围 $-180°\sim+180°$.

1.2.1.5 集热器方位角 γ

和太阳方位角 γ_s 相类似，集热器表面法线在地平面上也有一投影，此投影线与正南方的夹角称为集热器的方位角，用 γ 表示. 度量方法与太阳方位角 γ_s 相同.

1.2.1.6 集热器斜角 β

集热器平面与水平面的夹角叫集热器倾斜角，用 β 表示. 以上各角度的定义如图 1-8 所示.

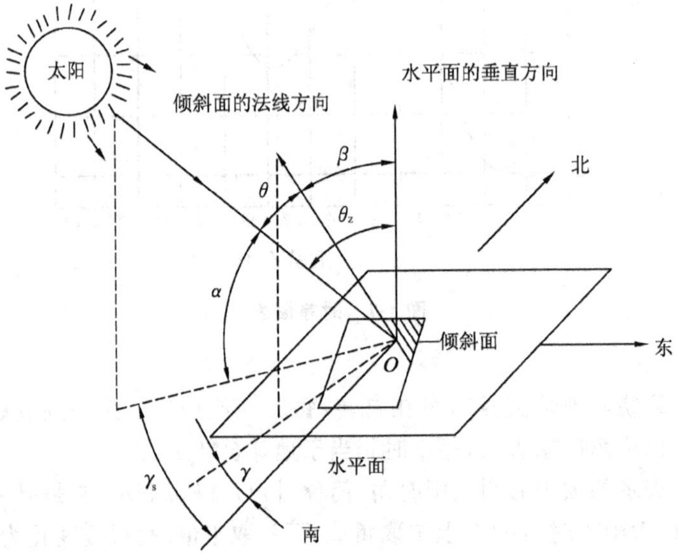

图 1-8 有关几何角度示意图

1.2.2 角度之间的关系和有关公式

集热器表面辐射量计算中最重要的是确定太阳入射角 θ，太阳入射角 θ 与其他角度之间的关系：

$$\cos\theta=\sin\delta(\sin\varphi\cos\beta-\cos\varphi\sin\beta\cos\gamma)+\cos\delta\cos\omega(\cos\varphi\cos\beta+\sin\varphi\sin\beta\cos\gamma)+\cos\delta\sin\beta\sin\gamma\sin\omega \tag{1-6}$$

这是一个非常重要的公式，用式(1-6)可以求出处于任何地理位置、任何季节、任何时候、太阳能集热器处于任何几何位置上的太阳入射角.

以下对不同条件下的简化形式加以讨论.

(1) 若集热器朝向正南放置，即集热器方位角 $\gamma=0$，式(1-6)变为

$$\cos\theta=\sin\delta\sin(\varphi-\beta)+\cos(\varphi-\beta)\cos\delta\cos\omega \tag{1-7}$$

式(1-7)说明，北半球纬度 φ 处，朝南放置($\gamma=0$)、倾角为 β 的集热器表面上的太阳入射角等于纬度($\varphi-\beta$)处水平表面上的入射角. 它们之间的关系如图 1-9 所示.

若把集热器倾斜角置于和当地纬度角相同的角度，即 $\beta=\varphi$，上式简化为

$$\cos\theta=\cos\delta\cos\omega \tag{1-8}$$

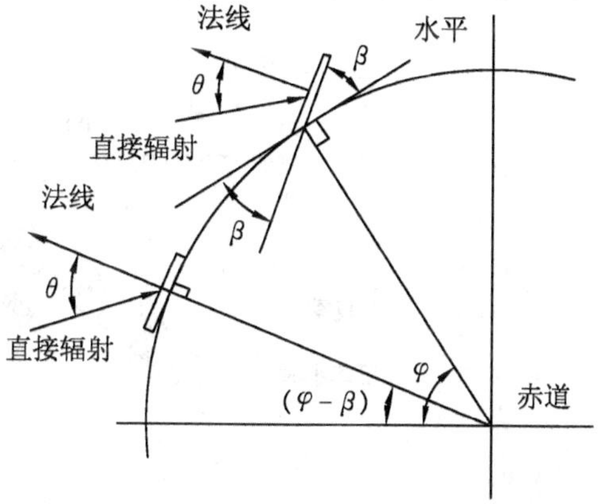

图 1-9　倾斜面上入射角与 φ,β 角的关系

(2) 若 $\beta=0°$，式(1-6)和式(1-7)都变为

$$\cos\theta=\cos\theta_z=\sin\delta\sin\varphi+\cos\delta\cos\varphi\cos\omega=\sin\alpha \tag{1-9}$$

这是集热器在水平位置上入射角的计算公式，也是太阳高度角 α 的计算式.

对式(1-9)还可以讨论几种特殊情况：

① 在正午时刻，时角 $\omega=0°$，代入式(1-9)可得

$$\sin\alpha=\sin\varphi\sin\delta+\cos\varphi\cos\delta=\cos(\varphi-\delta)$$

若 $\varphi=\delta$,则太阳高度角 $\alpha=90°$. 这就是说,最大的太阳辐射发生在纬度刚好等于该日太阳赤纬角地区的正午时刻.

② 若在春、秋分日的正午时刻,即 $\delta=0°$, $\omega=0°$,则式(1-9)变成 $\sin\alpha=\cos\varphi$,这说明太阳高度角随纬度增加而减小.

③ 每天日出及日落时刻,太阳处于地平面上,此时太阳高度角 $\alpha=0°$,则式(1-9)变为

$$\sin\delta\sin\varphi+\cos\delta\cos\varphi\cos\omega=0$$

$$\cos\omega=-\tan\delta\tan\varphi \tag{1-10}$$

即 $\omega=\arccos(-\tan\delta\tan\varphi)$,根据此式可求出地面上任何地区、任何一天的日出和日落时的时角.

按纬度和赤纬角,也可在图 1-10 上求出夏天及冬天的日落时间. 例如北纬 36°、赤纬角 20° 时,夏天的日落时间为下午 7:08,冬天日落时间为下午 4:52.

再用

$$T=\frac{2}{15}\omega=\frac{2}{15}\arccos(-\tan\delta\tan\varphi) \tag{1-11}$$

式中,T 为日照时间,h. 算出相应那天的白昼长,乘以 2 表示日落、日出时间对午时来说是对称的,除以 15 是将时角转化为小时数.

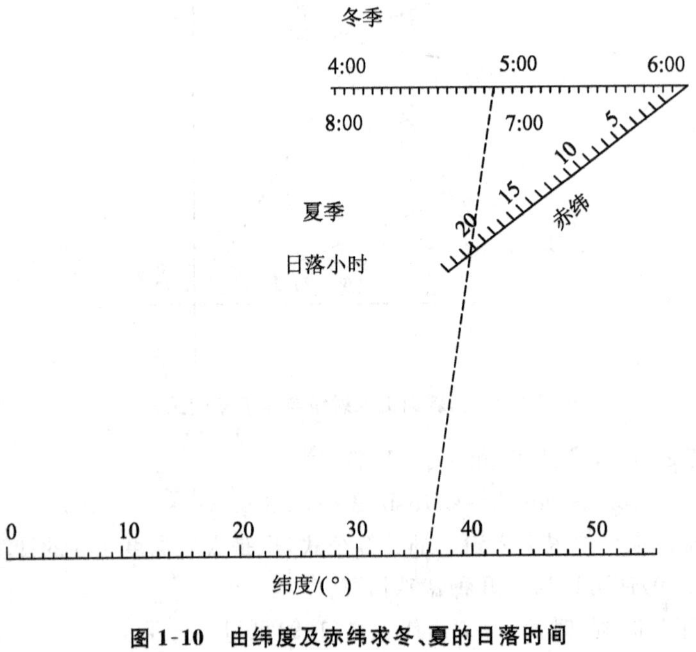

图 1-10 由纬度及赤纬求冬、夏的日落时间

【例 1-1】 假定某地(东经 120°,北纬 35°)11 月 15 日(平年)为标准晴天,试计算该日的日照时间.

解:11 月 15 日的日子数 n 等于 319,则该日赤纬角为

$$\delta = 23.45^\circ \sin\left(360^\circ \times \frac{284+n}{365}\right)$$
$$= 23.45^\circ \sin\left(360^\circ \times \frac{284+319}{365}\right)$$
$$= -19.15^\circ$$

则该日日出日落时角为

$$\cos\omega = -\tan\delta\tan\varphi = 75.94^\circ$$

日照时间为

$$T = \frac{24}{360} \times 75.94 \times 2 = 10.12\ \text{h}$$

(3) 对于垂直表面,即 $\beta = 90^\circ$,式(1-6)变为

$$\cos\theta = -\sin\delta\cos\varphi\cos\gamma + \cos\delta\sin\varphi\cos\gamma\cos\omega + \cos\delta\sin\gamma\sin\omega \tag{1-12}$$

1.2.3 跟踪太阳时太阳入射角的计算

对于聚光型太阳能集热器,往往需要跟踪太阳,对于不同的跟踪方式,太阳入射角 θ 的计算式(1-6)的形式也不同.

① 集热器平面沿东西向的水平轴,每天调节一次,以使中午太阳光始终保持与集热器相垂直,式(1-6)成为

$$\cos\theta = \sin^2\delta + \cos^2\delta\cos\omega \tag{1-13}$$

② 为使太阳入射角最小,集热器平面连续沿着东西向的水平轴调节,式(1-6)成为

$$\cos\theta = (1 - \cos^2\delta\sin^2\omega)^{\frac{1}{2}} \tag{1-14}$$

③ 为使太阳入射角最小,集热器平面连续沿着南北向的水平轴调节,式(1-6)成为

$$\cos\theta = [(\sin\varphi\sin\delta + \cos\varphi\cos\delta\cos\omega)^2 + \cos^2\delta\sin^2\omega]^{\frac{1}{2}} \tag{1-15}$$

④ 集热器平面连续沿着平行于地球自转轴方向的南北轴调节,式(1-6)成为

$$\cos\theta = \cos\delta \tag{1-16}$$

⑤ 集热器沿双轴连续跟踪,始终使太阳光垂直于集热器平面,则有

$$\cos\theta = 1 \tag{1-17}$$

1.2.4 太阳入射角计算式的推导

推导太阳入射角计算式要用到式(1-9)和有关公式，它们都由球面三角关系得来，求解这类问题时采用天球坐标系最方便.

图 1-11 为天球示意图. 在天球表面也同样可以建立起类似地球表面经纬度的坐标系. 让地球位于天球的球心，将地轴无限延长与天球交于两点. 这两点分别是天北极和天南极. 若将地球赤道平面无限扩大，该平面与天球相交得一大圆，此大圆就是天赤道. 和地球上相类似，可用赤纬和赤经两个参数来表示一个点在天球上的位置，天赤纬表示天球上一个点距天赤道的角距离. 在天赤道和天北极之间为正值，在天赤道和天南极之间为负值. 在天球坐标系中，太阳沿黄道平面运行，其运行周期为一年. 观察者位于天球中心.

当 $\beta=0°$ 时，即集热器在水平位置上. 过天球中心 O 点作 3 根射线，射线与天球交于 3 点：S, Z, P_{NC}，这 3 点在天球表面上形成一个球面三角形，从图 1-11 上可以很容易得出

$$\widehat{SZ}=90°-\alpha=\theta \quad \widehat{SZ}\text{所对的二面角为}\ \omega$$
$$\widehat{SP}_{NC}=90°-\delta \quad \widehat{SP}_{NC}\text{所对的二面角为}\ \gamma_s$$
$$\widehat{ZP}_{NC}=90°-\varphi$$

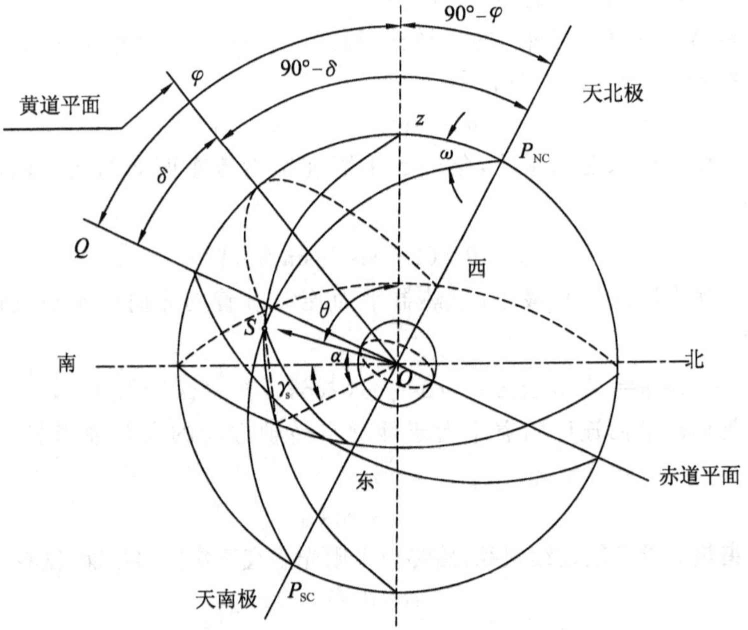

图 1-11 天球坐标系(一)

根据球面三角基本公式

$$\cos a=\cos b\cos c+\sin b\sin c\cos A \tag{1-18}$$

$$\sin a\sin B=\sin A\sin b \tag{1-19}$$

利用式(1-18)可得

$$\cos\theta=\cos(90°-\alpha)=\cos(90°-\delta)\cos(90°-\varphi)+$$
$$\sin(90°-\delta)\sin(90°-\varphi)\cos\omega$$
$$\cos\theta=\sin\delta\sin\varphi+\cos\delta\cos\varphi\cos\omega=\sin\alpha$$

上式就是式(1-9)在球面三角关系中得到证明的过程.

利用式(1-19)可得

$$\sin(90°-a)\sin\gamma_s=\sin\omega\sin(90°-\delta)$$
$$\cos a\sin\gamma_s=\sin\omega\cos\delta$$

于是

$$\sin\gamma_s=\frac{\cos\delta\sin\omega}{\cos\alpha}=\frac{\cos\delta\sin\omega}{\sin\theta_z} \tag{1-20}$$

将式(1-9)和式(1-20)联立求解可得

$$\cos\gamma_s=\frac{\sin\alpha\sin\varphi-\sin\delta}{\cos a\cos\varphi} \tag{1-21}$$

式(1-6)是集热器在任意给定位置(一定的 β,一定的 γ)入射角 θ 的计算公式. 同样过天球中心 O 作 3 根射线,射线与天球交于 3 点:S,N,Z. 它们在天球表面形成一个球面三角形,如图 1-12 所示. 从图 1-12 中取出一块 $ZNSO$ 球面三棱锥. 容易看出

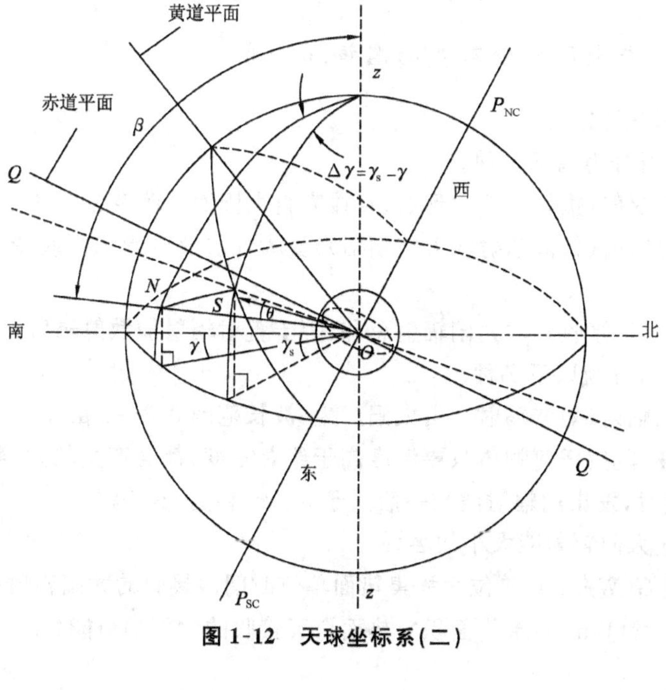

图 1-12 天球坐标系(二)

$$\widehat{NS}=\theta$$
$$\widehat{NZ}=\beta$$
$$\widehat{ZS}=90^\circ-\alpha$$

$\widehat{NS}$所对的二面角为 $\Delta Z=\gamma_s-\gamma$.

从球面三角基本公式得到

$$\cos\theta=\cos\beta\cos(90^\circ-\alpha)+\sin\beta\sin(90^\circ-\alpha)\cos\Delta Z=\cos\beta\sin\alpha+\sin\beta\cos\alpha\cos(\gamma_s-\gamma) \tag{1-22}$$

根据三角关系

$$\cos(\gamma_s-\gamma)=\cos\gamma_s\cos\gamma+\sin\gamma_s\sin\gamma$$

重新将式(1-9),式(1-20),式(1-21)列出,即有

$$\sin\alpha=\sin\varphi\sin\delta+\cos\varphi\cos\delta\cos\omega$$

$$\sin\gamma_s=\frac{\cos\delta\sin\omega}{\cos\alpha}$$

$$\cos\gamma_s=\frac{\sin a\sin\varphi-\sin\delta}{\cos a\cos\varphi}$$

将以上 4 式代入式(1-22),经整理即可得到式(1-6).

1.3 太阳辐射的计算

1.3.1 与太阳辐射有关的名词和符号

1) 太阳辐射分类

按方向可分为以下 3 种。

① 直射辐射:集热面接收到的、直接来自太阳而不改变方向的太阳辐射.

② 散射辐射(扩散辐射或天空辐射):受大气层散射影响而改变了方向的太阳辐射.

③ 总辐射:接收到的太阳辐射总和,等于直射辐射加散射辐射.

按波长可分为以下 2 种。

① 太阳辐射(短波辐射):由太阳产生,波长范围 0.3~3 μm.

② 长波辐射:任何物体只要温度高于绝对零度,都会产生辐射,物体温度接近环境温度时,发出的辐射波长一般大于 3 μm,称为长波辐射.

2) 反应太阳辐射能大小的名词

辐照度 G(W/m^2):单位面积集热面单位时间内接收的太阳辐射能量.

辐照量 H(J/m^2):单位面积集热面全天接收的太阳辐射能量.

辐照量 I(J/m²):单位面积集热面一小时内接收的太阳辐射能量.

3) 角标的含义

o:大气层外;c:地面;b:直射辐射;d:散射辐射;T:倾斜平面;n:法向平面;角标中不出现 T 或 n 就表示水平面,不出现 b 和 d 则表示总辐射.

1.3.2 大气层外水平面上太阳辐射的计算

计算太阳辐射量时,通常将大气层外(即假设不存在大气的外层空间)、水平面上的辐射量作为参考依据.

由式(1-1),任何地区、任何一天、白天内的任何时刻,大气层外水平面上的太阳辐照度可由下式计算.

$$G_o = G_{sc}\left[1 + 0.033\cos\left(\frac{360^\circ n}{365}\right)\right]\cos\theta_z \tag{1-23}$$

$\cos\theta_z$ 可从式(1-9)求得,因而有

$$G_o = G_{sc}\left[1 + 0.033\cos\left(\frac{360^\circ n}{365}\right)\right](\sin\varphi\sin\delta + \cos\varphi\cos\delta\cos\omega) \tag{1-24}$$

对式(1-24)在日出到日落时间区间内进行积分,即可求出大气层外水平面上、一天内太阳的辐照量,即

$$H_o = \frac{24\times 3\,600 G_{sc}}{\pi}\left[1 + 0.033\cos\left(\frac{360^\circ n}{365}\right)\right]\times \left[\cos\varphi\cos\delta\sin\omega_s + \frac{2\pi\omega_s}{360^\circ}\sin\varphi\sin\delta\right] \tag{1-25}$$

式中,ω_s 为日落时角,(°),可由式(1-10)求出.

若要求大气层外水平面上,月平均日 1 天内太阳的辐照量$\overline{H_o}$,只要将表 1-2 上规定的月平均日对应的 n 和 δ 代入式(1-25)计算即可.图 1-13 和附表 2 分别给出$\overline{H_o}$的图线和数值.

至于计算大气层外水平面上每小时内太阳的辐照量 I_o,可通过对式(1-24)在 1 小时内的积分求得.ω_1 对应该小时的起始时角,ω_2 是终了时角,$\omega_2 > \omega_1$.

$$I_o = \frac{12\times 3\,600}{\pi} G_{sc}\left[1 + 0.033\cos\left(\frac{360^\circ n}{365}\right)\right]\times \left[\cos\varphi\cos\delta(\sin\omega_2 - \sin\omega_1) + \frac{2\pi(\omega_2 - \omega_1)}{360^\circ}\sin\varphi\sin\delta\right] \tag{1-26}$$

若 ω_1 和 ω_2 定义的时间区间不是一个小时,公式仍然成立.

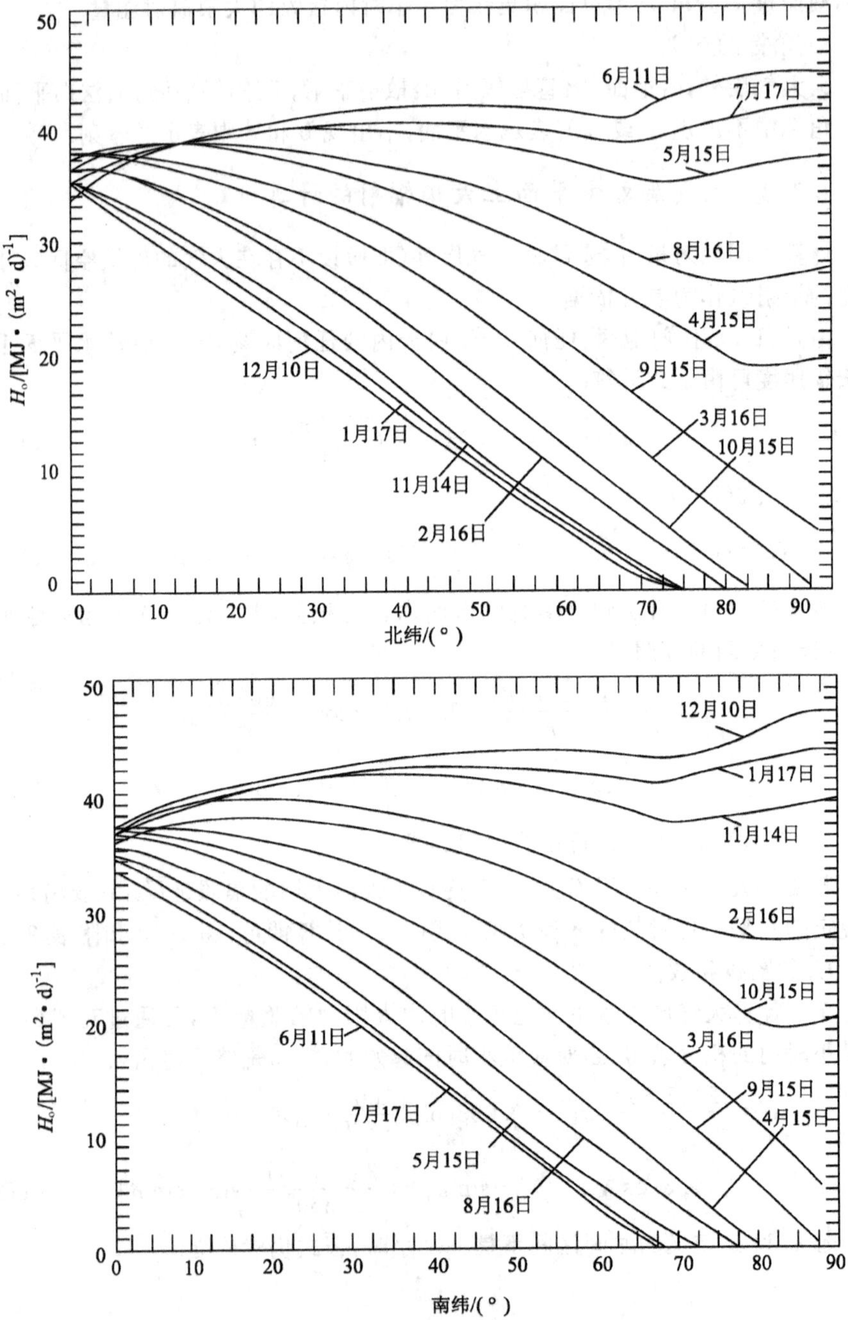

图 1-13　$\overline{H_o}$的图线

注：G_{sc}=1 367 W/m^2，大气层外水平面上，月平均日的太阳辐照量$\overline{H_o}$

1.3.3　大气层对太阳辐射的影响

虽然大气层厚度仅约为 30 km，不及地球直径的 1/400，却对太阳辐射的数量和分布都有较大的影响. 到达地面的太阳辐照量会因大气的吸收、反射和散射而发生变化.

1.3.3.1　大气质量

到达地面的太阳辐射量与太阳光线通过大气层时的路径长短有关，路径越长，太阳辐射被大气吸收、反射、散射的可能越大，到达地面的越少. 把太阳直射光线通过大气层时的实际光学厚度与大气层法向厚度之比定义为大气质量，以符号 m 表示.

$$m=\sec\theta_z=\frac{1}{\sin\alpha}(0^\circ<\alpha<90^\circ) \tag{1-27}$$

由图 1-14 可见，当 $\theta_z=0^\circ$ 时，太阳在天顶，$m=1$；当 $\theta_z=60^\circ$ 时，$m=2$. 太阳高度角 α 越小，m 越大，地面接收到的太阳辐射就越少，当 $\alpha=0^\circ$ 时，对应于太阳落山的情形. 夏至时，在北回归圈地区，该天的赤纬角 δ 正好和地理纬度 φ 相等，午时 $\alpha=90^\circ$，$m=1$，阳光最强烈. 而这天北极的太阳高度角为 23.5°，尽管日照 24 小时，但太阳光线通过大气层的路径约为北回归线处的 2.5 倍，辐射量较小，加上冰雪的高反射率和不易吸收阳光等因素，所以造成极区严寒. 图 1-15 给出 5 种不同大气质量的太阳辐射光谱，其中 $m=0$ 代表大气层外的太阳辐射光谱，不受大气层影响，$m=1,4,7,10$ 是在很洁净大气条件下绘制的.

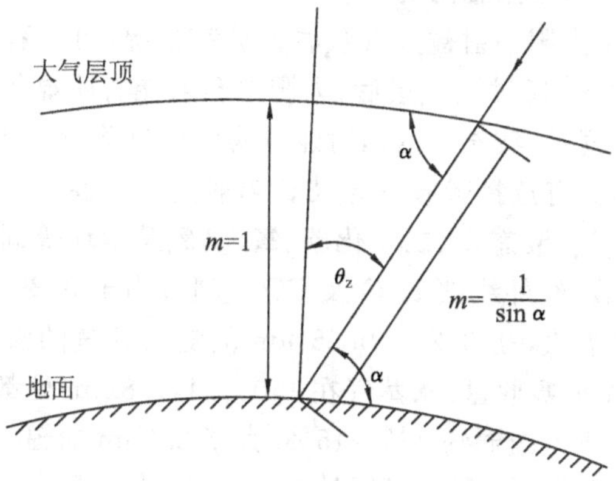

图 1-14　太阳光在大气中的入射路径

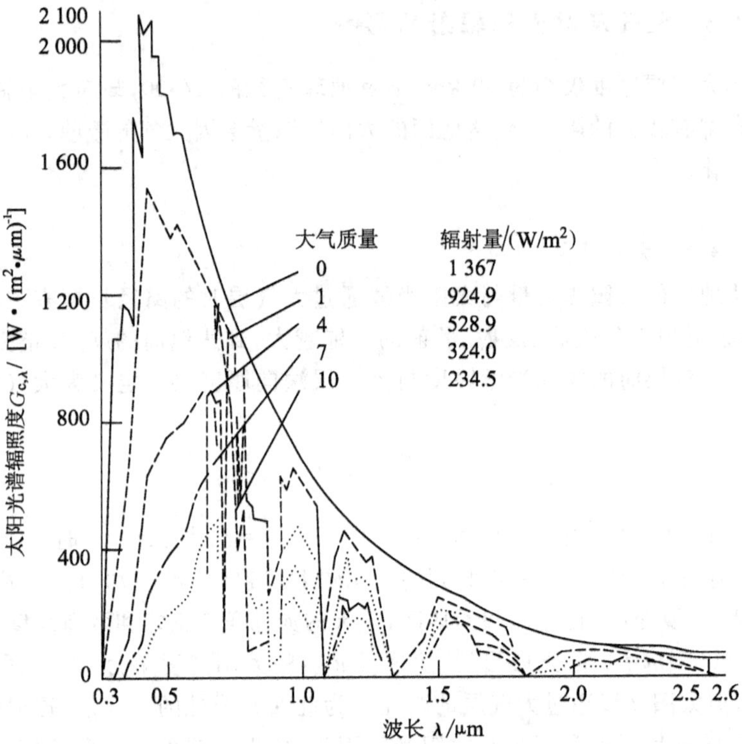

图 1-15　不同大气质量时的太阳辐射光谱

1.3.3.2　大气对太阳辐射的吸收

图 1-16 给出了太阳辐射被大气吸收的分布情况，可以看出：与大气上界的太阳辐射光谱相比较，通过大气层后，太阳总辐射能有明显的减弱，辐射能随波长的分布变得极不规则，波长短的辐射能减弱得最为显著．产生这些变化的原因是大气中某些成分具有选择吸收一定波长辐射能的特性．大气中吸收太阳辐射的成分主要有水蒸气、液态水、二氧化碳、氧、臭氧及尘埃等固体杂质等．紫外线部分主要被 O_3 吸收；红外线被 H_2O 及 CO_2 吸收；小于 0.29 μm 的短波几乎全被大气上层的臭氧吸收，在 0.29～0.35 μm 范围内臭氧的吸收能力降低，但在 0.6 μm 处还有一个弱吸收区．水蒸气在 1.0，1.4，1.8 μm 处都有强吸收带，太阳辐射因水蒸气的吸收可减弱约 4%～15%．大于 2.3μm 的辐射大部分被 H_2O 和 CO_2 吸收，到达地面时占不到大气层外总辐射的 5%．氧只对波长小于 0.2 μm 的紫外线吸收很强，在可见光区虽然也有吸收，但较弱．臭氧在大气中的含量很少，但在紫外区和可见光区都有吸收带，在 0.2～0.3 μm 波段的吸收带很强，由于臭氧的吸收，使小于 0.29 μm 波段的太阳辐射不能到达地面，因而保护了地

球上的一切生物免遭紫外线过度辐射的伤害.臭氧在波长 0.44～0.75 μm 还有吸收,虽不强,但因这一波段正好位于太阳辐射最强的区域内,所以吸收的太阳辐射量相当多.二氧化碳对太阳辐射的吸收比较弱,仅对红外区 2.7 μm 和 4.3 μm 附近的辐射吸收较强,但该区域的太阳辐射较弱,被吸收后对整个太阳辐射的影响可忽略.悬浮在大气中的水滴、尘埃、污染物等杂质,对太阳辐射也有吸收作用,大气中这些物质含量越高,对太阳辐射吸收越多,如在工业区、森林火灾、火山爆发、沙尘暴等情况下,太阳辐射都有明显减弱.

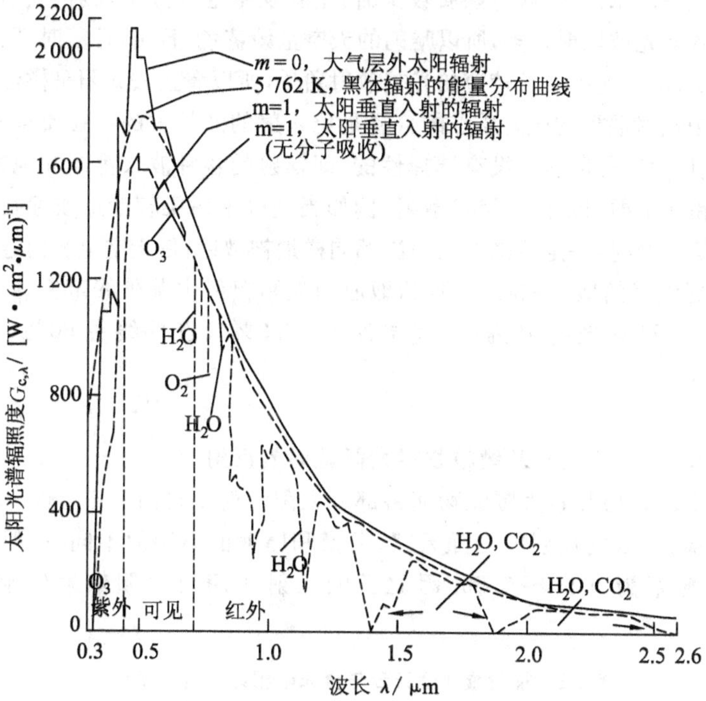

图 1-16 太阳辐射被大气吸收的分布情况

总之,大气对太阳辐射的吸收,在平流层以上主要是氧和臭氧对紫外辐射的吸收,平流层至地面主要是水蒸气对红外辐射的吸收.被大气成分吸收的这部分太阳辐射,将转化为热能而不再到达地面.由于大气成分吸收的范围多位于太阳辐射光谱两端,对可见光部分吸收较少,因此可以说大气对可见光几乎是透明的.

1.3.3.3 大气对太阳辐射的散射

大气中的空气分子、水蒸气和灰尘会使太阳光线的能量减小并改变其传播方向，这种衰减和变向的综合作用称为散射. 散射不像吸收那样把辐射转变为热能，而只是改变辐射的方向，使太阳辐射以质点为中心向四面八方传播，使原来传播方向上的太阳辐射减弱. 如果太阳辐射遇到的散射质点的直径比入射辐射的波长要短(如空气分子)，则对入射辐射中波长较短的辐射的散射强，也即辐射波长愈短，散射愈强；而对波长较长的辐射的散射弱. 对于一定大小的分子来说，散射能力与波长的 4 次方成反比. 这种散射是有选择性的，称为分子散射，也叫雷利(Rayleigh)散射.

当大气中的水汽、尘粒等杂质较少时，主要发生空气分子散射，太阳辐射中波长较短的蓝紫光被散射得多，所以晴朗的天空呈蔚蓝色. 日出、日落时，因光线通过大气路程长，可见光中波长较短的光被散射殆尽，所以看上去太阳呈橘红色.

当太阳辐射遇到的散射质点的直径是比入射的波长大的粗粒质点时，辐射虽然也被散射，但这种散射是没有选择性的，即辐射的各种波长都同样地被散射. 这种散射称粗粒散射，也称米(Mie)散射. 例如当空气中污染较严重或存在较多的雾粒或尘埃等杂质时，一定范围的长短波都同样地被散射，使天空呈灰白色.

考虑到大气的散射和吸收，到达地面的太阳辐射中紫外线范围占 5%(大气层外为 7%)，可见光占 45%(大气层外为 47.3%)，红外线占 50%(大气层外为 45.7%).

1.3.3.4 大气云层及颗粒物对太阳辐射的反射

大气中的云层和较大颗粒物能将部分太阳辐射反射回宇宙空间. 其中，云的反射能力最强. 云的反射能力随云状、云量和厚度的不同而不同. 一般情况下云的平均反射率为 0.50～0.55. 因此云的反射作用对太阳辐射影响很大，见表 1-3.

表 1-3 辐射量在全天云与全天晴相比的百分率(%)

大气质量	绢云	绢层云	高积云	高层云	层积云	层云	乱层云	雾
1.1	85	84	52	41	35	25	15	17
1.5	84	81	51	41	34	25	17	17
2.0	84	78	50	41	34	25	19	17
2.5	83	74	49	41	33	25	21	18
3.0	82	71	47	41	32	24	25	18
3.5	81	68	46	41	31	24		18
4.0	80	65	45	41	31			18
4.5					30			19
5.0					29			19

上述提到的大气对太阳辐射的衰减3种方式中，以反射作用最为重要，尤其以云层对太阳辐射的反射最为明显，散射作用次之，吸收作用相对最小.

如上所述，到达地面的太阳辐射由两部分组成：一部分是太阳以平行光的形式直接投射到地面上的，称为太阳直射辐射；另一部分是经过散射后到达地面的，称为散射辐射，两者之和就是到达地面的太阳总辐射.

1.3.3.5　大气透明度

关于大气层对太阳辐射的影响，中外科学家都做过许多研究，并建立精确模型以直接计算到达地面的太阳辐射量. 下面介绍 Hottle(1976年)提出的标准晴空大气透明度计算模型. 大气透明度 τ(或混浊度)是气象条件、海拔高度、大气质量、大气组分(如水汽和气溶胶含量)等因素的复杂函数.

对于直射辐射的大气透明度 τ_b，可由下式计算，即

$$\tau_b = a_0 + a_1 e^{-k/\cos\theta_z} \tag{1-28}$$

式中，a_0，a_1 和 k 是具有 23 km 能见度的标准晴空大气的物理常数. 当海拔高度小于 2.5 km 时，可首先算出相应的 a_0^*，a_1^* 和 k^*，再通过考虑气候类型的修正系数 $r_0=\frac{a_0}{a_0^*}$，$r_1=\frac{a_1}{a_1^*}$ 和 $r_k=\frac{k}{k^*}$，求出 a_0，a_1 和 k. a_0^*，a_1^* 和 k^* 的计算公式为

$$a_0^* = 0.4237 - 0.00821(6-h_s)^2 \tag{1-29}$$

$$a_1^* = 0.5055 + 0.00595(6.5-h_s)^2 \tag{1-30}$$

$$k^* = 0.2711 + 0.01858(2.5-h_s)^2 \tag{1-31}$$

式中，h_s 为海拔高度，km.

修正系数由表1-4给出.

表1-4　考虑气候类型的修正系数

气候类型	r_0	r_1	r_k
亚热带	0.95	0.98	1.02
中等纬度，夏天	0.97	0.99	1.02
高纬度，夏天	0.99	0.99	1.01
中等纬度，冬天	1.03	1.01	1.00

对于散射辐射，相应的大气透明度为

$$\tau_d = 0.2710 - 0.2939\tau_b \tag{1-32}$$

上述大气透明度公式是在标准晴空(23 km 能见度)下考虑了大气质量(即太阳天顶角)、海拔高度和4种气候类型所建的数学模型. 我国学者从大气中水汽和气溶胶含量、大气质量以及海拔高度等因素研究大气透明度，也取得了很好

的结果.

到达集热器采光面上的太阳辐射量[辐照度(W/m^2)或辐照量(J/m^2)]受许多因素影响,归纳起来有以下几个方面.

① 天文、地理因素:日地距离的变化、太阳赤纬、太阳时角、地理经纬度、海拔高度和气候等.

② 大气状况:云量、大气透明度、大气组成及污染程度(灰尘粒子密度、二氧化碳和氯氟烃等的含量).

③ 集热器设计考虑:集热器的倾斜角和方位角、是否采用选择性涂层、采用平板型还是聚光型、安装场地周围的辐射是否受到大树或建筑遮挡等.

由于因素太多,随机性很强,要完全依靠理论计算难以取得精确结果. 目前,普遍采用的方法是,用辐射仪实测水平面上的辐射数据,在大量实验统计基础上,用若干相关的气候参数整理出一些相关关系式,借助这些关系式将水平面上的实测总量分解为直射和散射两部分,最后用公式计算出集热器在任意方位上接收到的太阳辐射量.

1.3.4 标准晴天水平面上太阳辐射量的计算

太阳辐射量是太阳能利用系统设计中最重要的数据. 对于没有实测辐射数据的地方,一是根据邻近地区的实测值用插值法推算;二是用相对容易测量的太阳持续时间(日照百分率)或云量等数据推算. 有气象台站的地方,通常是测量水平面上的总辐射,然后将它分解为相应的直射辐射和散射辐射,最后转换到处于不同方位的集热器上去.

上一节已给出标准晴空大气透明度的计算模型,用它不难求出晴天时水平面上的辐照度.

$$G_{c,n,b}=G_{o,n}\,\tau_b \tag{1-33}$$

式中,τ_b 为晴天,直射辐射的大气透明度,可用式(1-28)~式(1-31)计算;$G_{o,n}$ 为大气层外,垂直于辐射方向上的太阳辐照度,可由式(1-5)计算;$G_{c,n,b}$ 为晴天,垂直于辐射方向上的直射辐照度.

水平面上的直射辐照度为

$$G_{c,b}=G_{o,n}\,\tau_b\cos\theta_z \tag{1-34}$$

一小时内,水平面上直射辐射量为

$$I_{c,b}=I_{o,n}\,\tau_b\cos\theta_z=3\ 600G_{c,b} \tag{1-35}$$

相对应的散射辐射部分计算式为

$$G_{c,d}=G_{o,n}\,\tau_d\cos\theta_z \tag{1-36}$$

$$I_{c,d}=I_{o,n}\,\tau_d\cos\theta_z=3\ 600G_{c,d} \tag{1-37}$$

一小时内，水平面上的总辐射量为

$$I_c = I_{c,b} + I_{c,d} \tag{1-38}$$

把全天各个小时的量加起来，就是晴天水平面上的总辐照量 H_c.

大气透明度无论是 τ_b 还是 τ_d 都是大气质量（$m=1/\cos\theta_z$）的函数，而天顶角 θ_z 随时间不断变化. 考虑到计算精度，把时段取为一小时，并以该小时中点所对应的时角 ω 来计算有关的量.

【例 1-2】 假定某地（东经 120°，北纬 35°，海拔高度为 100 m）11 月 15 日（平年）为标准晴天，试计算该日上午 11:00～12:00 水平面上的总太阳辐射量.

解：11 月 15 日的日子数 n 等于 319，则该日赤纬角为

$$\begin{aligned}\delta &= 23.45^\circ \sin\left(360^\circ \times \frac{284+n}{365}\right)\\ &= 23.45^\circ \sin\left(360^\circ \times \frac{284+319}{365}\right)\\ &= -19.15^\circ\end{aligned}$$

上午 11:30 对应的 $\omega = -7.5^\circ$

对水平面

$$\cos\theta_z = \sin\delta\sin\varphi + \cos\delta\cos\varphi\cos\omega = 0.579$$

$$a_0{}^* = 0.423\,7 - 0.008\,21(6-0.10)^2 = 0.138$$

$$a_1{}^* = 0.505\,5 + 0.005\,95(6.5-0.10)^2 = 0.749$$

$$k^* = 0.271\,1 + 0.0185\,8(2.5-0.10)^2 = 0.378$$

修正系数（中等纬度，冬天）$r_0=1.03$，$r_1=1.01$，$r_k=1.00$

$$\tau_b = 0.138(1.03) + 0.749(1.01)e^{-0.378(1.00)/0.579} = 0.536$$

$$G_{o,n} = G_{sc}\left(1+0.033\cos\frac{360^\circ \times 319}{365}\right) = 1\,398.7\ \mathrm{W/m^2}$$

$$G_{c,b,n} = G_{o,n}\,\tau_b = 1\,398.7 \times 0.536 = 749.7\ \mathrm{W/m^2}$$

$$G_{c,b} = G_{o,n}\,\tau_b\cos\theta_z = 749.7 \times 0.579 = 434.1\ \mathrm{W/m^2}$$

$$\tau_d = 0.2710 - 0.2939(0.536) = 0.113$$

$$G_{c,d} = G_{o,n}\,\tau_d\cos\theta_z = 1\,398.7 \times 0.113 \times 0.579 = 91.51\ \mathrm{W/m^2}$$

$$I_{c,b} = 3\,600 \times 434.1 = 1.56\ \mathrm{MJ/m^2}$$

$$I_{c,d} = 3\,600 \times 91.51 = 0.33\ \mathrm{MJ/m^2}$$

据式（1-38），该日上午 11:00～12:00 水平面上的总太阳辐射量为

$$I_c = I_{c,b} + I_{c,d} = 1.89\ \mathrm{MJ/m^2}$$

1.3.5　水平面与倾斜面上辐射量的比较

前面计算的辐照量都是指水平面上接收到的太阳辐射. 实际使用中，集热器

多是倾斜安放的($\beta \neq 0°$),因此,下面将讨论如何将水平面上的辐射量转换为倾斜平面的.

图 1-17 分别表示出直射辐射在水平面和倾斜面上的入射角,水平面上的入射角为 θ_z,倾斜面上的入射角为 θ.倾斜面和水平面上接收到的直射辐照量之比,称为修正因子 R_b.

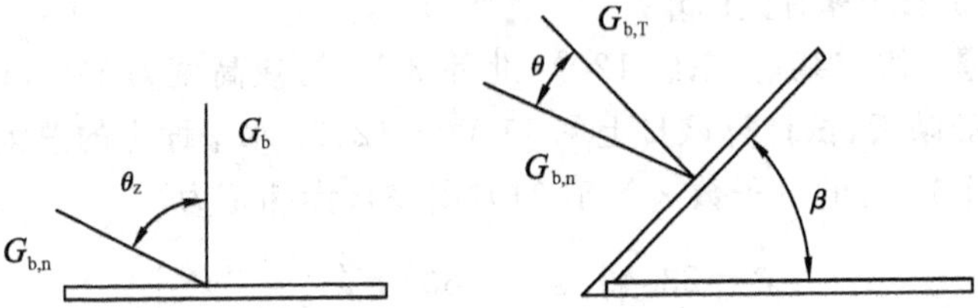

图 1-17　水平面和倾斜面上的直射辐射

$$R_b = \frac{G_{b,T}}{G_b} = \frac{G_{b,n}\cos\theta}{G_{b,n}\cos\theta_z} = \frac{\cos\theta}{\cos\theta_z} \tag{1-39}$$

若集热器方位角 $\gamma = 0°$(北半球朝南放置),则上式变成

$$R_b = \frac{\cos(\varphi-\beta)\cos\delta\cos\omega + \sin(\varphi-\beta)\sin\delta}{\cos\varphi\cos\delta\cos\omega + \sin\varphi\sin\delta} \tag{1-40}$$

一般而言,集热器既能接受直射辐射,又能接受散射辐射(包括来自太阳的散射和太阳照到地面反射回来的散射两个部分).直射辐射转换时有个修正因子 R_b,对于散射辐射也分别有修正因子 R_d 和 R_ρ.

假设集热器倾斜角为 β,散射辐射是各向同性的,集热器对天空的可见因子为 $(1+\cos\beta)/2$,也是对太阳散射的修正因子 R_d.集热面对地面的可见因子 $(1-\cos\beta)/2$,也就是对地面反射的修正因子 R_ρ.

$$I_T = I_b R_b + I_d R_d + (I_b + I_d)\rho R_\rho$$

$$I_T = I_b R_b + I_d\left(\frac{1+\cos\beta}{2}\right) + (I_b + I_d)\rho\left(\frac{1-\cos\beta}{2}\right) \tag{1-41}$$

总的修正因子 R 可写成

$$R = \frac{I_T}{I} = \frac{I_b}{I}R_b + \frac{I_d}{I}\left(\frac{1+\cos\beta}{2}\right) + \left(\frac{1-\cos\beta}{2}\right)\rho \tag{1-42}$$

式中,ρ 为地面反射率,普通地面为 0.2,积雪时可取 0.7.

【例 1-3】 已知某地(北纬 34.3°)8 月 16 日(平年)下午 1:00～2:00 水平面上的 $I = 3.22\ \text{MJ/m}^2$,$I_b = 2.52\ \text{MJ/m}^2$,$I_d = 0.698\ \text{MJ/m}^2$.问该小时内方位角为 0°,倾斜角为 34.3° 的集热器上的辐照量和辐照度各是多少?($\rho = 0.2$)

解:8 月 16 日的日子数 n 等于 228,则赤纬角为

$$\delta = 23.45°\sin\left(360° \times \frac{284+n}{365}\right)$$

$$=23.45° \sin\left(360° \times \frac{284+228}{365}\right)$$
$$=13.5°$$

中间点的时角 $\omega=22.5°$，则

$$R_b=\frac{\cos\theta}{\cos\theta_z}=\frac{\cos\delta\cos\omega}{\cos\varphi\cos\delta\cos\omega+\sin\varphi\sin\delta}=1.028$$

$$R_d=\frac{1+\cos\beta}{2}=0.913$$

$$R_\rho=\frac{1-\cos\beta}{2}=0.0869$$

因此，集热器上的辐照量和辐照度分别为

$$I_T=I_bR_b+I_dR_d+I_\rho R_\rho$$
$$=2.52\times1.028+0.698\times0.913+3.22\times0.2\times0.0869$$
$$=3.283\ \mathrm{MJ/m^2}$$

$$G_T=\frac{3.283\times10^6}{3\,600}=912\ \mathrm{W/m^2}$$

1.3.6 集热器的最佳方位

集热器最佳方位的确定，应以使用周期内收集的太阳能最多为原则，根据理论分析和实验研究，一般有以下原则：

① 对于全年，取 $\beta=\varphi$；

② 对于夏半年(春分到秋分)，取 $\beta=\varphi-(10°\sim15°)$；

③ 对于冬半年(秋分到第二年春分)，取 $\beta=\varphi+(10°\sim15°)$；

④ 如无特殊困难，方位角应取 $\gamma=0°$(北半球)。

第 2 章

太阳能集热器涂层

2.1 概述

太阳能热利用是太阳能利用方式中相对简单又较容易实现的形式，而出现最早、使用最多的也是各种形式的太阳能热利用装置，目前使用最广泛的为太阳能集热器. 无论哪种形式的太阳能热利用装置，都要处理好反射、辐射、吸收 3 方面的关系. 对于太阳能集热器而言，影响其效率的因素有吸热体吸收太阳辐射的能力、吸热体向外界环境的散热损失、透明盖板对太阳辐射的透过能力及阻止吸热体向周围环境散热的能力.

一般来讲，吸收涂层可分为非选择性吸收涂层和选择性吸收涂层两大类. 非选择性吸收涂层是指吸收涂层的光学特性与辐射波长无关；选择性吸收涂层则是指吸收涂层的光学特性随辐射波长不同有显著变化，从而实现对太阳光谱有选择性吸收的目的.

太阳光谱选择性吸收膜层是 20 世纪 50 年代初由以色列物理学家泰伯(Tabor)提出的概念，它是利用太阳辐射光谱与受热物体的辐射光谱之间的不同而专门被制作出来应用于太阳能集热器的一种涂层材料，即利用太阳辐射的波长范围(0.3～3 μm)与集热器的热辐射波长范围(大于 3 μm)的不同，增强吸热体对太阳辐射的吸收，减少吸热体向周围环境的热辐射损失，有效提高了太阳能集热器的集热效率、工作温度和系统的性价比.

光谱选择性透过涂层利用太阳辐射的波长范围与热辐射的波长范围不同的特点，在保持透明盖层的太阳辐射透过的同时，阻止吸热体由于温度升高而发出热辐射.

光谱选择性减反涂层是利用材料表面对太阳辐射的反射与折射率有关这一特性，通过降低透明盖层表面的折射率，达到减少对太阳辐射的反射，增强其透过能力的目的，其也称为增透膜.

在以上 3 种涂层材料中，光谱选择性吸收涂层是最重要的，本章重点介绍光谱选择性吸收涂层的工作机理、基本分类、制备方法及检测方法.

2.2　太阳光谱选择性吸收涂层

太阳辐射能主要集中在可见光和近红外波长范围内(0.3～3.0 μm). 对于一个受热物体,向外界的发射辐射主要在大于 3 μm 的红外区域. 若物体表面对太阳辐射的可见光和近红外范围的辐射有高吸收,自身被加热后向外界发射的辐射又很小,这种表面就称为选择性吸收表面. 理想的选择性吸收表面对太阳可见光和近红外范围的辐射有完全的吸收,吸收比 $\alpha=\frac{Q_a}{Q}=1$. 这种理想的选择性吸收材料和表面在自然界中并不存在,通常要通过技术手段来获得高性能的吸收膜层或表面,增加太阳光和近红外波长范围内光线的吸收,减少光线的反射. 采取的办法主要有两种:一是利用选择性材料;二是考虑材料的光学效果,利用涂层或薄膜的干涉效应和光学陷阱增强表面的吸收效率,以及利用减反膜减少光线的反射损失.

根据材料的性质,选择性吸收表面通常分为金属涂层、无机非金属涂层、有机(一般指高分子)涂层及半导体涂层 4 种,又可以归纳为 3 大类:

① 在太阳可见光和近红外波长范围内有高的吸收,但是在红外范围是透明的;

② 在太阳可见光和近红外波长范围内有高的吸收,但是在红外范围有高反射;

③ 在太阳可见光和近红外波长范围内是透明的,但是在红外范围有高反射.

3 种类型材料的特性可用图 2-1 表示. 在实际应用中,可根据需要将 3 种类型的材料组合形成选择性吸收膜系.

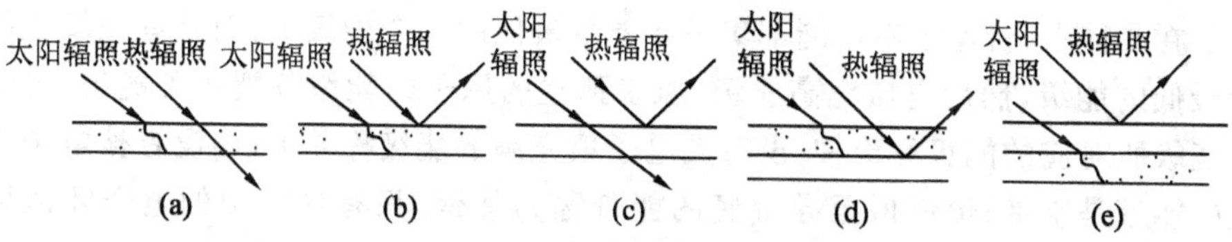

图 2-1　3 类材料的选择性及表面结构

(a),(b),(c)为 3 种类型材料的特性;(d),(e)为用 3 种类型材料组成的选择性吸收表面组合。

2.2.1 太阳光谱选择性吸收表面的工作原理

根据基尔霍夫定律，在给定温度 T 时，实际物体的单色发射率与该物体在同一温度下对同波长辐射的吸收率（吸收比）相等；而且，所有表面的单色吸收率 α_λ 与单色发射率 ε_λ 之比是相同的，即

$$\alpha_{\lambda,T}=\varepsilon_{\lambda,T} \tag{2-1}$$

如果物体的温度不同，即使在相同的波长下，它的吸收比也不等于发射率

$$\alpha_{\lambda,T_1}\neq\varepsilon_{\lambda,T_2},T_1\neq T_2 \tag{2-2}$$

同理，温度相同时，对不同的波长，物体的吸收比与发射率也不相等

$$\alpha_{\lambda_1,T}\neq\varepsilon_{\lambda_2,T},\lambda_1\neq\lambda_2 \tag{2-3}$$

式(2-2)给出的就是光谱选择性吸收表面的工作原理. 太阳辐射可以近似地看作为 6 000 K 的黑体辐射，发射辐射的主要波长范围为 0.3～3.0 μm，一般情况下，实际物体在本身温度下发射的辐射主要集中在 5～50 μm. 当一个表面对 0.3～3.0 μm 波长范围的高吸收，而对 5～50 μm 波长范围的低发射，就是选择性吸收表面.

2.2.2 太阳光谱选择性吸收材料能带理论

量子理论证明，晶体中的电子处于共有化状态，这使得原先每个原子中具有相同能量的电子能级，因各原子间的相互影响而分裂成一系列和原来能级很接近的新能级，这些新能级基本上连成一片，人们形象地称之为“能带”. 按能带理论可将物质分为导体、绝缘体、半导体 3 大类. 导体具有良好的导电性能，常见的金属一般都是导体，如金、银、铜、铝、不锈钢等. 绝缘体的导电性能极差，几乎不传导电流，如玻璃、陶瓷、橡胶等. 半导体的导电性能介乎导体和绝缘体之间. 三类材料的导电能力与它们的电子结构（能带）有关. 导电性能不同，它们的光学性能也不同.

在晶体中，价电子不可能都集中在能量最低的一个能级上，而是首先填充能量最低的能级，然后再填充高能级. 原来孤立的原子的能级分裂成了能带，价电子能级所对应的能级称价带；没有被电子填充满的能级称导带；还没有被电子填充的能带是空带；价带顶至导带底的能带称为禁带. 只有导带中的电子才能导电，物质的能带分布如图 2-2 所示. 能带是描述晶体中电子能量状态的一个物理概念. 不同的晶体，原子结构不同，它们的能带结构也不相同. 图 2-3 描述了导体、半导体、绝缘体的能带结构.

图 2-2　晶体的能带结构图

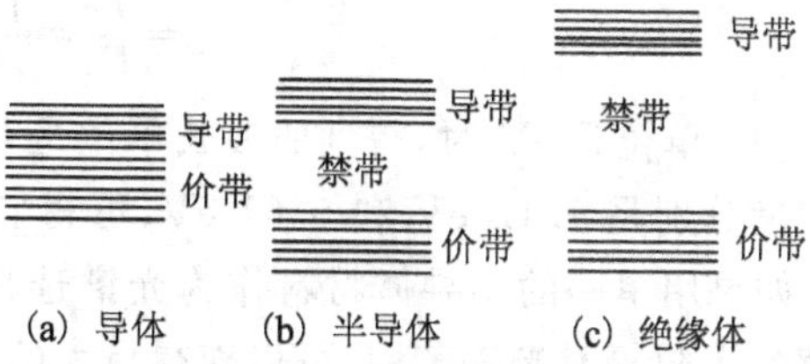

图 2-3　导体、半导体、绝缘体能带简图

导体的价带与导带有重叠，无禁带，电子很容易运动，所以电阻率低. 半导体中的价带与导带之间有一个禁带，不同的半导体材料，禁带宽度也不同. 绝缘体中的禁带要比半导体的禁带宽. 半导体中，价带中的电子获得足够的能量之后，能从价带跨过禁带跃迁到导带上去，但绝缘体中的禁带太宽，价带电子无法从热激发中获得那么高的能量去跨越如此宽的禁带跳到导带上去，因此绝缘体导带上的电子很少，它几乎不导电.

半导体的本征吸收是指在价带和导带之间电子的跃迁产生与自由原子的线吸收谱相当的晶体吸收谱，它决定着半导体的光学性质. 本征吸收最明显的特点是具有基本的吸收边(吸收系数陡峭增大的波长)，这也是半导体及绝缘体光谱与金属光谱的主要不同之处，它标志着低能透明区与高能强吸收区之间的边界. 半导体典型的吸收光谱如图 2-4 所示. 图中 A 区域为本征吸收区，吸收系数高达 $10^3 \sim 10^5\ cm^{-1}$，甚至更高. 吸收系数陡降部分称吸收边. B 区域是电子或空穴的吸收曲线. 在光谱选择性吸收表面中涉及的半导体吸收过程最主要的是本征吸收.

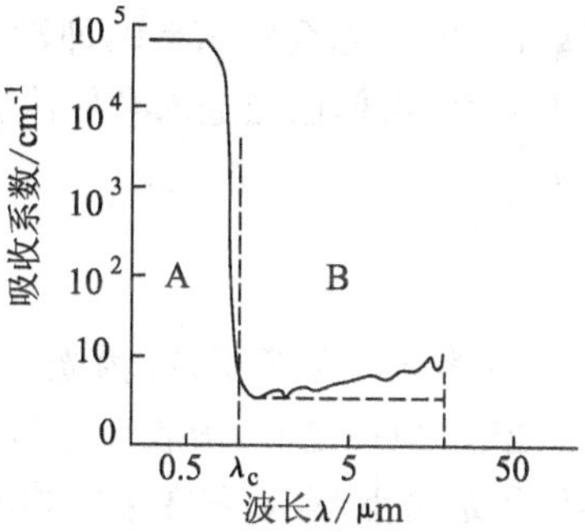

图 2-4　半导体典型的吸收光谱

产生本征吸收的条件是：光子的能量不得小于半导体的禁带宽度，即

$$h\nu_0 \geqslant E_g \tag{2-4}$$

式中，h 为普朗克常数，6.625×10^{-34} J·s；ν_0 为光的频率；E_g 为禁带宽度，eV.

从式(2-4)可以得出，若光的波长大于某个值(对应的频率小于某个值)，这种材料就不产生本征吸收，这个波长称为截止波长或吸收限，如图 2-4 中的 λ_c. 在截止波长 λ_c 处，吸收系数迅速下降. 从图中可以看出，产生本征吸收所对应的波长范围在可见光及近红外范围内. 显然，光热利用中所需要的正是半导体的本征吸收.

将 $\lambda_c = c/\nu_0$ 代入式(2-4)，可得到截止波长

$$\lambda_c=\frac{hc}{E_g}=\frac{12.4}{E_g} \tag{2-5}$$

式中，E_g 单位是 eV 时，得到的波长单位是 μm. 半导体材料硅(Si)和锗(Ge)的禁带宽度分别是 1.12 eV 和 0.67 eV，可得它们的吸收限分别为 1.0 μm 和 1.8 μm. 如果用单一的半导体材料作为光谱选择性吸收表面，如锗的吸收限覆盖了更宽的太阳辐射光谱范围，可以获得更大的吸收.

了解半导体材料的吸收系数与它的电学特性及光学常数之间的关系，在设计和制作光谱选择性吸收表面时是非常有用的.

半导体材料具有一定的导电性，它的折射率的复数形式为

$$N=n-iK \tag{2-6}$$

硅和锗的折射率 n 分别是 3.4 和 4.0.

消光系数 K 是表征光波能量在介质中被吸收并转化为热能的特性，即介质的吸收特性. 消光系数、折射率与半导体材料的介电常数及电导率有关. 如果电导率 $\sigma=0$，消光系数 $K=0$，即没有吸收. 假如材料的导电性能增加，σ 增加，那么 K 就变大. 当单色光进入半导体后，光强度要衰减，衰减的程度用吸收系数 α 来表示.

$$\alpha=\frac{2\omega K}{c}=\frac{4\pi K}{\lambda_0} \tag{2-7}$$

式中，ω 为光的角频率；λ_0 为光在真空中的波长.

当 K 值一定时，吸收系数与光波长成反比，即短波长时吸收系数大，进入半导体的距离小，意味着在半导体的表层就完成了对入射光的吸收. 当光波长一定时，吸收系数与 K 成正比，K 又与电导率有关. 利用电磁波在介质中传播的公式可以得到光学常数与电学常数的另一种表达形式

$$\left.\begin{aligned} n^2&=\frac{1}{2}\varepsilon_r\left[1+\left(1+\frac{\sigma^2}{\omega\varepsilon_r^2\ \varepsilon_0^2}\right)^{1/2}\right] \\ K^2&=\frac{1}{2}\varepsilon_r\left[1-\left(1+\frac{\sigma^2}{\omega^2\varepsilon_r^2\ \varepsilon_0^2}\right)^{1/2}\right] \end{aligned}\right\} \tag{2-8}$$

式中，n,K,σ,ε_r 都是对同一频率而言的. 当 $\sigma\approx0$ 时，$n=\sqrt{\varepsilon_r}$，$K\approx0$.

作为吸收体的半导体材料，还可以用 Serephin 的经验公式，即

$$n^4E_g=77 \tag{2-9}$$

如选用半导体材料 Si，它的 $E_g=1.12$ eV，利用式(2-5)可以计算出它的截止波长 $\lambda_c=1.0$ μm，再由式(2-9)得出它的折射率为 $n=2.9$. 由反射公式 $R=|r|^2=\left|\frac{n_0-n_1}{n_0+n_1}\right|^2$ 得出它的反射比为 $R=0.24$. 这表明该表面至少有 24%的入射能量被反射出去，被吸收的能量不会超过 76%. 常用材料的禁带宽度见

表 2-1.

表 2-1　典型材料室温下的禁带宽度

材料	E_g/eV	材料	E_g/eV
金刚石	5.33	SiC	3.0
Ge	0.75	Cu_2O	2.17
Si	1.14	SiO_2	2.3
PbS	0.42	ZnO	3.4
CdS	2.53	TiO_2	3.1
InSb	0.23	NiO_2	4.0
InP	1.29	AlN	6.2
GaAs	1.4	Al_2O_3	8.3
InN	2.4	MgF_2	～11

在太阳能热利用的选择性吸收膜系中，AlN 常被用作减反射膜. 纯 AlN 禁带宽度为 $E_g=6.2$ eV，当一束光照射到它上面时，如果光子的能量超过或等于 6.2 eV，光子的能量才可以被 AlN 吸收；如果光子的能量小于 6.2 eV，光子直接透过 AlN 而不被吸收. 根据式(2-5)，可以计算出 AlN 的吸收限 $\lambda_c=0.2$ μm. 显然，太阳光谱中可见及红外范围各光子都可以通过 AlN 而不被吸收. 因此纯 AlN 只能在表面作减反膜或保护膜，不能用作吸收膜. 当杂质(除 AlN 之外的任何材料)掺入到纯 AlN 晶体中时，这些杂质会使 AlN 晶体的禁带宽度减小，吸收限 λ_c波长增加. 也就是说，在纯 AlN 中掺入杂质之后，原本不能被吸收的光子能量现在可以被吸收. 实验表明，通过改变 AlN 晶体中掺入杂质的浓度，可以改变 AlN 的 λ_c，使波长小于 λ_c的光子入射到掺杂的 AlN 时，穿过晶体的光子被晶体吸收. 材料的这种特性为制作多层渐变选择性吸收膜系提供了可能.

2.2.3　光谱选择性吸收表面的分类

经过长期的科学研究及生产实践，在本征吸收型、半导体吸收-反射金属串列型、微不平表面、电介质-金属干涉叠层型、电介质-金属复合型选择性吸收表面的吸收机理及实际应用等方面取得了突出的成果，并在实际应用中，将上述几种类型的综合应用形成了以下几种组合类型：吸收-反射组合型、反射-吸收组合型、干涉滤波型等，其中目前采用的最多的是吸收-反射组合型.

2.2.3.1　典型太阳光谱选择性吸收表面机理

1) 本征吸收选择性吸收表面

如 Ti(钛)、Zr(锆)、Hf(铪)等稀有金属的碳化物及硼化物材料，本身具有这种固有的光谱选择性吸收特性.从半导体的本征吸收机理可以看出,合适的禁带宽度半导体材料(单质及它们的化合物)可以用于选择性吸收表面.除了半导体材料之外,一些过渡金属以及它们的氮化物、碳化物、硼化物也都具有光谱选择性吸收特性.本征吸收材料的共同缺点是吸收限波长太短,或在可见光区域的吸收太低.如果它们单独作为选择性吸收表面,其光热转换效率不够理想.

过渡金属氧化物具有一定的选择性吸收,原因是它们的金属离子在 d 壳层中没有被电子填满.当离子与氧结合时,d 壳层电子被固定,结果就产生了独特的光学性能.但是,单一的化合物材料的本征吸收的吸收比太低,无法满足对选择性吸收表面的要求.

2) 半导体吸收-金属反射组合表面

将单晶硅、多晶硅和硫化铅沉积在高反射金属层上,所形成的膜层对太阳辐射的吸收比 α 可达到 0.8~0.9.这是由于半导体的吸收主要是本征吸收,要求光子的能量不得小于半导体的禁带宽度 E_g.对于一般的半导体来讲,这个能量相当于太阳光谱中可见光和近红外范围的波长,所以一般半导体材料对红外是透明的.假如在一个红外高发射的基体上覆有半导体吸收层,半导体吸收的太阳辐射转换成热能传给基体或其他介质,被加热的基体及介质就要发射辐射.由于半导体对这种长波是透明的,因此就有大量的热量通过半导体辐射出去,即表面具有高的发射率.为了解决这一问题,研究者在半导体的底部加红外高反射金属层,如图 2-5 所示.这种结构称为"半导体吸收-金属反射串列表面".在这种结构中,金属反射层有效地阻止了基体受热后的长波辐射,当然太阳光谱中红外辐射将被反射回去.不过这部分能量与基体的热辐射相比要少得多.

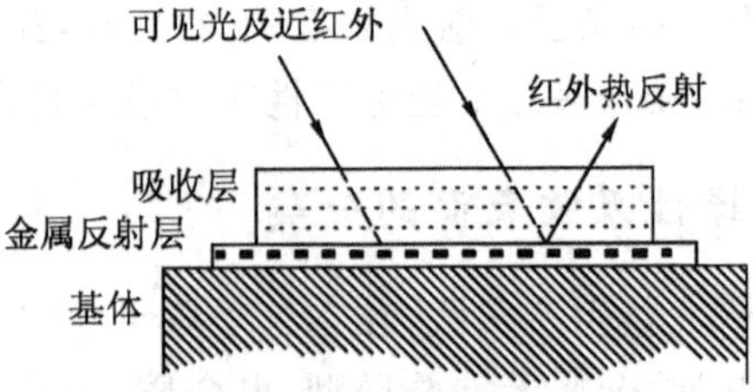

图 2-5　半导体吸收-金属串列表面示意图

实际用于红外反射的金属材料主要有:Au,Ag,Cu,Al,Ni 等.由于选择性吸收的半导体材料都有比较高的折射率,其表面有较大的反射比,使吸收受到限制.为此在它的表面加上减反射层会有效地减少反射,从而提高吸收.图 2-6 是一种以不锈钢为基体,厚度为 0.1 μm 的高反射金属 Ag 的半导体吸收-金属反射串列表面结构图.为了防止高温扩散破坏 Ag 的光学性能,在 Ag 的上、下表面沉积氧化物作为阻挡层;吸收层是用硅烷高温分解沉积的 α - Si,厚度为 1.5~

1.6 μm. Si_3N_4是具有比较优良的高温稳定性的减反射层，它的吸收比与 500 ℃ 时的发射率之比 $\alpha/\varepsilon=12\sim4$，常温下 $\alpha/\varepsilon=15$.

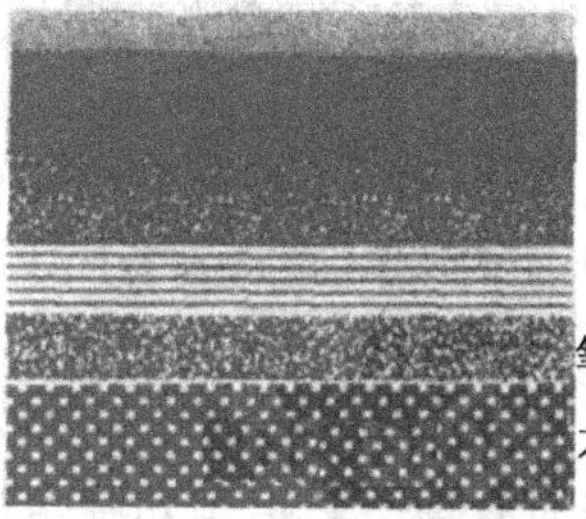

图 2-6 改进的半导体吸收-金属反射串列表面

3）微不平表面

所谓微不平指的是微观上不平整、宏观上平整的一种表面. 可采用化学气相沉积、共溅射或离子刻蚀等技术，制备成粗糙的树枝状表面. 微不平表面上“小丘”间距为 0.5～2.0 μm，如图 2-7 所示，表面“小丘”间距相当于太阳光谱波长范围，使入射光多次反射而被吸收. 微不平表面对发射比影响小，具有选择性吸收表面的特性.

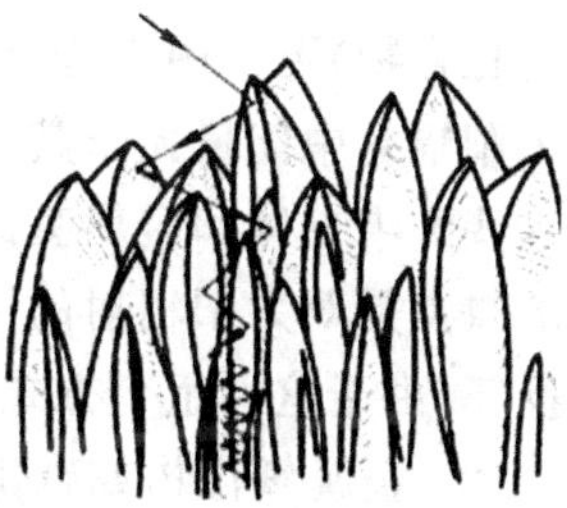

图 2-7 树枝状结晶表面

4）电介质-金属复合材料选择性吸收表面

电介质-金属复合材料是由在电介质基体中嵌入极细的金属粒子形成的. 纯金属的电子结构中，价带与导带有交叠，没有禁带，有良好的导电性能和有较好的光学反射. 纯电介质有较宽的禁带，几乎不导电，是一种绝缘材料，光吸收性能很差，不能用来作为选择性吸收表面中的吸收层. 大多数电介质材料耐高温，化学稳定性较好，金属与电介质复合之后形成的复合材料的光学性能和电学性能处于金属与电介质的中间状态，并且能够通过控制嵌入金属粒子的量来实现控制生成物的性能，这些金属粒子对复合材料的结构和特性起决定性影响. 金属粒子嵌在电介质基体的体积百分数称作金属填充因子. 在电介质-金属的复合材料中，只要选定好材料的种类，控制金属粒子的浓度、尺寸、形状及方向等就可以获得一系列沉积材料作为吸收层.

这类选择性吸收涂层得到了广泛的应用，其中 Al－N/Al 渐变选择性吸收涂层、Al－N/Cu 选择性吸收涂层、SS－AlN_x/Al 选择性吸收涂层在全玻璃真空太阳能集热管市场上占主要地位，而以 Al－N/Al 渐变选择性吸收涂层为基础研发的 a－C:Al－N/Al 干涉渐变结构的新型选择性吸收涂层，则代表了目前选择性吸收涂层技术、生产和市场的发展方向.

2.2.3.2 光谱选择性吸收表面的分类

从上述几种类型的太阳光谱选择性吸收表面的机理可以看出，在实际应用中，是将上述几种类型的太阳光谱选择性吸收表面综合在一起，从而形成以下3种类型.

1）吸收-反射组合型

利用光洁的金属表面的低发射率，在其表面涂上一层吸收太阳辐射能力强，而对长波热辐射透射比又很高的涂层，这种涂层与金属表面的组合就是吸收-反射组合型太阳光谱选择性吸收表面.

目前常用的金属基体表面有镍、铜、铝等几种金属；利用半导体材料作为吸收太阳辐射而使长波热辐射透过的涂层，有以下两种方案.

（1）半导体吸收-金属反射串列组合

从半导体的本征吸收机理可以看出，合适的禁带宽度半导体材料（单质及它们的化合物）可以用于选择性吸收表面. 硅和锗是典型的纯半导体材料，能够吸收太阳辐射中能量大于其带隙能的光子，又能透过能量较低（波长较长）的辐射. 将这些纯半导体和金属基面组合在一起，即可得到光谱选择性吸收表面. 这些材料的缺点是对太阳辐射的反射在0.3～0.4之间，需要在选择性涂层的上面加涂减反膜. 由于这种组合方式价格昂贵，在太阳能热利用技术中很少使用.

（2）金属氧化物或硫化物与金属组合

除了半导体材料之外，一些过渡族金属以及它们的氮化物、碳化物、硼化物都具有光谱选择性吸收的特性. 例如，对镀镍的钢材料进行特殊表面处理形成的“黑镍”，是一种选择性涂层，成分为镍-锌-硫的复合物，其对长波辐射透过率很高，镍为基体，又是长波热辐射的良好反射体，因此具有较低的发射率. 采用其他材料，也可以得到类似的选择性辐射特性. 如以铜为基面，薄层为氧化铜（黑铜）；还有以镍为基面，薄层为氧化铬（黑铬）等. 这种组合在平板集热器中应用比较广泛.

2）反射-吸收组合型

有些材料对长波热辐射有较强的反射能力，像镜子一样，被形象地称为“热镜”，若将其制作成极薄（0.2～1 μm）的涂层，能很好地透过太阳辐射. 将这样的薄层和黑色的基面组合在一起，就形成了反射-吸收组合型光谱选择吸收表面. 太阳辐射先透过薄层，被黑色基面吸收，黑色基面虽然有较强的长波热辐射，但薄层对长波热辐射有较强的反射能力，又将它反射回黑色基面，而黑色基体本身并没有选择性吸收性质，无论对太阳辐射还是长波热辐射，吸收比都很高. 这种组合型材料表面的工作原理正好与吸收-反射组合型材料表面相反. 一些高掺杂半导体材料具有这样的性质，如氧化锡和氧化铟.

3）干涉滤波型

干涉滤波型是一种4层结构的电介质-金属干涉叠堆型选择性吸收表面，从上至下依次为电介质层、半透明层、电介质层和反射层. 在这种结构中，有两个四分之一波长的电介质层被一层薄的半透明层隔开. 入射光束穿过电介质层及半透明层射向反射层，半透明金属会吸收一部分光束的能量，其余部分在反射层与半反射层之间进行多次来回反射，每反射一次，就有一次相消干涉. 正是巧妙地应用了薄膜干涉现象，使选择性吸收表面的性能上了一个台阶.

干涉滤波型光谱选择性吸收涂层具有较高的太阳吸收比和较低的红外发射率，且在高温条件下具有相当好的稳定性，发射率也较低，所以一般应用于太阳能中高温集热技术.

2.3　光谱选择性吸收涂层的制备方法

2.3.1　概述

根据制备工艺的不同，选择性吸收涂层的制备方法主要有真空沉积法、喷涂法、化学转换与电化学沉积法、涂刷工艺、化学蒸发沉积法、等离子喷涂法、熔烧法等. 本节将简要介绍平板集热器及真空管集热器的集热部件吸收涂层工艺的制备方法.

2.3.1.1　平板集热器集热板涂层的制备工艺方法

平板集热器涂层材料的应用和发展主要经历了涂料涂层、电化学涂层、真空镀膜涂层等3个阶段. 其中，涂料涂层是由黏结剂和金属氧化物颗粒组成. 一般采用涂刷和喷涂的制备方法，主要优点是工艺简单、成本低廉，缺点是使用过程中容易老化从而引起性能下降. 涂料涂层是早期太阳能热利用技术中经常采用的，现在已较少采用，目前太阳能集热板吸收涂层制备工艺常用的有以下几种方法。

1）阳极氧化法

常用的电化学涂层有铝阳极氧化涂层和钢阳极氧化涂层等. 阳极氧化法制备工艺的基本过程：将铝片（或铜铝复合芯片）在稀磷酸溶液中阳极氧化至铝表面形成多孔氧化膜，然后在硫酸镍或硫酸亚锡溶液中交流电解，镍（锡）离子还原沉积于氧化的孔隙中，形成具有光谱选择的表面. 其吸收比 $\alpha=0.89\sim0.91$，发射率 $\varepsilon=0.13\sim0.15$. 这个方法的缺点是生产过程中的废液排放易造成环境污染，涂层的发射率较高.

2）电镀法

将被加工的制品置于含有所沉积元素（金属或金属化合物）的离子溶液中，并和直流电源的负极相联，使该元素逐渐在制品表面形成涂层的方法称为电镀法，常见的有电镀铜、电镀黑镍和电镀黑铬.其中，黑镍和黑铬涂层是太阳能热利用中常见的两种涂层，如电镀黑镍（NiS－ZnS）就是应用最早的一种，这种涂层的吸收比 $\alpha=0.92\sim0.94$，发射率 $\varepsilon=0.08\sim0.10$.然而这种吸收涂层的最大缺点是抗潮湿、抗高温性能差，虽然经过钝化处理后会有所改善，抗湿热稳定性有一定提高，但黑镍本身的抗高温、抗潮湿性能决定了该涂层无法在中、高温太阳集热器中使用.

为了克服黑镍的这些不足，人们研究出电镀黑铬.黑铬具有优异的性能，$\alpha=0.95\sim0.96$，$\varepsilon=0.10\sim0.12$；而且黑铬在抗高温、耐腐蚀方面优于黑镍.黑铬涂层的结构如图 2-8 所示.

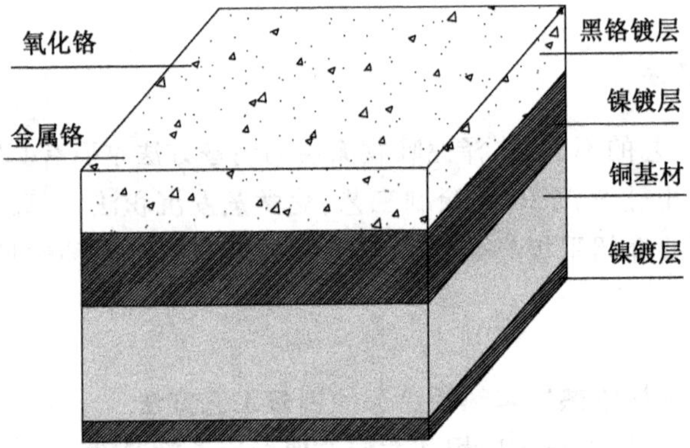

图 2-8　黑铬涂层的结构

无论是阳极氧化法还是电镀法，都具有工艺复杂、手工操作多，成膜厚度监控不容易自动化的缺点，不适用于对膜层厚度有精确要求的选择性吸收薄膜的制备.另外，上述方法的生产过程中的废液处理易造成环境污染，随着环保要求的提高，一些国家已经明令禁止采用污染严重的电化学方法生产吸收涂层.

3）真空电子束加热蒸发沉积法

这种方法就是在低气压的真空室中，利用电子射线将难熔的金属和氧化物如铂、铑、钛、二氧化硅、三氧化二铝等源物质蒸发，脱离蒸发源的原子进入真空室，沉积到被涂物体表面形成薄层.比较典型的是采用电子束蒸发的方法生产的钛系列 $TiNO_x$ 高选择性钛镀层，其吸收比 $\alpha=0.95$，发射率 $\varepsilon(100\ ℃)=0.03$，最高工作温度为 375 ℃.其工艺过程是用电子射线将钛和石英汽化，汽化物在加入氮和氧后发生化学反应生成氮氧化钛，最后在金属（铜）带上沉积冷凝形成涂层.该方法的不足之处是连续化生产线投资较大,涂层生产成本较高.

4) 真空磁控溅射技术沉积法

磁控溅射是利用磁场束缚电子的运动,增加了与工作气体分子碰撞的次数,使等离子体密度增大,其结果导致轰击基片的高能电子的减少和轰击靶材的高能离子增多,其具有低温、高速的特点,有效地克服了阴极溅射速率低和电子使基片温度升高的弱点,因而获得了迅速发展和广泛应用.

利用真空磁控溅射等离子体技术、等离子监控技术和离子表面活化技术,国内一些企业开发出在铜、铝、铜铝复合材料的整板太阳能板芯上制备光谱选择性吸收涂层的设备与工艺,涂层的吸收率 $\alpha=0.92\sim0.94$,红外发射率 $\varepsilon=0.08\sim0.1$,且耐候性能也比较好,可在大气环境下直接使用.

2.3.1.2　真空集热管涂层的制备工艺方法

真空沉积技术(蒸发及溅射)从 20 世纪 70 年代开始,尤其是进入 80 年代后,在太阳光谱吸收涂层的制作中占有越来越重要的地位.1982 年,清华大学殷志强教授带领的科研团队用真空沉积方法在玻璃表面成功制备出黑镍选择性吸收膜,并应用于全玻璃真空集热管中.

我国的太阳能应用飞速发展,主要应归功于全玻璃真空集热管的开发以及磁控溅射沉积技术的不断成熟.真空集热管的吸热体是用磁控溅射沉积的电介质-金属选择性吸收膜系(如 AlN - Al),这种吸收膜系有高的吸收比和低的发射率,而且溅射沉积没有污染,适合工业化批量生产.

真空磁控溅射技术具有操作工艺简单、溅射速率高、膜层沉积速率高、薄膜性能稳定、重复性好以及基底和薄膜材料选择广泛、可沉积多层膜、薄膜与基体结合牢固等优点,真空磁控溅射技术可在大面积上得到均匀的涂层,且成本低,便于大规模产业化生产,是太阳能集热器光谱选择性吸收膜层研究、生产和发展的主要方向.以下将主要介绍该技术的基本原理以及在吸收膜系制备中的具体应用.

2.3.2　溅射沉积技术的基本原理

溅射沉积就是用荷能粒子(通常是气体正离子)轰击靶材,使物体表面原子从其中逸出,沉积在附近的底材表面上的整个过程.对溅射沉积现象产生的机理,人们比较认同"碰撞理论".入射离子与固体表面原子发生弹性碰撞后,将其一部分能量传递给原子,该原子的动能超过它与其他原子形成的势垒(对金属而言为 5～10 eV)时,原子就会从晶格点阵中被碰出,产生"离位原子",离位原子又与其他附近原子发生反复碰撞-联级碰撞.当原子动能超过其与其他原子的结合能(1～6 eV)时，原子离开物体表面进入真空室，沉积于设置在真空室的基体表面上，形成薄膜，如图 2-9 所示.

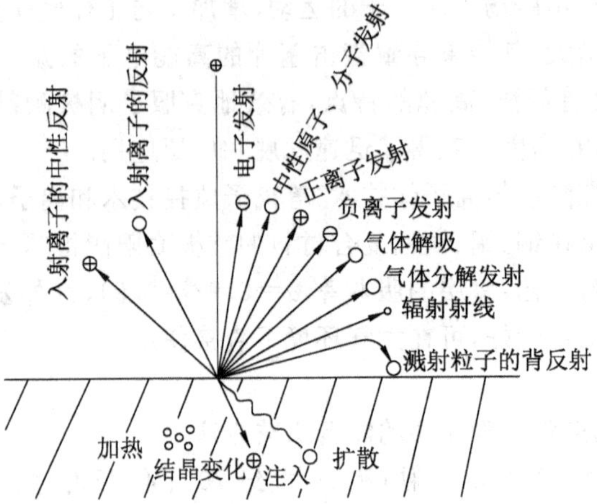

图 2-9　离子与固体表面的碰撞现象

真空溅射技术制备的薄膜有如下特点：

(1) 膜厚可控性和重复性好

由于真空溅射镀膜的放电电流和靶电流可以分别控制，因此通过控制靶电流可以控制膜厚，并且溅射镀膜可以在较大表面上获得厚度均匀的膜.

(2) 薄膜与基片的附着力强

溅射原子能量比蒸发原子能量高 1～2 个数量级. 高能量的溅射原子沉积在基片上进行的能量转换比蒸发原子高得多，产生较高的热能，增强了溅射原子与基片的附着力. 并且，部分高能量的溅射原子产生不同程度的注入现象，在基片上形成一层入射原子与基片原子相互融合的伪扩散层，使得薄膜与基片的附着力加强.

(3) 制备特殊材料的薄膜

几乎所有的固体都可以用溅射法制成薄膜. 靶可以是金属、半导体、电介质、多元素的化合物，只要是固体，甚至粒状、粉状的物质都可以作为溅射靶，并且不受熔点的限制. 溅射法制膜还可以使不同的材料同时溅射制备混合膜、化合膜，若使不同的材料依次溅射可以制备多层膜.

(4) 纯度高

由于溅射法制膜装置中没有蒸发法制膜装置中的坩埚构件，所以溅射膜层里不会混入坩埚加热器材料的成分.

溅射镀膜的缺点是成膜速度比蒸发镀膜低、基片温升高、易受杂质气体影响、装置结构较复杂.近年来由于高频溅射、磁控溅射技术的新发展,溅射镀膜技术已得到日益广泛的应用.

2.3.3　溅射沉积技术

在溅射沉积技术中,首先涉及的是溅射系统或称溅射方法.溅射方法因分类出发点的不同而有多种类型,常见的有按照它们的放电激励方法、阴极的形状、电源的种类等分类.实际中使用的溅射方法往往是几种类型的综合.本节仅介绍最常用的几种方法.

2.3.3.1　直流二极溅射原理及装置

直流二极溅射的基本装置如图 2-10 所示.溅射时先将真空室抽至 10^{-3} Pa 左右,之后通入氩气并维持在 10^{-2}～10^{-1} Pa 范围.在阴极上加 2～5 kV 的负高压,阳极(基片)接地,这样在阴极和阳极之间就会产生辉光放电,阴极发射出来的一次电子被电场加速后,使氩气产生电离,产生的正离子向阴极方向运动,入射到靶上并打出阴极表面的原子及电子(也称二次电子).原子沉积在基片上形成薄膜.二次电子在电场中加速后变成快电子(相对于转变成的一次电子),这种快电子维持着辉光放电持续发生.其基本原理如图 2-11 所示.

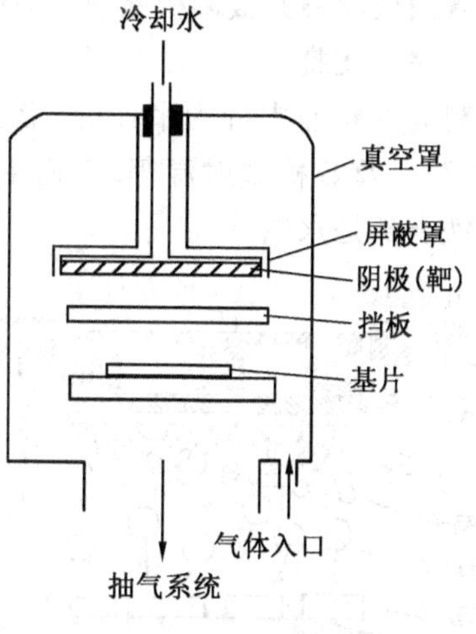

图 2-10　直流二极溅射装置

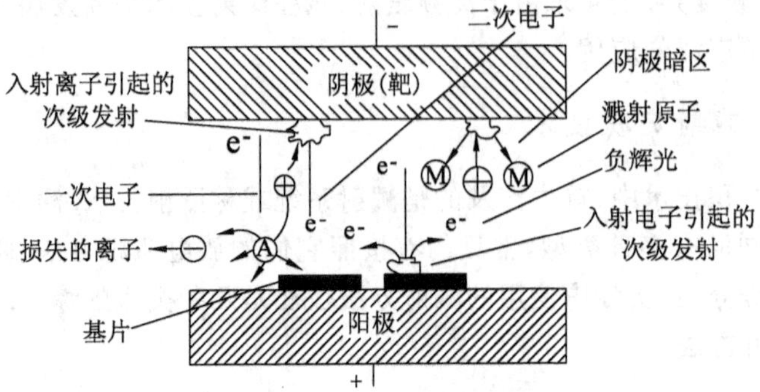

图 2-11　直流二极溅射的物理过程

2.3.3.2　磁控溅射技术

磁控溅射技术是利用垂直方向分布的磁力线将电子约束在靶材表面附近，延长其在等离子体中的运动轨迹，提高电子与气体分子的碰撞概率和电离过程. 典型的二极磁控溅射发生的现象如图 2-12 所示. 设置一个与靶面电场正交的磁场，溅射时产生的快电子在正交的电磁场中做近似摆线运动，电子行程增加，与气体分子的碰撞概率增大，也就提高了气体的离化率. 高能量粒子与气体碰撞后失去能量，沿着磁力线向着阳极漂移并被阳极吸收. 因此磁控溅射中基体温度较低，在普通塑料膜上都可以完成镀膜.

在磁控溅射中，按照靶的形状通常分为平面(圆形、方形、椭圆形……)磁控溅射源和圆柱形磁控溅射源以及 S 枪溅射源等. 下面主要介绍前两种溅射沉积技术，同时假定使用的磁铁全部是永磁体.

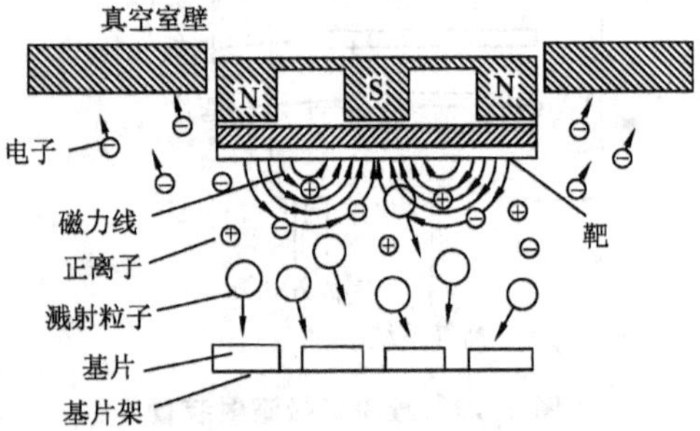

图 2-12　二极磁控溅射发生的现象

1) 平面磁控溅射

(1) 平衡型平面磁控溅射

平衡型平面磁控溅射是最常用的平面靶磁控溅射. 在平衡型平面靶(源)中

摆放的磁体应保证磁力线有一个闭合的通路，磁力线与阴极平行，即在阴极表面构成一个正交的电磁场环形区域. 在该区域内阴极发射的电子做摆线运动，通常称此区域为电子跑道. 电子在跑道的运动过程中与气体碰撞发生电离反应，产生 Ar^+ 并轰击靶面，因此在对应电子跑道处的靶面刻蚀严重. 为了获得均匀的刻蚀，靶或磁体应该做必要的运动或移动.

(圆形、方形、马蹄形)平衡型平面磁控溅射的结构如图 2-13 和图 2-14 所示，使用永磁铁比使用电磁铁简单，可以根据需要随意排放，而且不像电磁铁那样需要外加电源，因此避免了电磁干扰，而且达到同样的磁感应强度所需要的体积小，重量轻；缺点是不能快速调节变化，而且靶上还会不断地吸附磁性金属或因磁体在水中浸泡(靶必须水冷)腐蚀下的屑沫，这些金属或化合物屑极易堵塞冷却水出口，造成冷却水不畅，稍不注意就会发生因水压不足、水温上升使永磁体退磁的现象.

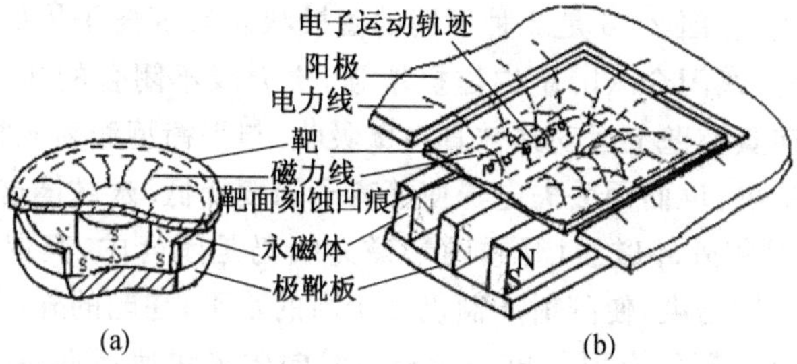

图 2-13　圆形及方形平衡型平面磁控溅射

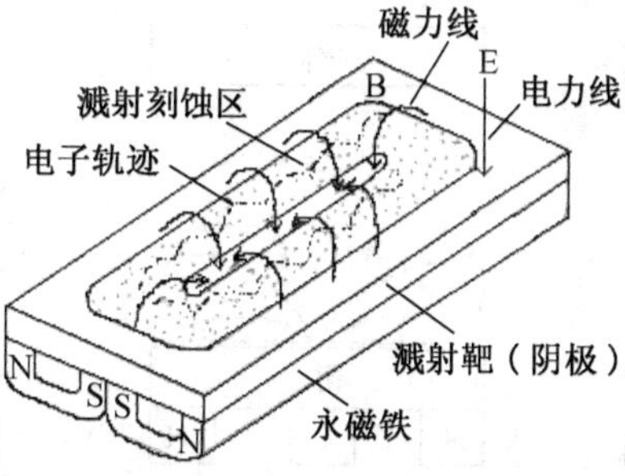

图 2-14　马蹄形平衡型平面磁控溅射

靶大多是由厚 3～10 mm 的源材料构成. 太薄会因使用周期短影响镀膜效率；太厚有可能会造成靶面、靶底部之间的温度梯度太大，尤其是导热系数太小的材料，表面的温度会高出许多，影响辉光放电. 磁性材料的靶更不可太厚，否则会使磁感应强度下降，放电不正常，例如用 Ni 作靶时，厚度一般不超过 2 mm.

使用永磁体的平面溅射源时，如果靶与磁体都处于静态，那么靶的刻蚀仅发生在电子跑道区域内，靶面会出现凹槽，时间长了有可能穿透，令靶材报废. 对于贵重材料而言，这是一种浪费. 这类平面靶的利用率是 25%～45%，图 2-15 给出了靶刻蚀区域与磁铁位置的关系.

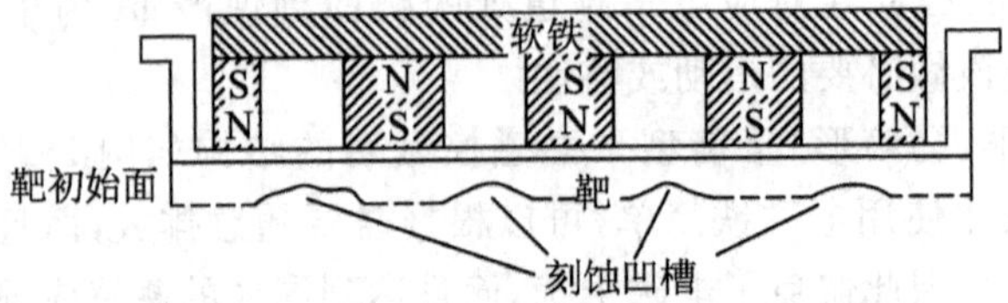

图 2-15　靶刻蚀区域与磁体的对应关系

(2) 非平衡平面磁控溅射

在平面磁控源中，通过改变永磁体磁极的强度可以改变靶表面的磁场分布状况. 在不同的磁感应强度作用下，电子的运动状态会发生变化，引起等离子体强度和区域的改变. 图 2-16 是 3 种不同的磁极状态对等离子体的影响：(a)是平衡型磁控源，磁力线闭合. (b)是内磁极增强，磁力线不闭合的非平衡型磁控源. 这种源使电子向真空壁上运动并被真空壁吸收. 与平衡型溅射源相比，不但等离子区域没有被扩展，反而因丢失电子使等离子强度降低. 永磁体这种摆放方式是不可取的. (c)是将外环磁极增强，内环磁力线仍是闭合的，其保证了靶中心区域有高的等离子体密度，使溅射产额仍处于高的水平；在靶的外环处磁力线不闭合，而是指向阳极. 靶面发射的电子沿磁力线向阳极快速运动，在运动中与气体分子发生碰撞产生电离，结果是将等离子的区域扩展开.

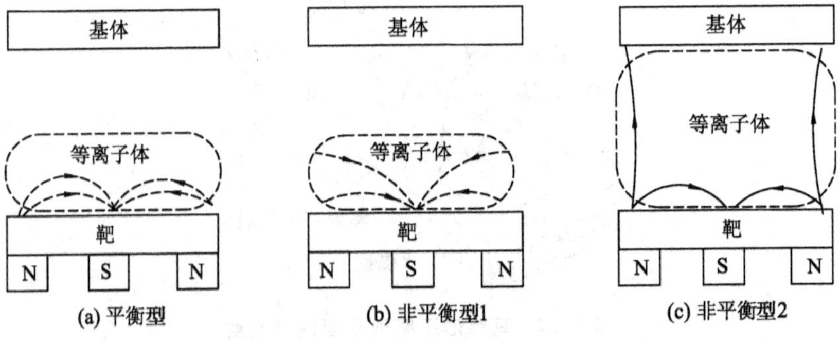

图 2-16　平衡及非平衡型磁极变化对等离子体的影响

图 2-17 给出了 3 种双平面非平衡型磁控溅射源结构类型，(a)和(b)两个类型平面靶的磁极排列是一样的：NSN 和 SNS，只是图(a)中的两个靶面处于同一个平面，因此称这种结构是“共面”结构；图(b)是“垂直对立”结构. 图(a)和(b)两种结构的磁力线都是闭合的，两个靶之间形成一个闭合空间，即电子陷阱，等离

子区域在扩大的同时又被有效地限制. 在图 2-17(c)中，靶也是垂直对立结构，但它的两个靶内永磁体的磁极是同一种排列方式即 NSN，这种排列使得靶边缘处的磁力线指向真空室壁，一些电子因此而逃逸.

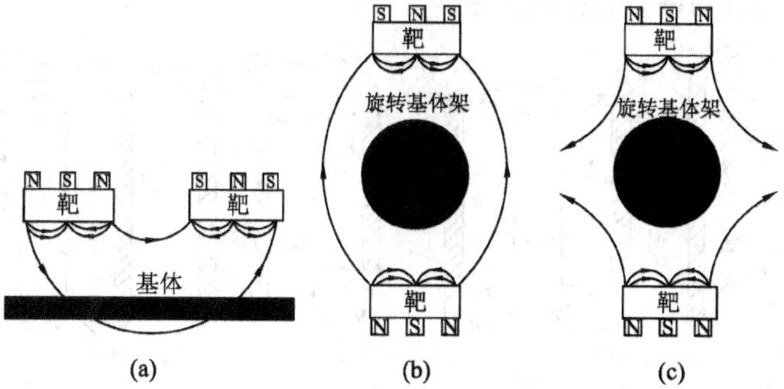

图 2-17　双平面非平衡型磁控溅射源

为了满足不同条件下的应用，还可以将更多的靶组合在一起，图 2-18 是 4 个平面靶的非平衡型磁控溅射源，它们面面相对，磁极排列如图 2-18 所示，磁力线闭合，等离子体被束缚在中间，中间摆放了可旋转的基体架. 这种结构可以使复杂工件表面沉积均匀.

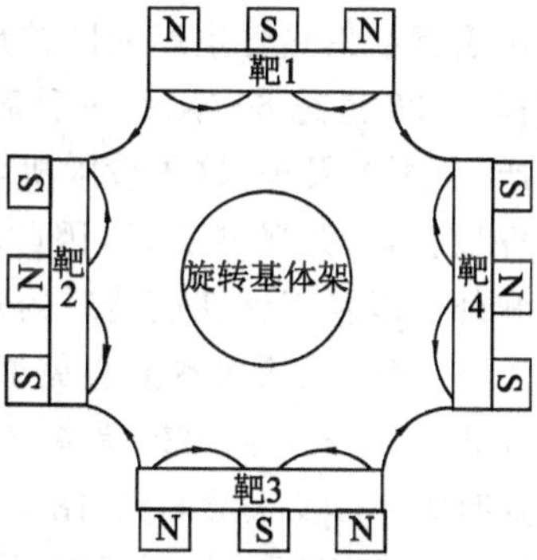

图 2-18　四平面非平衡型磁控溅射源

利用非平衡溅射技术可以制备多种新型、高质量的薄膜材料，尤其在沉积多组元薄膜时更能体现出它的优越性. 例如，将 4 个靶分别安装上金属 Ti，Al，Zr，Cr 材料，通入 N_2 就可以得到以上几种材料的氮化物. 这几种氮化物之间或形成混合物，或形成固溶体薄膜. 根据需要，可以启动 4 个靶中的 1 个，或 2 个，或 3 个，由此可以得到多种类型的薄膜材料.

2) 圆柱磁控溅射沉积技术

圆柱磁控溅射技术是利用一种圆柱形磁控阴极实现溅射. 当前在我国真空太阳集热管选择性吸收膜系的制备中，几乎无一例外地都采用了这种沉积技术. 在圆柱磁控溅射系统中，磁控源是关键部分. 在圆柱磁控源中磁场的提供方式主要有永磁体及电磁线圈两种.

图 2-19 列出了 4 种基本的圆柱磁控溅射源. 图中(a)和(c)是柱状阴极在中心位置，称为圆柱形磁控阴极(磁控源)；(b)和(d)与前者相反，空心阴极在外，阳极处于中心，这种结构的阴极通常称为反磁控源，或者叫作空心阴极. 空心阴极

溅射系统不适合用于真空集热管镀膜的大批量生产，因此这里不加叙述.

在图 2-19(a)和(c)的结构中，阴极可以采用标准的管材，管内装有永磁体，结构非常简单.但是磁体的形状和排列方式限制着电子的运动，它们与薄膜的均匀性和靶材的利用率有直接的关系.

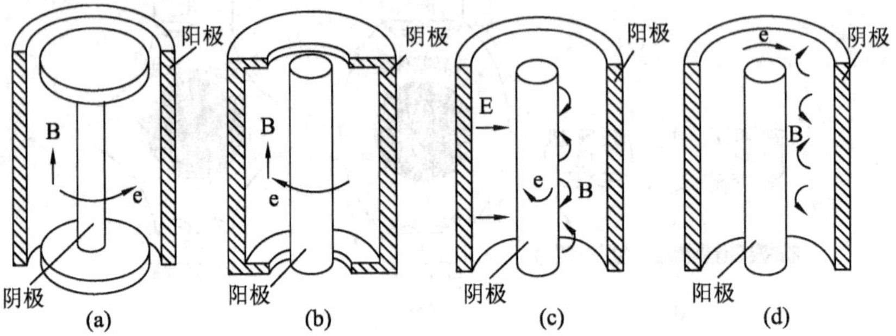

图 2-19　4 种圆柱磁控溅射源

用于真空集热管生产的圆柱形磁控阴极(源)中的磁场可以由永磁体和电磁线圈提供.20 世纪 80 年代，一种卧式、单靶电磁溅射镀膜机研制成功，并用于批量生产.使用中发现，这种镀膜机除具耗能高、有电子干扰等缺点之外，由于阴极和工件较长，又是卧式工作，因此靶件及工件必须采取合理的支撑，否则靶件的密封和外形以及工件在旋转时的碰撞都会出现问题.利用永磁体，且令阴极在直立状态下工作，就从根本上避免了上述问题.

在我国，立式永磁磁控源系统被广泛应用于真空集热管镀膜工艺中.选用的磁体主要有圆环形及条形两类.图 2-20(a)是使用过的圆环磁体组件(靶芯)照片，一组磁体由 4 块串联而成，两组之间是软铁.图 2-20(b)是圆环磁体摆放结构，不难发现，圆环磁体阴极实际上就是图 2-19(c)的一种.磁场沿阴极长度方向分布，电子按照电场及磁场的方向沿靶的圆周做摆线运动，靶的刻蚀仅发生在有横向磁场的区域内，图 2-21 是图 2-20(b)磁体排列时靶面被刻蚀区域分布的状况.

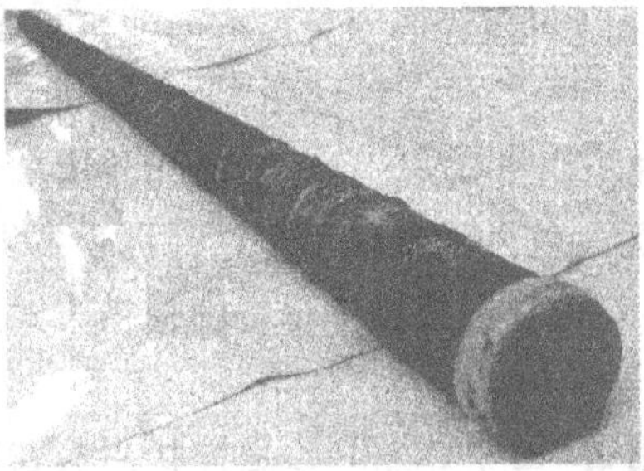

(a)

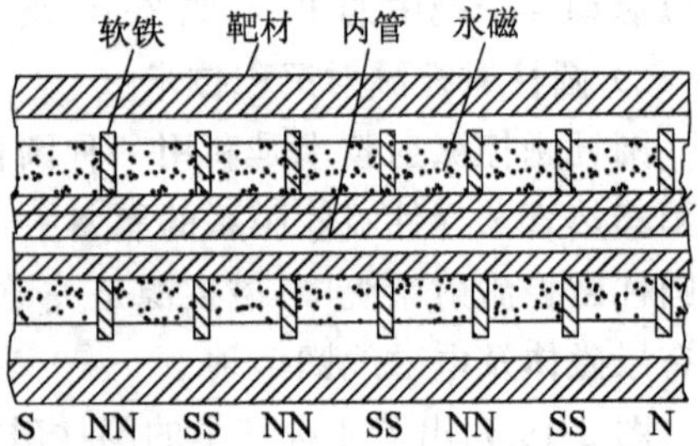

(b)

图 2-20　圆环磁体靶芯

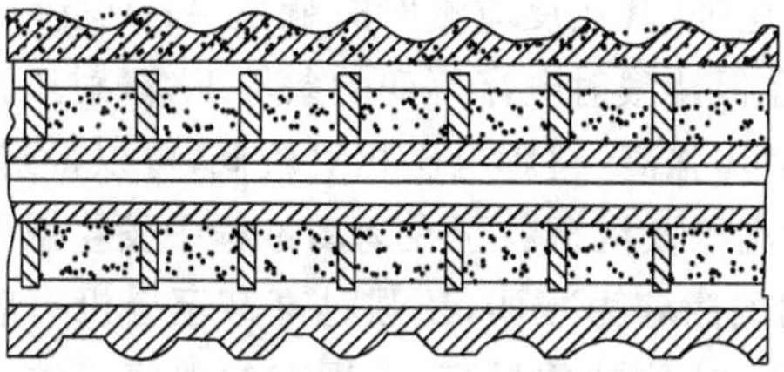

图 2-21　圆环形磁靶刻蚀的非均匀性

在真空集热管领域中应用最普遍的镀膜设备是立式靶芯旋转式磁控溅射系统. 该系统中，阴极内装有可旋转的靶芯，磁体是条状的，磁场方向是阴极的圆周方向. 此时电子沿靶的长度方向做摆线运动，如图 2-22(a)和(b)所示. 溅射时，如果靶芯不动，其结果是在靶的长度方向上留了多条(依磁体多少而定)被刻蚀的凹槽. 显而易见，只要将靶芯相对于靶做旋转运动，靶面就可以被均匀刻蚀，如图 2-23 所示. 靶芯在旋转时没有发生相对于靶的位移，因此容易实现靶及靶芯的密封. 另外，待镀玻璃管在溅射时也要公转和自转，系统中全部的旋转运动要比既有旋转又有平动更容易实现.

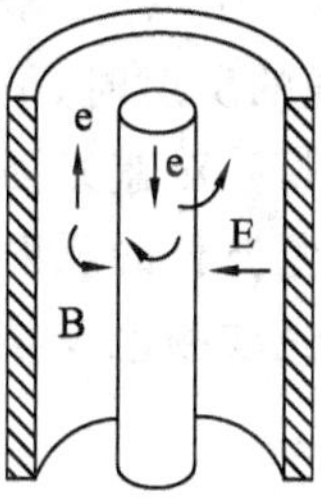

(a) 电子轨迹与电磁场

(b) 磁体的排列

图 2-22　条形磁体圆柱磁控溅射图

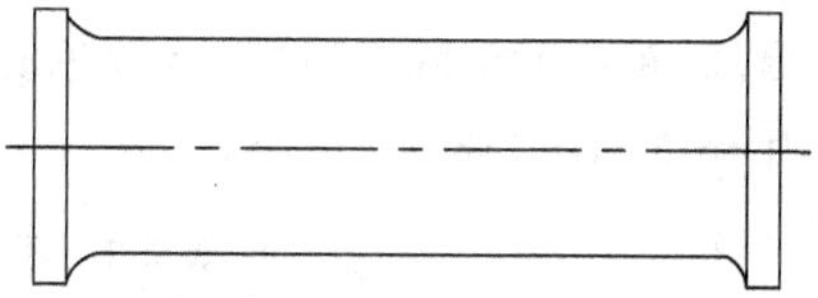

图 2-23　旋转靶芯时靶的均匀刻蚀

2.3.4　选择性吸收膜系的制备

目前，国内使用的选择性吸收膜系主要是 AlN－Al 类和 AlN－SS(不锈钢)两类. 这两类膜系都属于化合物-金属的复合材料，制备方法是完全一样的，主要利用立式圆柱磁控溅射镀膜机，采取反应溅射沉积技术.

在实际镀膜之前，首先要确定镀膜机的工作参数，包括本底压强、溅射压强、放电电流等. 这些参数与镀膜的稳定性及膜的质量密不可分. 过高的本底压强造成更多的残余气体进入膜内，改变了膜的成分，而且还可能降低膜的稳定性. 例如，经常发现选择性吸收膜系的颜色变浅甚至发白，其原因除了膜系工艺调整不当之外，本底压强过高也是重要的因素之一. 所谓溅射压强是指通入气体之后进行辉光放电时的气体压强，其在反应溅射时就是 Ar 及反应气体的总压强．从实践经验中已经知道，在保持溅射电流不变的条件下，溅射压强的高低与溅射时起辉电压密切相关，溅射压强高，起辉电压相对较低，可以得到较大的电流．但是高的溅射压强会使溅射离子及沉积粒子在运动过程中发生散射，自身能量降低，造成沉积膜与基体之间的附着力减弱，压强过高甚至会没有膜沉积．一般来讲，低的气体压强，膜内缺陷少，膜的质量高．在现有的镀膜机中，靶与基体（真空管的内管）距离已经固定，放电电压仅与溅射压强有关系．在磁控溅射中，溅射电压除了与溅射气体压强有关之外，还与磁场强弱有关，磁场太弱，起辉电压升高．在镀膜过程中电压突然升高时，应该考虑到这一点．在选择性吸收膜系的制备中往往会遇到许多问题：如膜系的吸收低发射也低、膜系吸收高发射也高、膜系吸收低发射高、膜系在可见区有高的反射、颜色与膜系性能的关系等．

由于选择性吸收膜系不是发光表面，当表面对太阳光的可见光范围的某些波长有选择地反射时，膜系就会呈现不同的颜色．实际制备的膜系往往会出现黑色、蓝色、黄色．颜色的产生是由于膜系表面反射的太阳光进入人的眼睛，波长不同，颜色就不同．人可以看到的波长称为可见光，范围在 380～780 nm．这个范围包含红、橙、黄、绿、青、蓝、紫 7 种颜色，但基础颜色仅有红、绿、蓝 3 个，称三基色．当膜系对红、绿、蓝都有较多吸收时，表面就呈黑色；当都有较强的反射时，呈白色；仅对红、绿吸收，对蓝色反射时，膜系呈现蓝色．反过来，如果膜系对蓝光强吸收，对红、绿光波有较强的反射，人看到的膜系是黄色．假如将蓝色波长的反射提高，黄色就消除了．这就是颜色的互补性，黄色与蓝色互补．不同光波颜色及其互补色见表 2-2．

表 2-2　不同光波颜色及其互补色

物体吸收的光		人眼看到的颜色（即吸收色的互补色）
波长/nm	相应颜色	
400～420	紫色	绿黄
400～450	紫蓝色	黄
450～480	蓝色	橙
455～490	天蓝色	橙
480～500	蓝绿色	红
500～560	绿色	紫红
560～580	绿黄色	紫
580～600	黄色	紫蓝
600～620	橙色	蓝
620～670	红色	蓝

在光亮时，人的眼睛对可见光不同波长有不同的感受度，看黄色最亮，对可见光一端的红色感觉暗得多.这种对不同波长的光的感受不同可以用相对视觉效率(或视亮度函数)来表示，视觉效率见表 2-3.从表中可以看出，人眼对 520～590 nm 的黄绿及黄色有最大的感受度.

表 2-3 视觉效率与波长及颜色

光的颜色	波长/nm	视觉效率	光的颜色	波长/nm	视觉效率
紫色	400	0.0004	黄色	540	0.954
	410	0.0012		550	1.000
	420	0.0040		560	0.995
	430	0.0116		570	0.952
				580	0.870
				590	0.757
蓝色	440	0.023	橙色	600	0.531
	450	0.033		610	0.503
				620	0.381
青色(天蓝色)	460	0.060	红色	630	0.265
	470	0.090		640	0.175
	480	0.139		650	0.107
	490	0.208		660	0.061
绿色	500	0.323		670	0.034
	510	0.503		680	0.017
	520	0.710		690	0.008
	530	0.862		700	0.004

2.4 太阳光谱选择性吸收表面及制品的热性能测评

太阳能利用中的光谱选择性吸收表面性能的优劣主要表现在它们的发射率和太阳吸收比，优良的表面有高的太阳吸收比，同时具有低的发射率.为此必须即时准确地测量以上两个参数，提供给研制者或生产者.本节介绍不同条件下对吸收膜系发射率、太阳吸收比及真空太阳集热管热性能的测评技术.

2.4.1 选择性吸收膜系发射率测量技术

在选择性吸收膜系相同的情况下，因基体材料的形状不同(如平板或圆管)，其发射率的测量方法及测量仪器就不同.下面以平板和圆管为例，介绍吸收膜系发射率的测量技术.

2.4.1.1 稳态量热计法半球发射率测量

当一个被测试样置于压强$(5\sim6)\times10^{-3}$ Pa的等温真空室内时，试样表面与真空室内壁之间只有辐射热交换. 假设：

① 试样和真空室冷壁的表面积、温度、发射率及吸收比分别表示为A_1，A_2，T_1，T_2，ε_1，ε_2及α_1，α_2. 当$A_2\gg A_1$时，$A_1/A_2\approx0$.

② 由于真空室冷壁表面通常喷涂一层无光黑漆，可看作是黑体，因此有$\varepsilon_2=\alpha_2=1$.

③ 将试样看作为灰体，因此有$\varepsilon_1=\alpha_1$.

在以上条件下，试样向真空室冷壁表面辐射的能量可以表示为$Q_{1-2}=A_1\varepsilon_1\sigma(T_1^4-T_2^4)$. 试样向真空室辐射的能量可以用外加电热功率补偿，使其处于热稳定平衡状态. 此时试样的半球发射率ε_H为

$$\varepsilon_H=\frac{IV}{A_1\sigma(T_1^4-T_2^4)} \tag{2-10}$$

式中，I为外加电流，A；V为外加电压，V；σ为斯忒藩-玻尔兹曼常数，其值为5.67×10^{-8} W/(m^2·K^4).

显然，通过改变外加电功率的大小，可以得到不同平衡温度下试样的半球发射率.

稳态量热计法半球发射率测量装置的结构如图2-24所示. 该装置由真空系统、真空室、热沉、主加热器及补偿加热器、测试系统等组成.

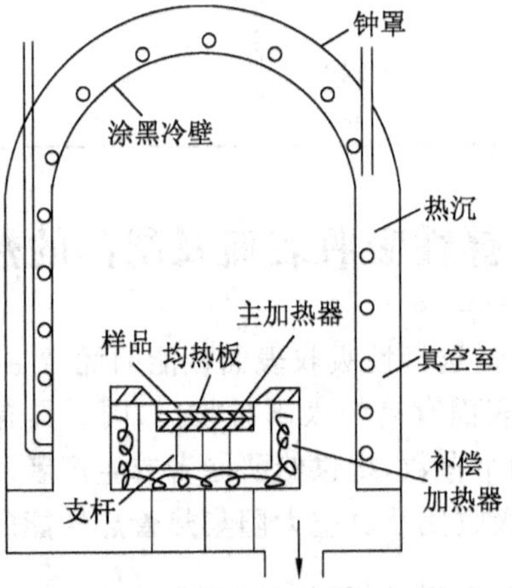

图2-24 稳态量热计法半球发射率测量装置示意图

真空系统实际上就是真空泵. 这里所采用的真空系统应保证真空室内的压强达到1.3×10^{-3} Pa. 真空室由两个同心钟罩组成；外罩起真空密封作用，内罩就是热沉. 热沉外壁有冷却管，通入的冷却液可以使其内壁恒温. 热沉内壁喷砂

处理后涂上无光黑漆，黑漆 $\varepsilon_H \geq 0.90$. 此外，热沉的内表面积与试样表面积相比应足够大，即 A_2 远大于 A_1.

通常用的主加热器是把直径很细的镍铬丝绕在薄的云母片上，并将其置于外表面镀金的铜盒内，盒的上方放一块紫铜板作均热板，再用绝热性能优良的聚四氟乙烯棒将盒子支撑在补偿加热器内. 补偿加热器是用铜制成的两个套在一起的圆杯，中间绕有镍铬丝. 主加热器盒底及补偿加热器底、壁各装有测温用热电偶.

待测试样用导热脂贴在主加热器的均热板上，它的被测试表面被热沉包围，其余部分置于补偿加热器内. 调节输入电功率，使补偿加热器内表面温度与主加热器盒底温度相同，处于热平衡状态，试样被测表面辐射能量由主加热器来维持. 利用热电偶可以测得试样和热沉表面的温度. 利用仪表很容易读出加在主加热器上的电压及通过的电流，即可由式(2-10)计算出试样表面的半球发射率值. 通过理论分析及实验，以上方法用于测量低发射率表面时必须采用液氮冷壁，而对于高发射率样品，水冷壁就可以满足要求.

2.4.1.2　集热管发射率测量

集热管发射率测量包含两方面的内容，一是指成品集热管，且主要针对全玻璃真空集热管；二是指有选择性吸收膜系的内管. 成品管和内管虽然形状相同，但是从测试角度来讲是两个截然不同的管体. 因此测量这两类管子的发射率的原理和方法也不相同. 下面分别对两种管体发射率的测量作简单介绍.

1）全玻璃真空集热管发射率检测

全玻璃真空集热管发射率测量仪包括加热系统、真空密封腔体、冷壁水套、测量控制系统及数据处理系统等组成，基本构成如图 2-25 所示. 真空集热管既是被检测体，又是仪器的密封腔体，是测量仪器中不可缺的部分，被测吸收膜系在真空夹层中.

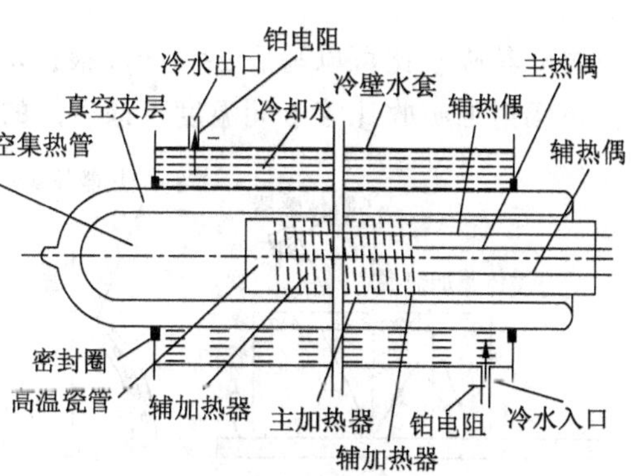

图 2-25　集热管发射率测量

由于选择性吸收膜系的发射率比较低(大多小于 0.15),设计的加热器功率不能过低,否则会使电流、电压的测量精度下降. 针对罩管/内管直径之比分别为 47 mm/37 mm,58 mm/47 mm,70 mm/58 mm 三种真空集热管产品,可分别选用 Φ25 mm,Φ35 mm 及 Φ45 mm 的高温陶瓷管,管的长度应为 1~1.5 m,这样均温区就比较大. 将陶瓷管分成 3 段(见图 2-26),并分别绕上加热带,中间为主加热器,两边是辅加热器. 控制辅加热器温度与主加热器温度相等.

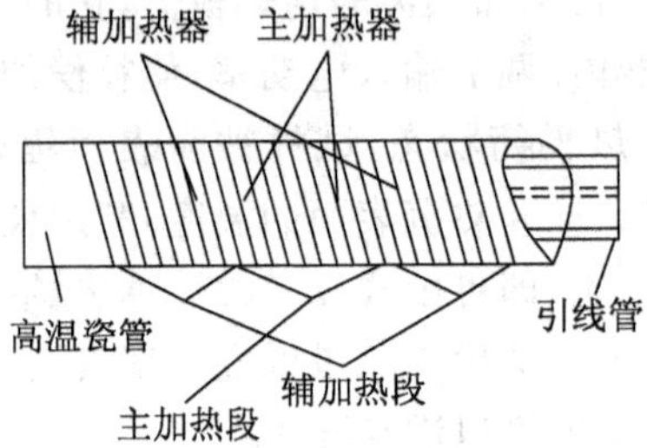

图 2-26　主、辅加热器的结构示意图

2) 内管发射率测量

利用反射率计方法测量试样发射率的基本原理如图 2-27 所示. 当热辐射的能量分别投射到标准样品和待测试样表面上时,由试样反射的一部分辐射热能被热敏元件所接收并变成电信号输出,由此可以计算出待测试样对热辐射的反射比值

$$\rho_s=\rho_{st}\frac{\Phi_s-\Phi_0}{\Phi_{st}-\Phi_0} \tag{2-11}$$

式中,ρ_s 为待测样品的反射比;ρ_{st} 为标准样品的反射比;Φ_s,Φ_{st} 为分别为待测样品和标准样品反射辐射能量输出的电信号;Φ_0 为测量仪表非反射辐射输出的电信号.

对于非透明试样,其吸收比可以写成 $\alpha=1-\rho$. 根据基尔霍夫定律:在热平衡条件下,表面对黑体辐射的吸收比等于同温度下该表面的发射率,即 $\varepsilon=\alpha$.

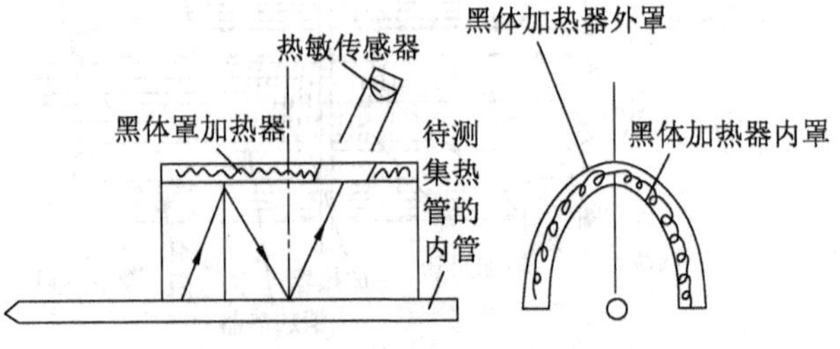

图 2-27　反射率计型发射率检测示意图

测量内管发射率的测试仪主要构成：对待测内管进行热辐射照射用的加热黑体罩、将接收到的热辐射能转变成电信号的热敏传感器、数据采集及处理系统等. 由于测试仪需在室温条件下进行，而且不需要测量试样表面的温度，再加上该仪器的结构简单、携带方便、检测速度快，因此非常适合集热管生产的在线检测.

2.4.2　太阳吸收比测评技术

2.4.2.1　太阳选择性吸收膜系吸收比测试

在对太阳选择性吸收膜系的研究和应用中，对膜系吸收比的测试是极其重要的. 测量的方法和仪器（及装置）有许多种，通常可分为两大类，即光谱法和积分法. 两种方法都是测量膜系的反射比值.

光谱法也称为单色法. 该方法检测到的是太阳辐射光谱 200～2 500 nm 每个波长下表面（膜系）的反射比 ρ_i. 将 ρ_i 在所要求的波长范围进行积分，就可以得到膜系总的光谱反射比 ρ_s 及吸收比 α_s. 在实际计算时，通常采用求和的方法得到 ρ_s，即将太阳辐射光谱分成若干个波段，波段的多少与采用的大气质量有关，国内通常采用 AM1. 5，也曾用 AM2 计算. 光谱法中的测量仪器是分光光度计.

积分法实际上是采用太阳光或太阳模拟器直接测量物体的太阳吸收比. 这种方法还可以分为稳态量热计法和非稳态量热计法. 积分法得到的是表面在太阳光谱范围内总的吸收比，并不给出在不同波长下表面的反射特性. 显然该方法不如光谱法那样能准确明了地显示出表面对所期待的波长范围的吸收（或反射、透射）特性.

2.4.2.2　真空集热管吸收比测量

到目前为止，直接测量真空管中选择性吸收膜系的吸收比的技术都不够理想，虽然方法较多，但各有利弊. 一般采用的方法有以下 3 种：一是采用陪片法；二是测量带有吸收膜系的内管；三是直接测量成品集热管.

1）陪片测量法

所谓陪片法，指跟随真空管生产全过程制备的平面试样. 用双光束分光光度计测量陪片的吸收比，该吸收比就是真空管中吸收膜系的吸收比. 利用这种方法得到的测试结果最能代表真实值.

在制作陪片时通常用现成的载玻片作为基体，将干净的玻片分别粘贴在某个待镀膜内管上、中、下 3 个合适的位置上，目的是尽可能降低因膜系在真空室高度方向的不均匀性产生的陪片等效误差. 制备好的陪片被封在玻璃管内，随着生产流程进行排气烘烤，完成后取出，用分光光度计测量它们的反射比，并取平均值，该值被认为是内管吸收膜系的反射比. 陪片法虽相对准确，但比较麻烦，不可能实现对吸收膜系的在线检测.

2）玻璃内管吸收膜系的直接测量

利用分光光度计可以直接测量内管表面吸收膜系的反射比，方法与测量平面样品相同. 需要特别指出的是，使用时应注意分光光度计光斑的大小、形状以及内管样品的固定方式. 分光光度计输出的光斑是高约 10 mm、宽 1～4 mm 的长方形，因而内管样品应该竖直放置以避免光的溢出. 有的分光光度计积分球是整体被放置在仪器的测试室内的，测试时积分球处于暗空间. 这种分光光度计无法测量成品内管（内管长≥1.5 m），必须将管子截短. 对于积分球的样品孔露出测试室外的分光光度计，可以将成品管通过特殊设计的支架紧贴在积分球样品孔处完成测试，这种测试是非破坏性的.

3）成品集热管测量

实施对成品全玻璃真空集热管选择性吸收膜系吸收比的无损检测是一项开创性的工作. 清华大学的研究者从理论上分析了用分光光度计积分球附件样品孔测量不同半径集热管产生光泄漏的原因，提出修正公式，并通过实际测量验证了公式的正确性，实现了对成品集热管膜系吸收比的无损检测.

从反射比定义出发，物体表面在不同波长下的反射比 ρ 等于该物体对该波长光照射的反射功率 P' 与入射光功率 P 之比，即 $\rho=P'/P$. 在用分光光度计测量内管表面膜系时，由于表面紧贴在积分球附件样品孔处，产生的测量误差比较小. 然而对于成品集热管来讲，在内管外边还套着一个透明的、厚度约为 1.8 mm 的外罩管，罩管的内壁距待测膜系约有 3.2 mm，由于内管表面无法贴在积分球样品孔处，测试时必定会产生光泄漏，使得反射光功率偏小. 成品管的半径不同，光泄漏量也就不同，这就是测量误差产生的原因之一.

第 3 章

平板型太阳能集热器

3.1　概述

太阳能集热器是指吸收太阳辐射并将产生的热能传递到传热介质的装置.太阳能集热器是组成各种太阳能热利用系统的关键部件.不同的集热方法形成不同的集热器类型,因此,太阳能集热器可以用多种方法进行分类.

1）按集热器内的传热工质分类

① 液体集热器. 用液体,如水作为传热介质的太阳能集热器.

② 空气集热器. 用空气作为传热介质的太阳能集热器.

2）按进入采光口的太阳辐射是否改变方向分类

① 聚光型集热器. 利用反射器、透镜或其他光学器件将进入采光口的太阳辐射改变方向并汇聚到吸热体上的太阳能集热器.

② 非聚光型集热器. 进入采光口的太阳辐射不改变方向也不集中射到吸热体上的太阳能集热器.

3）按集热器是否跟踪太阳分类

① 跟踪集热器. 以绕单轴或双轴旋转的方式全天跟踪太阳视运动的太阳能集热器.

② 非跟踪集热器. 全天都不跟踪太阳视运动的太阳能集热器.

4）按集热器内是否有真空空间分类

① 平板型太阳能集热器. 吸热体表面基本上为平板形状的非聚光型集热器.

② 真空管集热器. 采用透明管(通常为玻璃管)并在管壁和吸热体之间有真空空间的太阳能集热器.其中吸热体可以由一个内玻璃管组成,也可以由另一种用于转移热能的元件组成.

5）按集热器的工作温度范围分类

① 低温集热器. 工作温度在 100 ℃以下的太阳能集热器.

② 中温集热器. 工作温度在 100～200 ℃的太阳能集热器.

③ 高温集热器. 工作温度在 200 ℃以上的太阳能集热器.

对于一台确定的太阳能集热器而言,它可能属于不同的类别. 如一台平板液体太阳能集热器,既属于非聚光型集热器及非跟踪集热器,也属于低温集热器;另一台真空管液体太阳能集热器,可以是聚光型集热器及非跟踪集热器,也属于中温集热器等.

本章将主要介绍平板型太阳能集热器.

3.2 平板型集热器的组成

平板型集热器通过将太阳辐射能转换为集热器内介质(一般是液体或者空气)的热能,来实现太阳能到热能的转换. 平板型集热器是太阳能低温热利用系统中的关键设备,它是一种特殊的热交换器. 所谓平板型并不一定是平的表面,而是指集热器采集太阳辐射能的表面积(采光面)与其吸收太阳能的表面积相等,实际集热器的吸热表面并不一定是平板.

平板型集热器作为一种非聚光集热器,由于具有采光面积大、结构简单、不需要跟踪、工作可靠、成本较低、运行安全、免维护、使用寿命长等特点,成为目前应用最广泛的太阳能集热器产品之一. 但由于其热流密度和介质温度较低,因此主要应用于生活用水加热、游泳池加热、工业用水加热、建筑物采暖与空调等太阳能低温热利用系统中,还可以用于地下工程除湿、提供工业用热水(如锅炉补水的预热、食品加工业、制革、缫丝、印染、胶片冲洗等)或者为各种养殖业、种植业提供低温热水.

3.2.1 平板型集热器的结构

平板集热器主要由集热板(包括吸收表面和传热介质流道)、透明盖板、隔热保温材料和外壳等几个部分组成,如图 3-1 所示.

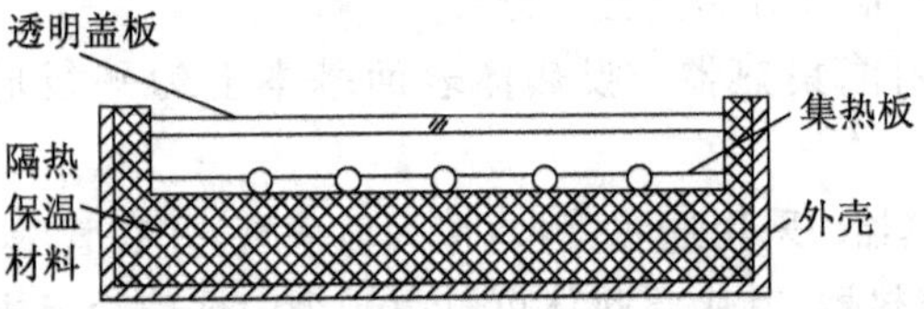

图 3-1 平板型集热器结构示意图

平板集热器的工作原理是,太阳辐射穿过透明盖板后投射在集热板上,集热板吸收太阳辐射后温度升高,将热量传递给集热板内的传热介质,使传热介质的温度升高；同时，温度升高的集热板以传导、对流和辐射等方式向四周散热，成为集热器的热量损失.由于平板型结构不具备聚集阳光的功能，因此平板型集热器一般只能提供温度低于 70 ℃的低温热能.

3.2.2　平板型集热器的主要部件

3.2.2.1　集热板

集热板是接收太阳辐射并使之转化为热能传递给集热介质的一种特殊热交换器.集热板包括吸热涂层、翅片和传热介质的流道 3 部分.根据集热板的功能及工程应用需要，对其技术要求主要有：

① 太阳吸收比高.集热板可以最大限度地吸收太阳辐射能.

② 热传递性能好.集热板可以将热量最大限度地传递给传热介质.

③ 与传热介质的相容性好.集热板不会被传热介质腐蚀.

④ 一定的承压能力.便于将集热器与其他部件连接组成系统.

⑤ 加工工艺简单.便于批量生产及推广应用.

1）吸热涂层

作为吸收太阳辐射的吸热涂层，应该尽可能地提高太阳辐射的吸收率，同时减小受热后自身长波发射造成的热损失.此外，良好的吸热涂层应对不同入射角的太阳辐射都有很高的吸收率，并要具有耐热性、耐久性以及良好的传热性能.有关吸热涂层的内容在第二章中已经介绍，此处不再赘述.

2）集热板材料

集热板一般采用铜、铝合金、铜铝复合材料、不锈钢、镀锌钢、合成树脂以及橡胶等.其中，翅片材料的导热系数要大，价格要便宜，加工性能要好.传热介质流道所使用的材料不仅要求具有较高的导热系数，而且要求材料与传热介质具有较好的相容性，即要求材料具有很好的耐腐蚀性能.目前国内外基本上都采用铜或不锈钢材料.铝抵抗点腐蚀性能一般较弱，但经氧化铝膜或替代腐蚀处理后可以改善一些.

由于金属材料多少存在腐蚀问题，因此根据使用的目的不同，必须采用防腐剂或其他防腐措施.使用铜管和铝翅片这种不同的材料组合，可以避免它们各自的缺点，但必须注意制造方法以及两者之间的接触热阻问题.如果以翅片作为选择性涂层的基板，应使用易于进行选择性涂层处理且耐久性和耐热性好的材料.

3）集热板的结构形式

按照翅片和传热介质流道之间结合方式的不同，集热板的结构形式可以分为管板式、翼管式、扁盒式、蛇管式和涓流式等几种，如图 3-2 所示.

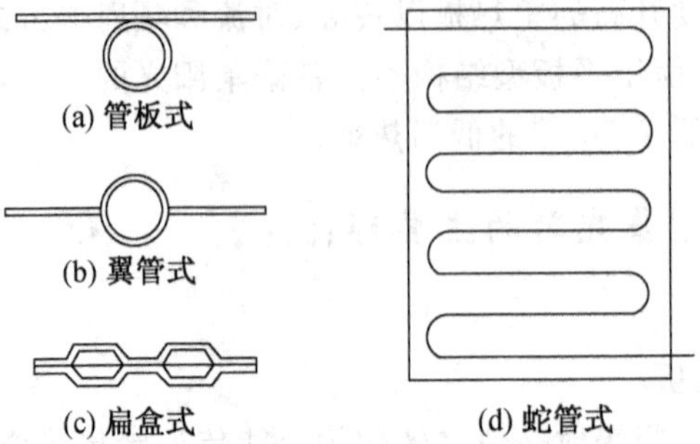

图 3-2 集热板的主要结构形式

(1) 管板式

管板式集热板是将排管与平板以一定的结合方式连接构成吸热条带，如图 3-2(a)所示，然后再与上下集管焊接成集热板. 这是目前国内外使用比较普遍的集热板结构形式.

排管与平板的结合有多种方式，早期有捆扎、铆接、胶粘、锡焊等，这些结合方式制造工艺落后，结合热阻较大，已逐渐被淘汰，目前主要应用热碾压吹胀、高频焊接、超声焊接等连接方式.

(2) 翼管式

翼管式集热板是利用模子挤压拉伸工艺制成金属管两侧连有翼片的吸热条带，如图 3-2(b)所示，然后再与上下集管焊接成集热板. 集热板材料一般采用铝合金.

翼管式集热板的优点是热效率高，无结合热阻，耐压能力强；缺点是水质不易保证，材料用量大，动态性能差.

(3) 扁盒式

扁盒式集热板是将两块金属板分别模压成型，然后再焊接成一体构成集热板，如图 3-2(c)所示. 集热板材料可以采用不锈钢、铝合金、镀锌钢等. 通常流道之间采用点焊工艺，集热板四周采用滚焊工艺.

扁盒式集热板的优点是热效率高，无结合热阻；不需要焊接集管，流体通道和集管采用一次模压成型. 缺点是焊接工艺难度大，容易出现焊接穿透或焊接不牢的问题；耐压能力差；流体通道的横截面大，动态性能差；铝合金和镀锌钢都会被腐蚀，水质不易保证.

(4) 蛇管式

蛇管式集热板是将金属管弯曲成蛇形，然后再与平板焊接构成集热板，如图 3-2(d)所示. 集热板材料一般采用铜，焊接工艺可采用高频焊接或超声焊接.

蛇管式集热板的优点是热效率高，无结合热阻；不需要焊接集管，减少泄漏可能；水质清洁；耐压能力强．缺点是串联流体通道，流动阻力大；焊缝不是直线而是曲线的，焊接工艺难度大．

（5）涓流式

涓流式集热板的流体通道不是在集热板内，而是在呈V字形的集热板表面，集热器工作时，液体传热介质不封闭在集热板内而是从集热板表面缓慢流下，这种集热器称为涓流集热器，多用于太阳能蒸馏．

3.2.2.2 透明盖板

透明盖板是平板型集热器中覆盖集热板并由透明或半透明材料组成的板状部件．它的作用主要是保护集热板，使其不受灰尘及雨雪的侵蚀损坏，同时阻止集热板在温度升高后通过对流和辐射向周围环境散热．对透明盖板的技术要求主要有：

① 太阳透射比高．透射率越高，投射到集热板上的太阳辐射越强，集热效率越高．

② 红外透射比低．可以阻止集热板在温度升高后的热辐射，减小集热器辐射热损失．

③ 导热系数小．集热器工作时，集热板与透明盖板间的空气温度可达50～70 ℃，因此，透明盖板导热系数越小，散热损失就越小．

④ 冲击强度高．集热器使用中，在受到冰雹、碎石等外力撞击下，透明盖板不至于损坏．

⑤ 耐候性好．透明盖板在冷、热、光、雨、雪等各种气候条件下长期使用后，其透光、强度等性能应无明显变化．

1）透明盖板的材料

常用的透明盖板材料主要有普通平板玻璃、钢化玻璃、玻璃钢或者透明的纤维板等，目前国内使用最广泛的是平板玻璃．

（1）平板玻璃

平板玻璃因其具有红外透射比低、导热系数小、耐候性能好等特点，可以很好地满足集热器对透明盖板的要求．但是对平板玻璃来说，太阳辐射透射比和冲击强度是需要重视的问题．

平板玻璃中一般都含有三氧化二铁（Fe_2O_3）成分，而Fe_2O_3会吸收波长范围集中在2 μm以内的太阳辐射，且Fe_2O_3含量越高，吸收太阳辐射的比例越大．图3-3给出了不同Fe_2O_3含量下厚度为6 mm的玻璃的单色透射比与波长的关系．

从图3-3可以看出，Fe_2O_3含量为0.02%时，在太阳辐射能量集中的0.3～

2.5 μm 的波长范围内，玻璃对太阳辐射的吸收可以忽略不计，单色透射比基本保持不变，玻璃的太阳透射比很高；Fe_2O_3 含量提高到 0.1%时，玻璃对太阳辐射的吸收开始明显，波长 2 μm 以内的单色透射比下降，玻璃的透射比降低；Fe_2O_3 含量高达 0.5%的情况下，玻璃对太阳辐射的吸收非常厉害，波长 2 μm 以内的单色透射比严重下降，玻璃的太阳透射比很低. 从图中还可以看出，平板玻璃在波长 2.5 μm 以上的单色透射比与 Fe_2O_3 的含量基本无关，并且都很小，所以具有红外透射比低的特点.

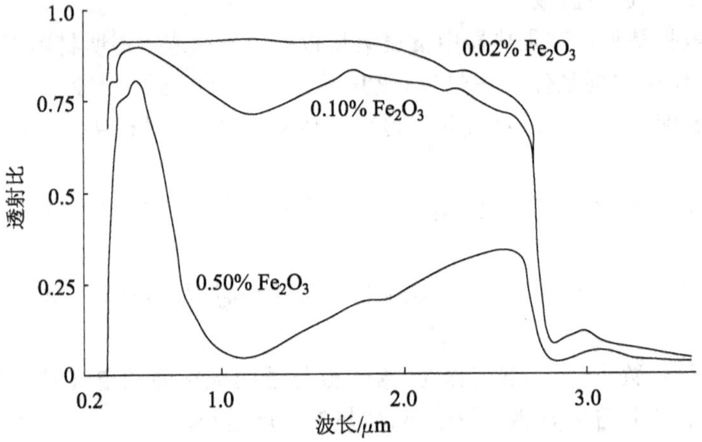

图 3-3　不同 Fe_2O_3 含量、厚度为 6 mm 玻璃的单色透射比与波长的关系

玻璃的透射比也因入射角不同而不同，入射角由 0°变到 60°左右时，透射比变化不大，当入射角大于 60°时，透射比迅速降低，如图 3-4 所示.

普通平板玻璃的冲击强度低，易破碎，但只要经过钢化处理，就可以有足够的冲击强度.

(2) 玻璃钢板

玻璃钢板即玻璃纤维增强塑料板(FRP)具有太阳透射比高、导热系数小、冲击强度高等特点，因而可以很好地满足太阳能集热器对透明盖板的要求. 玻璃钢板的单色透射比不仅在波长 2 μm 以内有很高的数值，而且在 2.5 μm 以上仍有较高的数值. 玻璃钢板的太阳透射比一般都在 0.88 以上，它的红外透射比比平板玻

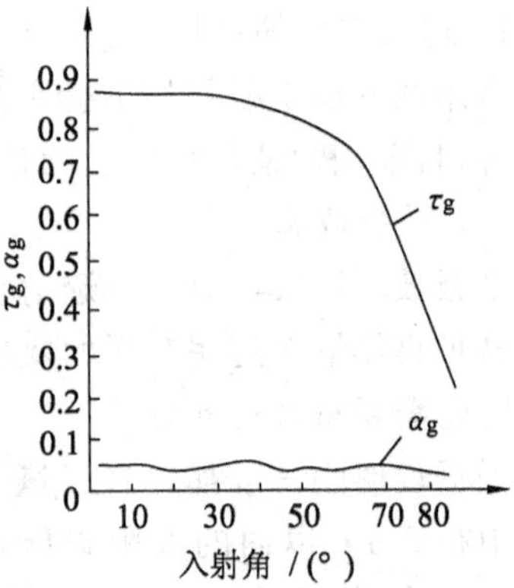

图 3-4　标准厚玻璃板的透射比(τ_g)、吸收率(α_g)和入射角的关系

璃高得多.

通过使用高键能树脂和胶衣,可以减小玻璃钢板受紫外线破坏的程度,使其具有较好的耐候性能.玻璃钢板具有质量轻、加工性能好等特点.

除以上两种材料外,目前许多厂家采用一种用高键能树脂和高性能纤维复合而成的 Solar－E 太阳能板作为盖板材料,Solar－E 板表面覆有一层特殊保护膜,具有耐热、耐老化、高透光、重量轻、强度高等特点.这类新型的盖板材料主要分为 HSG－高强耐热玻璃、MMA－甲基丙烯酸甲酯板、FRP-玻璃纤维增强塑料板 3 种.它们的综合性能比较见表 3-1.需要注意的是,此类有机透明材料的抗老化性能仍然不及钢化玻璃等传统的无机透明材料.

表 3-1　三种盖板材料综合性能比较

材料	全光透过率	冲击强度	耐热性	绝热性	耐老化性能	密度	可加工性	成本
HSG	高	中	优	良	优	高	差	高
MMA	高	低	差	优	良	低	良	高
FRP	高	高	良	优	良	中	优	中

2）透明盖板的层数和与集热板的间距

透明盖板的层数取决于太阳能集热器的工作温度及使用地区的气候条件.绝大多数情况下,都采用单层透明盖板,当太阳能集热器的工作温度较高或者在气温较低的地区使用时,宜采用双层或多层透明盖板.盖板层数越多,集热器的对流和辐射热损失越小,但投射到集热板上的太阳辐射能也将会大幅度降低.如果在气温较高地区进行太阳能游泳池加热,有时可以不用透明盖板,这种集热器被称为“无透明盖板集热器”.

透明盖板与集热板的空间距离应大于 20 mm,一般是 20～40 mm,空间距离过大会造成四周壳体投在集热板上的阴影增大而影响集热器的运行效率;过低的空间距离会增大通过透明盖板的热损失.研究表明,透明盖板与集热板的空间距离存在两个最佳值,一是 20 mm 左右,此时的空气夹层中只存在导热和辐射损失;二是 40～50 mm,此时空气夹层导热阻力更大,但已存在自然对流.

3.2.2.3　保温层

保温层是集热器中用来抑制集热板通过热传导向周围环境散热,减小集热板底部和四周边的热损失.根据保温层的功能,要求保温层具有导热系数小、耐高温、不易变形、不易挥发等特点.

1）保温层的材料

根据国标 GB/T 6424－1997 的规定，保温层材料的导热系数应不大于 0.055 W/m・K，常用的保温层材料有岩棉、矿棉、聚氨酯、聚苯乙烯等．聚苯乙烯在温度高于 70 ℃时会收缩变形，使用时需在它与集热板之间放置一层涂铝聚酯膜，以降低其使用温度．泡沫聚氨酯、泡沫聚乙烯等可耐 100℃左右的温度；玻璃棉耐温高达 400 ℃，适应于较高工作温度的集热器．目前，用聚氨酯注入发泡或利用蜂窝状结构的保温层正逐渐增多，这些材料不仅能起保温作用，还能增加整个集热器的刚性，具有构造体的作用，并能降低集热器的成本．

2）保温层的厚度

保温层的厚度应根据选用的材料种类、集热器的工作温度、使用地区的气候条件等因素，同时兼顾投资效益来确定．一般而言，集热器底部保温层厚度选用 30～50 mm，侧面保温层厚度与之大致相同．集热器底部保温材料的最小厚度，可用下式进行计算

$$\delta \geqslant \frac{k_{100}}{1.45} \tag{3-1}$$

式中，k_{100} 为保温材料在 100 ℃时所测得的导热系数，W/m・K；δ 为保温材料厚数，m.

3.2.2.4 外壳

外壳是使集热器形成温室效应的围护部件，它的作用是将集热板、透明盖板、保温层等组成一个有机的整体，并具有一定的刚度和强度．

1）外壳的材料

集热器的外壳一般采用钢、不锈钢、铝合金、玻璃钢、塑料等．自制集热器的外壳也可以用木材、砖石、泥沙等砌成．钢板由于价廉且强度大，故使用较多．为了提高外壳的密封性，有的产品已采用铝合金板一次模压成型工艺．

2）呼吸孔

要想完全使集热器与外界隔绝是不可能的，集热器内温度的剧烈变化势必会引起集热器内的压力在较大范围内变化进而引起集热器的"呼吸"．集热器的呼吸一方面会吸入灰尘，污染集热器内集热板和透明盖板的内侧，另一方面会在集热器内造成严重的水蒸气凝结．从这个角度讲，集热器适度的不严密是需要的．因此，在设计集热器时，应合理设置集热器的呼吸孔，为防止集热器呼吸带入灰尘，呼吸孔应当安装过滤材料．

3.3　平板型集热器吸收的太阳辐射

3.3.1　基本能量平衡方程

平板集热器的工作原理如图 3-5 所示，来自太阳的辐射能透过透明盖板照射到集热板上，其中的大部分被集热板吸收并转化为热能，通过导热传给流体管道，再由管道传递给流体成为有用能量. 从集热器底部进入集热器的冷流体在流经集热器时被太阳能加热，带着有用热能从集热器的出口离开集热器. 与此同时，由于集热板的温度升高，集热板将通过透明盖板和外壳向外界散失热量，构成平板型集热器的各种热损失. 分析平板型集热器的特性主要是分析其热特性，而其热特性则要通过建立集热器的能量平衡方程来进行定量分析.

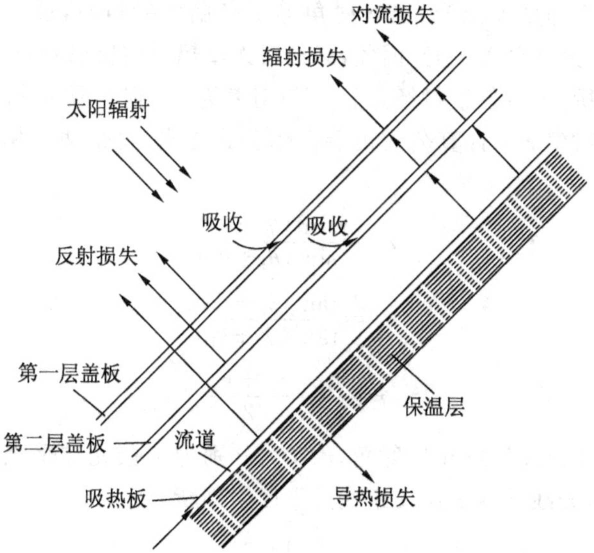

图 3-5　平板型集热器的工作原理

在单位时间内，集热器吸收的太阳辐射能等于同一时间内集热器输出的有用能量、集热器损失的能量以及集热器本身热容变化量之和. 这样整个集热器的能量平衡方程式可以表示为

$$Q_a = Q_u + Q_l + Q_s \tag{3-2}$$

式中，Q_a 为单位时间内集热器吸收的太阳辐射能，W；Q_u 为单位时间内集热器的有用输出能量，W；Q_l 为单位时间内集热器的能量损失，W；Q_s 为单位时间内集热器的热容变化量，W.

当集热器处于稳定工况时，集热器自身温度保持不变，$Q_s=0$；此时 $Q_a=Q_u+Q_l$，即集热器吸收的太阳能一部分转为有用能输出 Q_u，另一部分转为能量损失 Q_l，当集热器处于非稳定状况时，$Q_s>0$ 或 $Q_s<0$.

3.3.2 集热板吸收的太阳辐射能

入射到平板型集热器上的太阳辐射由 3 部分组成，即直射辐射、散射辐射和来自底面及周围环境反射的太阳辐射，这些辐射首先要通过透明盖板才能入射到集热板上. 透明盖板会反射和吸收掉部分太阳辐射，影响反射和吸收的主要因素有辐射的入射角，透明材料的折射率、厚度以及消光系数等.

3.3.2.1 对太阳辐射的反射

太阳辐射是非偏振光，当它在两种介质的分界面上反射和折射时，反射光和折射光都将成为部分偏振光，当入射角等于布儒斯特角时，反射光为完全偏振光，而折射光仍为部分偏振光. 因此，必须对太阳辐射的反射和折射作偏振处理.

如图 3-6 所示，直射辐射经介质 1（折射率为 n_1）到介质 2（折射率为 n_2），在光滑界面上反射率 r 的计算公式由菲涅尔公式导出，这是两个相互垂直的偏振分量的平均值.

$$r_\perp=\frac{\sin^2(\theta_2-\theta_1)}{\sin^2(\theta_2+\theta_1)} \tag{3-3}$$

$$r_\parallel=\frac{\tan^2(\theta_2-\theta_1)}{\tan^2(\theta_2+\theta_1)} \tag{3-4}$$

$$r=\frac{I_r}{I_i}=\frac{r_\perp+r_\parallel}{2} \tag{3-5}$$

式中，θ_1，θ_2 分别为入射角和折射角；$r_\perp$，$r_\parallel$ 分别为偏振光的垂直分量和平行分量，方向由入射光线与界面法线组成的平面来判断.

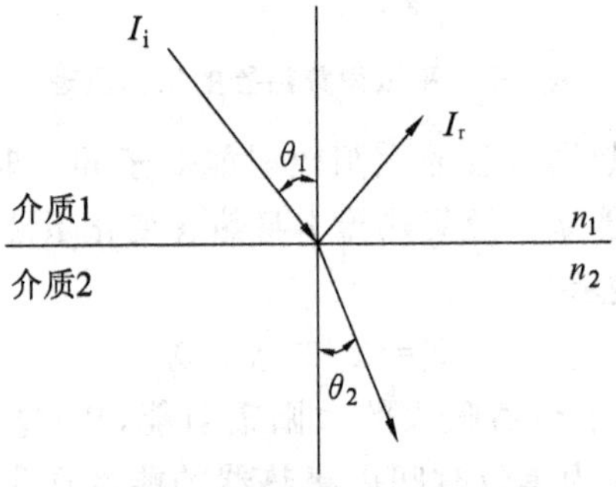

图 3-6 角度和折射率关系

因此，只要知道折射率(n_1，n_2)以及入射角 θ_1，就能计算直射辐射在界面上的反射率 r.

若入射辐射与界面垂直，此时 $\theta_1=0$，$\theta_2=0$，则式(3-5)变为

$$r(0°)=\left(\frac{n_1-n_2}{n_1+n_2}\right)^2 \tag{3-6}$$

若一种介质是空气(折射率近似为 1.0)，则式(3-6)变为

$$r(0°)=\left(\frac{n-1}{n+1}\right)^2 \tag{3-7}$$

3.3.2.2　由于反射引起的透射率

实际上，玻璃有一定的厚度，两个界面对入射辐射都要进行反射. 忽略玻璃对太阳辐射的吸收作用，只考虑一层玻璃盖板由于反射损失引起的透射率，如图 3-7 所示. 如上所述，经界面反射和折射的辐射都是部分偏振光，两个分量大小在通常情况下又各不相同，因而必须对它们分别做处理.

先讨论界面上偏振反射率 $r_\perp$. 采用跟踪光线法分析，直射辐射经第一界面到达第二界面的份额为($1-r_\perp$)，其中有$(1-r_\perp)^2$ 透射出第二界面，反射回第一界面的份额是$(1-r_\perp)r_\perp$. 以此类推，可以得到透射率垂直偏振分量的表达式，即

$$\tau_\perp=(1-r_\perp)^2\sum_{n=0}^{\infty}r_\perp^{2n}=\frac{(1-r_\perp)^2}{(1-r_\perp{}^2)}=\frac{1-r_\perp}{1+r_\perp} \tag{3-8}$$

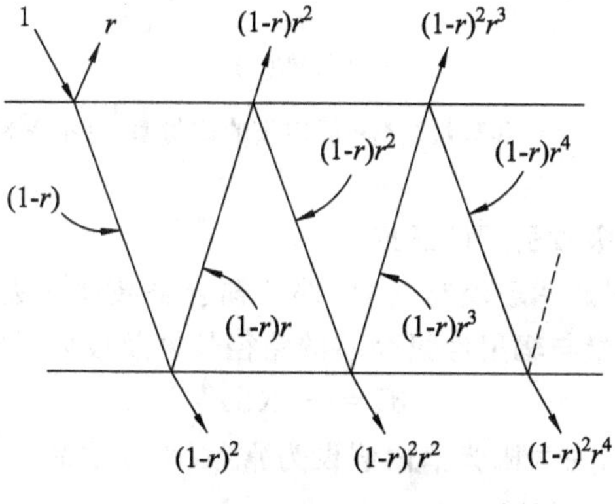

图 3-7　一层盖板的透射率(不考虑吸收)

$\tau_\parallel$ 的表达形式完全与上式类同，即

$$\tau_\parallel=\frac{1-r_\parallel}{1+r_\parallel} \tag{3-9}$$

玻璃对太阳辐射的透射率是两个偏振透射率的平均值，即

$$\tau_r=\frac{1}{2}(\tau_{\perp}+\tau_{\parallel}) \tag{3-10}$$

式中，τ_r 的角标 r 表示只考虑反射损失而没有吸收损失的透射率.

若盖板由相同性质的 N 层玻璃组成，同样的分析可以得到

$$\tau_{r,N}=\frac{1}{2}\left[\frac{1-r_{\perp}}{1+(2N-1)r_{\perp}}+\frac{1-r_{\parallel}}{1+(2N-1)r_{\parallel}}\right] \tag{3-11}$$

入射角与玻璃层数对透射率(不考虑吸收)的影响，如图 3-8 所示.

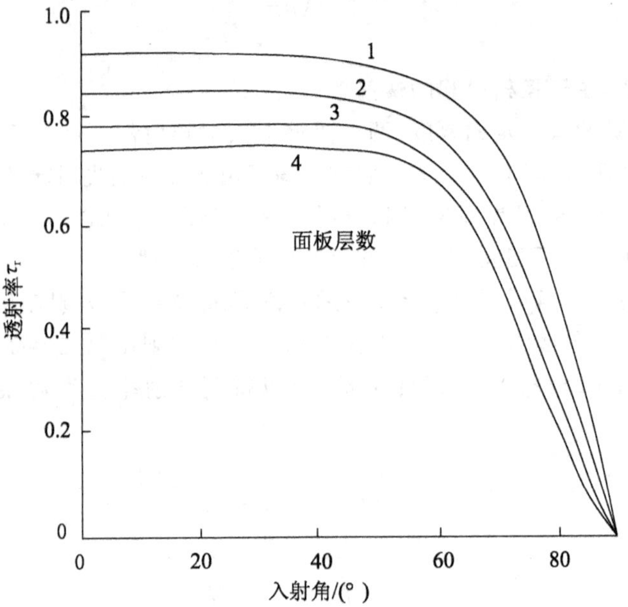

图 3-8　$n=1.562$,1,2,3,4 层玻璃的透射率 τ_r(不考虑吸收)

3.3.2.3　由于吸收引起的透射率

太阳辐射在穿过透明玻璃材料时，部分辐射将被玻璃吸收而使透过的能量减小，被吸收的辐射量与辐射经过介质的路径长度及玻璃材料本身的性质有关.

$$dI=-IK dx \tag{3-12}$$

式中，K 为消光系数，在太阳光谱内假设为常数. 对于含铁量低的水白玻璃 $K=4(1/m)$，绿边玻璃 $K=32(1/m)$.

假设透明材料厚度为 L，沿着透明材料中的实际路径从 0 到 $\frac{L}{\cos\theta_2}$ 积分得

$$\tau_a=\frac{I_\tau}{I_0}=e^{-KL/\cos\theta_2} \tag{3-13}$$

式中，τ_a 表示单纯由吸收作用引起的透射率.

采用相同性质的多层盖板时，只要把各层的厚度加起来代入上式即可.

3.3.2.4 由于反射、吸收引起的透射率

同时考虑反射和吸收两种损失，可以得到盖板的实际性能. 采用跟踪光线法，得到一层盖板的透射率、反射率和吸收率的计算公式，其平行偏振分量分别为

$$\tau_{\parallel}=\frac{\tau_a(1-r_{\parallel})^2}{1-(r_{\parallel}\tau_a)^2}=\tau_a\left(\frac{1-r_{\parallel}}{1+r_{\parallel}}\right)\left[\frac{1-r_{\parallel}{}^2}{1-(r_{\parallel}\tau_a)^2}\right] \tag{3-14}$$

$$\rho_{\parallel}=r_{\parallel}+\frac{(1-r_{\parallel})^2\tau_a{}^2r_{\parallel}}{1-(r_{\parallel}\tau_a)^2}=r_{\parallel}(1+\tau_a\tau_{\parallel}) \tag{3-15}$$

$$\alpha_{\parallel}=(1-\tau_a)\left(\frac{1-r_{\parallel}}{1-r_{\parallel}\tau_a}\right) \tag{3-16}$$

相应的垂直偏振分量，有与式(3-14)～式(3-16)相同的形式，只需将“$\parallel$”改为“$\perp$”即可. 取两者的平均值可求出一层盖板实际的 τ，ρ 和 α，即

$$\tau=\frac{1}{2}(\tau_{\parallel}+\tau_{\perp}),\ \rho=\frac{1}{2}(\rho_{\parallel}+\rho_{\perp}),\ \alpha=\frac{1}{2}(\alpha_{\parallel}+\alpha_{\perp}) \tag{3-17}$$

上面各式计算较为复杂，实际上玻璃盖板的 τ_a 很少小于 0.9，界面反射率 r 数量级为 0.1，因而有

$$\tau_{\parallel}\approx\tau_a((1-r_{\parallel})/(1+r_{\parallel}))$$

所以，一层盖板的实际透射率、吸收率、反射率计算式可分别简化为

$$\tau\approx\tau_a\tau_r \tag{3-18}$$

$$\alpha\approx1-\tau_a \tag{3-19}$$

$$\rho\approx\tau_a(1-\tau_r)=\tau_a-\tau \tag{3-20}$$

应当指出：上述近似公式是由一层盖板推导出来的，只要采用的材料相同，对于多层盖板仍然适用. 这时 τ_r 用式(3-11)求取，τ_a 用式(3-13)求取，但需把各层厚度加起来.

图 3-9 所示为用式(3-18)计算的 3 种玻璃 1～4 层的透射率，KL 分别为 0.012 5，0.037 0，0.052 4，透射率考虑了吸收和反射的共同作用.

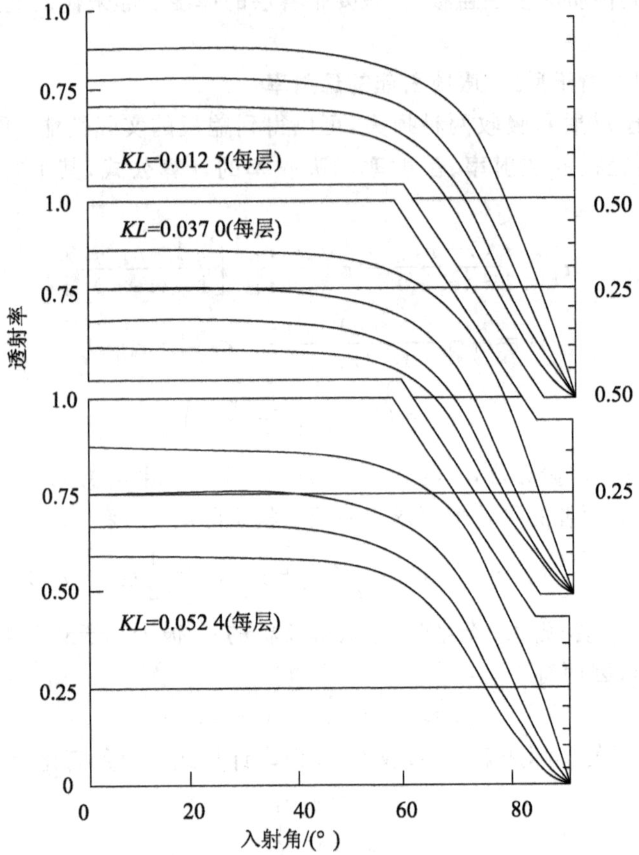

图 3-9　3 种玻璃,1,2,3 和 4 层盖板的透射率(考虑吸收和反射)

【例 3-1】 已知玻璃的消光系数 $K=32(1/\mathrm{m})$,对太阳辐射的平均折射率为 1.526,厚度 $L=2.3\ \mathrm{mm}$,入射角 $\theta_1=60°$,用精确和近似方法,求一层盖板的透射率、反射率和吸收率.

解:(1) 精确方法求解

由折射定律:$n_1 \sin\theta_1=n_2 \sin\theta_2$,可求得折射角

$$\theta_2=\arcsin\left(\frac{\sin 60°}{1.526}\right)=34.58°$$

由式(3-13)可得

$$\tau_a=e^{-\frac{32\times 0.0023}{\cos 34.58°}}=0.915$$

由式(3-3)、式(3-4)可求得:$r_\parallel=0.001$,$r_\perp=0.185$.

由式(3-14)可得:$\tau_\parallel=0.913$,$\tau_\perp=0.626$,由式(3-17)得

$$\tau=\frac{1}{2}[0.913+0.626]=0.770$$

由式(3-15)可得：$\rho_{\parallel}=0.002$，$\rho_{\perp}=0.291$；由式(3-17)得反射率

$$\rho=\frac{1}{2}[0.002+0.291]=0.147$$

同样的方法可求出吸收率 $\alpha=0.084$.

(2) 近似方法求解

由式(3-11)可求出 $\tau_r=0.847$，由式(3-18)可得

$$\tau=\tau_a\tau_r=0.771$$

由式(3-19)、式(3-20)可求出反射率和吸收率分别为

$$\alpha=0.085,\ \rho=0.144$$

3.3.2.5 透射率和吸收率的乘积

如图 3-10 所示，透过盖板投射在集热板上的太阳辐射，一小部分被吸热面反射，但这种反射并不一定损失能量，因为盖板底部会将它再反射回吸热面；其余的大部分则被集热板吸收，被集热板吸收的能量占投射在集热板上的太阳辐射的份额，即为集热板的吸收率 α. 吸收率通常与入射辐射的角度有关，因为对最终结果影响甚小，可假设整个集热板上的吸收率为常数.

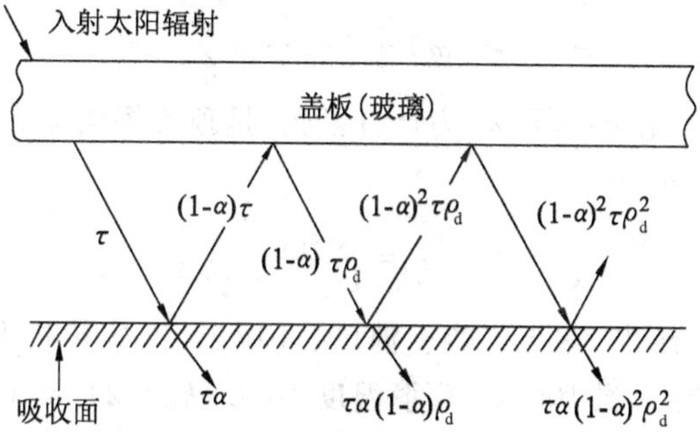

图 3-10 太阳辐射经盖板到集热板的吸收情况

图 3-10 中，τ 是盖板系统的透射率，α 是集热板的吸收率. 入射能量中被集热板吸收的份额是 $\tau\alpha$；由集热板反射的份额是 $\tau-\tau\alpha=\tau(1-\alpha)$，这部分已是散射辐射，因而被盖板底面再反射回集热板的份额应是 $\tau(1-\alpha)\rho_d$，其中 ρ_d 是盖板对散射辐射的反射率. 如此往复吸收和反射，对集热板所吸收的太阳辐射能求和，即得到集热板所吸收的总太阳辐射能. 因此，可以得到

$$(\tau\alpha)=\tau\alpha\sum_{n=0}^{\infty}[(1-\alpha)\rho_d]^n=\frac{\tau\alpha}{1-(1-\alpha)\rho_d} \tag{3-21}$$

式(3-21)中的($\tau\alpha$)乘积，称为透明盖板-集热板系统的透射率-吸收率乘积，简称透射率-吸收率乘积.

反射率的计算公式(3-15)和式(3-20)都只适用于直射辐射.但理论和实验表明：散射辐射只要符合各向同性的假设，在太阳能集热器实际使用范围内，散射辐射的反射率和直射辐射在入射角为60°时的反射率相等.有了60°当量角，就可把散射当作直射辐射处理，即可用公式(3-20)求出ρ_d.表3-2给出入射角$\theta_1=60°$时，3种不同玻璃、盖板层数为1,2,3,4层时的ρ_d计算值.

表3-2 三种玻璃、不同盖板层数的ρ_d值

层数	$KL=0.0125$	$KL=0.0370$	$KL=0.0524$
1	0.15	0.15	0.15
2	0.23	0.22	0.21
3	0.28	0.25	0.24
4	0.31	0.27	0.25

实际上，玻璃吸收的能量，对集热器整体来说并没损失掉，它提高了盖板的温度，从而减小了由集热板到盖板的热损失，其效果和提高盖板的透射率相当.因此，基于式(3-21)可以定义一个新的量，即有效透射率-吸收率乘积，简称有效乘积，用符号$(\tau\alpha)_e$表示.对于相同材料的N层盖板有

$$(\tau\alpha)_e=(\tau\alpha)+(1-\tau_a)\sum_{i=1}^{n}a_i\tau^{i-1} \tag{3-22}$$

式中，τ_a与τ都是指最上一层；a_i为计算常数，是顶部损失系数U_t与第i层面盖到外界热损系数之比，即

$$a_i=\frac{U_t}{U_{e,i-a}}$$

a_i值由表3-3给出，它与集热板温度、环境温度、集热板发射率以及风速等有关.表中数据是在板温100 ℃，环境温度10 ℃，$h_w=24\ \mathrm{W/(m^2\cdot ℃)}$条件下计算得到的，其受风速影响较大，对温度不太敏感.

表3-3 式(3-22)中的常数

盖板层数	a_i	$\varepsilon_p=0.95$	$\varepsilon_p=0.50$	$\varepsilon_p=0.10$
1	a_1	0.27	0.21	0.13
2	a_1	0.15	0.12	0.09
	a_2	0.62	0.53	0.40
3	a_1	0.14	0.08	0.06
	a_2	0.45	0.40	0.31
	a_3	0.75	0.67	0.53

实际上，在相同条件下，由式(3-22)计算得出的$(\tau\alpha)_e$值较$(\tau\alpha)$值增大1%～2%，因此有效透射率-吸收率乘积可以采用下式进行估算.

$$(\tau\alpha)_e=1.02(\tau\alpha) \tag{3-23}$$

考虑光学损失，集热板实际接受到的太阳辐射能即可采用下式计算

$$Q_a=I_T(\tau\alpha)_e=\left[I_bR_b+I_d\left(\frac{1+\cos\beta}{2}\right)+(I_b+I_d)\rho\left(\frac{1-\cos\beta}{2}\right)\right](\tau\alpha)_e \tag{3-24}$$

式中，I_T为集热器上的总辐照量，MJ/m^2；I_b为直射辐照量，MJ/m^2；I_d为散射辐照量，MJ/m^2；R_b为修正因子，即倾斜面上和水平面上接收到的直射辐照量之比；β为集热器倾斜角，即集热器与水平面的夹角.

3.4 平板型集热器的热损失

平板型集热器的热损失由顶部、底部和侧面热损失组成，即$Q_l=Q_t+Q_b+Q_e$. 为简化计算，采用热网络图方法导出各部分热损失系数的表达式.

3.4.1 顶部热损失

平板型集热器的顶部热损失是由于平行平板之间及其与外界环境之间的对流和辐射造成的，散热量的大小与风速、环境温度、大气条件、玻璃盖板的辐射特性、集热板的温度和辐射特性、盖板间距等多种因素有关. 据传热学基本公式

$$Q_t=U_t A_c(T_p-T_a) \tag{3-25}$$

式中，U_t为以集热板与环境的温差为计算基准时的顶部总热损系数，$W/m^2\cdot ℃$；A_c为集热器面积，m^2；T_p为集热板的温度，K；T_a为环境空气的温度，K.

图3-11给出了有两层玻璃盖板的集热器的热网络图. 图3-11(a)上标出的所有热阻都是比热阻，图3-11(b)上各个R是两面之间的热阻. T_{cn}代表第N层的玻璃温度.

集热板与第一层(内层)玻璃盖板之间的对流热阻和辐射换热热阻分别为$1/h_{p-c1}$和$1/h_{r,p-c1}$，和这两个并联热阻等效的是图3-11(b)所示的R_3. 因此

$$R_3=\frac{1}{1\Big/\left(\dfrac{1}{h_{p-c1}}\right)+1\Big/\left(\dfrac{1}{h_{r,p-c1}}\right)}=\frac{1}{h_{p-c1}+h_{r,p-c1}} \tag{3-26}$$

同样的分析可以得到第二层玻璃(外层)盖板对周围环境的换热热阻为

$$R_1=\frac{1}{h_w+h_{r,c2-a}} \tag{3-27}$$

式中，h_w为外层盖板与环境的对流换热系数，$W/m^2\cdot ℃$，$h_w=h_{c2-a}$.

据图3-11(b)，集热板到环境的热阻为$(R_1+R_2+R_3)$，顶部热损失q_t可表

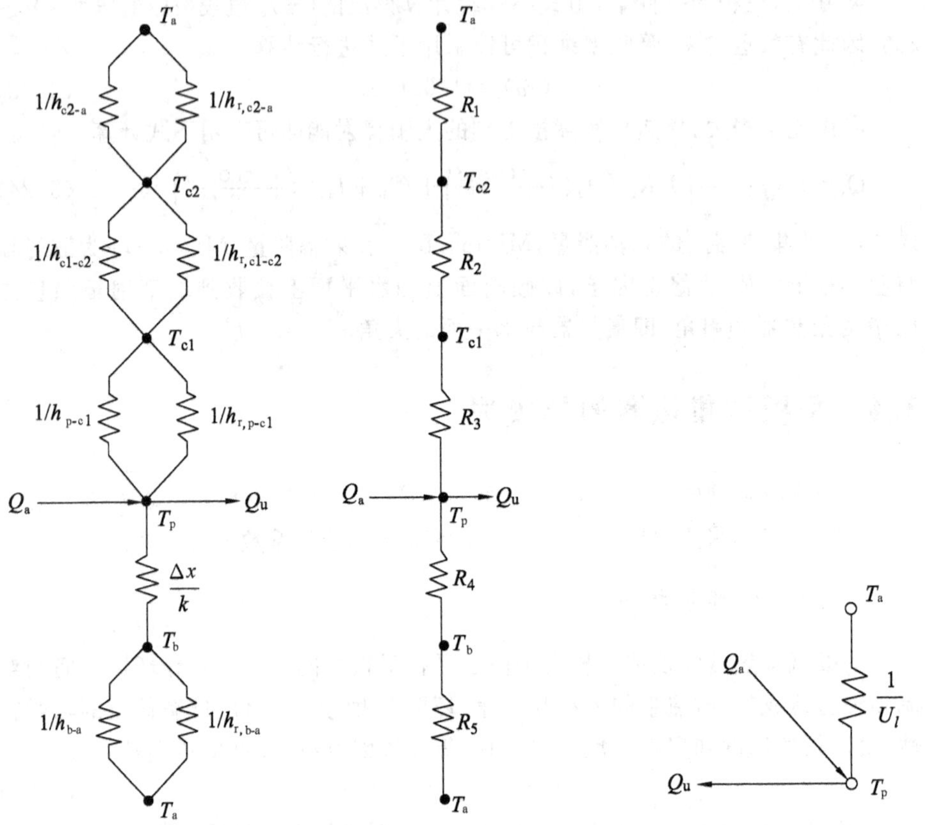

(a) 按导热、对流和辐射热阻表示　(b) 按两面之间的热阻表示　(c) 当量网络图

图 3-11　两层玻璃盖板集热器的热网络图

示为

$$q_t=\frac{T_p-T_a}{R_1+R_2+R_3}=U_t(T_p-T_a) \tag{3-28}$$

$$U_t=\frac{1}{R_1+R_2+R_3} \tag{3-29}$$

如果集热器仅有一层盖板，$R_2=0$，则

$$U_t=\left(\frac{1}{h_{p-c}+h_{r,p-c}}+\frac{1}{h_w+h_{r,c-a}}\right)^{-1} \tag{3-30}$$

式中，从集热板到玻璃盖板的辐射换热系数 $h_{r,p-c}$ 可按式(3-31)计算

$$h_{r,p-c}=\frac{\sigma(T_p^2+T_c^2)(T_p+T_c)(T_p-T_c)}{\left(\frac{1}{\varepsilon_p}+\frac{1}{\varepsilon_c}-1\right)(T_p-T_c)} \tag{3-31}$$

式中，ε_p，ε_c 分别为集热板和玻璃盖板的发射率.

从玻璃到天空的辐射换热系数 $h_{r,c-a}$ 可按式(3-32)计算

$$h_{r,c-a}=\frac{\varepsilon_c\,\sigma(T_c{}^2+T_s{}^2)(T_c+T_s)(T_c-T_s)}{T_c-T_a} \tag{3-32}$$

式中，T_s 为天空温度，K.

Swinbank 给出了当地空气温度 T_a 与天空温度的关系

$$T_s=0.055\,2T_a^{1.5} \tag{3-33}$$

Whillier 给出了更简洁的计算式：

夏季　$T_s=T_a-6\ \mathrm{K}$　(3-34)

冬季　$T_s=T_a-20\ \mathrm{K}$　(3-35)

还可用式(3-36)计算

$$T_s=T_a\left[0.8+\frac{T_{dp}-273}{250}\right]^{1/4} \tag{3-36}$$

式中，T_{dp} 为露点温度，K.

当相对湿度为 25%时，用式(3-33)和(3-36)计算的结果十分接近. 式(3-36)的结果表明，热而潮湿的天气，气温与天空温度之间的差在 10 ℃左右；冷而干燥的天气，两者之差约为 30 ℃. 实践证明，用这些不同的计算式，对集热器性能的计算结果影响很小.

平行平板间的对流换热系数，可由 Hollands 等提供的平板倾斜角在 0°～75°范围内变化时 Nu 和 Ra 的关系式计算.

$$Nu=1+1.44\left[1-\frac{1\,708}{Ra\cos\beta}\right]^{+}\left[1-\frac{(\sin 1.8\beta)^{1.6}1\,708}{Ra\cos\beta}\right]+\left[\left(\frac{Ra\cos\beta}{5\,830}\right)^{1/3}-1\right]^{+} \tag{3-37}$$

式中，Nu 为努塞尔数；Ra 为瑞利数；“+”指数表示方括号的值为正时，此项有意义，若方括号中的值为负，则用零来代替. 式(3-37)被认为是最可靠的计算式.

图 3-12 是根据式(3-37)得出的，该图的纵坐标有两个，一个是 Nu 数，另一个是以平均温度为 10 ℃时的换热系数与平板间距的乘积标尺，其单位是 $\mathrm{W\cdot mm/(m^2\cdot {}^\circ C)}$. 温度不等于 10 ℃时，修正因子 F_2 随温度变化的情况由图 3-13 给出. F_2 是空气温度在 10 ℃时的导热系数与其他温度下导热系数的比值. 要找非 10 ℃温度下的 hl^+ 值，只要将 F_2hl 的读数除以该温度下的 F_2 值即可.

横坐标中的另一标尺是 $F_1\,\Delta Tl^3$，其单位是 $\mathrm{mm^3\cdot {}^\circ C}$，小写字母 l 表示所用的单位是 mm，以区别大写字母 L 表示的单位 m. 欲求非 10 ℃下的 ΔTl^3 的值，只要从图 3-13 中找出该温度下的 F_1 值，并将 $F_1\,\Delta Tl^3$ 除以 F_1 就可以了. F_1 是所求温度下的 $1/T\nu a$ 与 10 ℃时 $1/T\nu a$ 的比值.

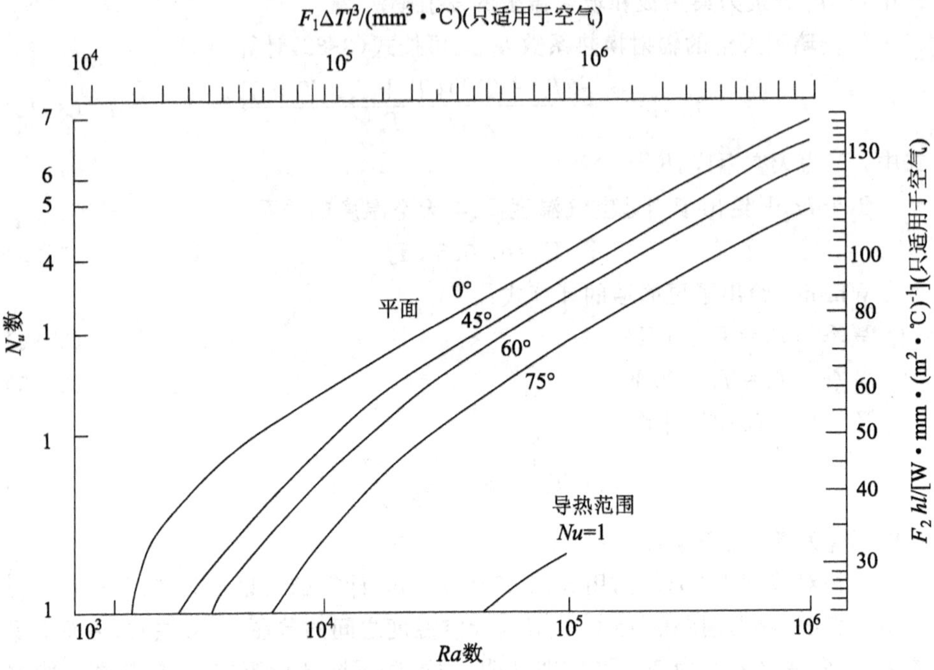

图 3-12　倾斜角不同时,*Ra* 和 *Nu* 的关系曲线

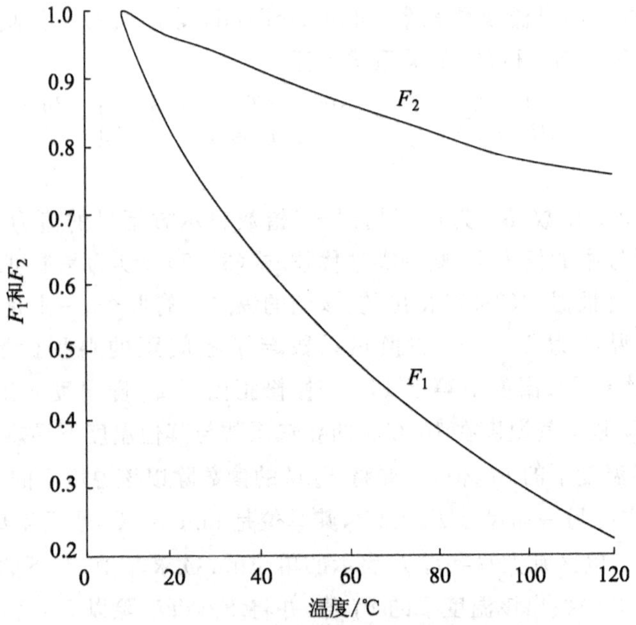

图 3-13　空气物性的修正因子 F_1 和 F_2

Sparrow 等由风洞试验得到了不同方向的矩形平板与空气之间的对流换热计算式，该式可用来计算外层玻璃盖板与空气之间的对流换热系数.

$$Nu=0.86Re^{1/2}Pr^{1/3} \tag{3-38}$$

式中，Re 为雷诺数，Pr 为普朗特数，特征长度为平板面积的 4 倍除以板周长. Re 数在 $2\times10^4\sim9\times10^4$ 范围内，在无条件进行试验验证的情况下，可将上式的应用范围扩大到 $Re=10^6$.

Jurges 根据在 0.5 m² 平板上的试验结果，给出了计算对流换热系数的量纲方程

$$h=5.7+3.8v \tag{3-39}$$

式中，v 为风速，m/s.

式(3-39)既考虑到自然对流又考虑到辐射的影响. 为此 Watmuff 等提出了只考虑纯自然对流情况下的计算式

$$h=2.8+3.0v \tag{3-40}$$

在 0.5 m² 的平板上，风速为 5 m/s，温度为 25 ℃时，由式(3-40)得到 $h=17.8\ \mathrm{W/(m^2\cdot ℃)}$，在特征长度同样为 0.5 m 的条件下，和式(3-38)的计算结果基本一致. 没有理由说在其他板长条件下，式(3-40)的结果仍和式(3-38)相一致. 应当指出，风引起的换热系数计算公式至今并不完善，还有待在实验基础上提出更精确的公式.

在热平衡条件下，集热器两平面间的热传递和顶部热损失相等. 对一层盖板的集热器，集热板传给玻璃盖板的能量和玻璃盖板传给环境的相等，并且也等于集热板到环境的顶部热损失. 对两层盖板组成的系统，集热板与内层玻璃盖板的换热量和两玻璃盖板间以及外层玻璃盖板传给环境的能量相等，也必须和顶部热损失相等. 因此，第 j 块板的温度可由第 i 块板的温度求出.

$$T_j=T_i-\frac{U_t(T_p-T_a)}{h_{i-j}+h_{r,i-j}} \tag{3-41}$$

式(3-41)对集热板和玻璃盖板之间，或者两玻璃盖板之间都成立. 对集热板和玻璃盖板之间，公式变成

$$T_c=T_p-\frac{U_t(T_p-T_a)}{h_{p-c}+h_{r,p-c}} \tag{3-42}$$

这是玻璃盖板温度的计算式，由于 T_c 和 U_t 是相互关联的，因此计算时需采用迭代方法.

【例 3-2】　集热器的有关数据如下：

集热板与玻璃的间距/mm	25
集热板发射率/%	95

天空温度和环境温度/℃	10
风的对流换热系数/W/(m²·℃)	10
集热板平均温度/℃	100
集热器倾斜角/(°)	45
玻璃发射率/%	88

求单层玻璃盖板集热器的顶部损失系数 U_t.

解:假设玻璃温度为 35 ℃,由式(3-31)、式(3-32)得到两种辐射换热系数为

$$h_{r,p-c}=7.60\ \text{W/(m}^2\cdot\text{℃)}$$

$$h_{r,c-a}=5.16\ \text{W/(m}^2\cdot\text{℃)}$$

集热板和玻璃的平均温度为 $T=273+(100+35)/2=340.5$ K,据此查出空气特性 $\nu=1.96\times10^{-5}$ m²/s,$k=0.029\ 3$ W/(m·℃),$Pr=0.7$,$\Delta T=373-308=65$ K.则 Ra 为

$$Ra=\frac{g\Delta TL^3}{T\nu^2}Pr=\frac{9.81\times65\times0.025^3\times0.7}{340.5\times(1.96\times10^{-5})^2}=5.33\times10^4$$

由式(3-37)可求得 $Nu=3.19$,因此

$$h_{p-c}=Nu\frac{k}{L}=3.19\frac{0.029\ 3}{0.025}=3.73\ \text{W/(m}^2\cdot\text{℃)}$$

故

$$U_t=\left[\frac{1}{3.73+7.60}+\frac{1}{5.16+10.0}\right]^{-1}=6.49\ \text{W/(m}^2\cdot\text{℃)}$$

这是第一次估算 U_t 值,用这个结果带入式(3-41)可求出玻璃温度为

$$T_c=100-\frac{6.49\times90}{3.73+7.60}=48.5\ ℃$$

用新的玻璃温度重复上述计算得到

$$h_{r,p-c}=8.03\ \text{W/(m}^2\cdot\text{℃)}$$

$$h_{r,c-a}=5.53\ \text{W/(m}^2\cdot\text{℃)}$$

$$h_{p-c}=3.52\ \text{W/(m}^2\cdot\text{℃)}$$

用它们求第二次顶部损失系数,$U_t=6.62$ W/(m²·℃),再计算玻璃温度得 $T_c=48$ ℃,和上次的计算结果 48.5 ℃基本一致,迭代结束.

实际计算 U_t 时,算例中介绍的迭代过程有时需要几千次,为实用,Klein(1979 年)提出如下经验公式:

$$U_t=\left\{\frac{N}{\frac{c}{T_{p,m}}\left[\frac{T_{p,m}-T_a}{(N+f)}\right]^e}+\frac{1}{h_w}\right\}^{-1}+$$

$$\frac{\sigma(T_{p,m}+T_a)(T_{p,m}^2+T_a^2)}{(\varepsilon_p+0.00591Nh_w)^{-1}+\frac{2N+f-1+0.133\varepsilon_p}{\varepsilon_c}-N} \tag{3-43}$$

式中，N 为玻璃盖板层数；$f=(1+0.0892h_w-0.1166h_w\varepsilon_p)(1+0.07866N)$；当$0°<\beta<70°$时，$c=520(1-0.000051\beta^2)$，当 $70°<\beta<90°$时，c 用 $\beta=70°$计算；$e=0.43(1-100/T_{p,m})$；β 为集热器倾斜角；ε_c 为玻璃发射率(0.88)；ε_p 为集热板发射率；$T_{p,m}$为集热板平均温度，K；h_w 为风的对流换热系数，W/(m² · ℃).

用式(3-43)计算 U_t，必须知道集热板的平均温度 $T_{p,m}$，当平均板温在环境温度和 200 ℃之间时，上式的误差在±0.3 W/(m² · ℃)以内.

集热器一般都是按与地面成 45°角安装，当其倾斜角不是 45°时，其顶部热损系数与倾角 45°时的顶部热损系数之间的关系是

$$\frac{U_t(\beta)}{U_t(45°)}=1-(\beta-45)(0.00259-0.00144\varepsilon_p) \tag{3-44}$$

图 3-14 给出了 U_t 与平板与玻璃间距的关系，图 3-15 给出了集热器倾斜角 β 对 U_t的影响.

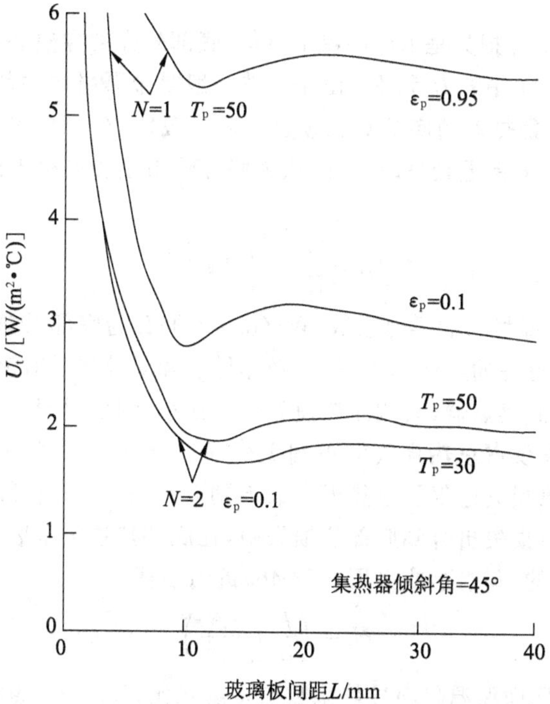

图 3-14　U_t 与玻璃板间距的关系

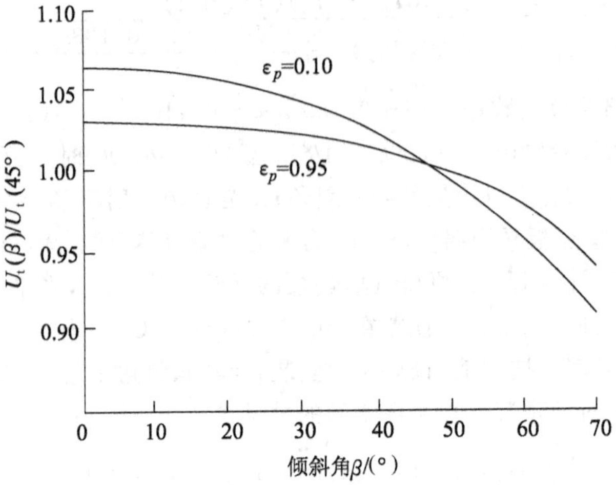

图 3-15 倾斜角 β 对 U_t 的影响

3.4.2 底部和侧面热损失

集热器底部的热损失是由底部保温材料、底部外壳的导热和对外界的对流散热产生的，即图 3-11 中的 R_4 和 R_5. 由于壳体一般是金属材料，所以壳体的导热热阻可以忽略不计. 集热器的底部对流散热系数一般取 10～25 W/(m² · ℃)，当集热器安装合适、底部保温较好时，可以认为底部热阻主要取决于保温材料的导热热阻.

$$U_b=\frac{1}{R_4}+\frac{1}{R_5}\approx\frac{k}{L} \tag{3-45}$$

式中，k 为底部保温材料的导热系数，W/(m · ℃)；L 为底部保温层厚度，m.

侧面热损失也是通过侧面保温层、壳体导热和对外界的对流散热产生的. 对于一个设计良好的集热器，其侧面热损失往往很小，例如对于一个 30 m² 的集热器，其侧面热损失仅占总热损失的不到 1%，而对于一个采光面积 2 m² 的集热器来说，其侧面热损失也仅及总热损失的不到 3%. 因此一般可以忽略侧面热损失，或者把侧面热损失折合到底部热损失中，在底部热损失系数的基础上再加乘一个侧面与底面的面积比，或采用式(3-46)近似估算.

$$U_e=\left(\frac{k}{L}\right)_e\left(\frac{A_e}{A_c}\right) \tag{3-46}$$

式中，$(k/L)_e$ 为侧面保温材料导热系数与厚度之比；(A_e/A_c) 为集热器 4 个侧壁总面积与集热器面积之比. 当比值很小时，U_e 可忽略.

3.5 平板型集热器的性能分析

平板型集热器的性能主要是指集热器的有用能量收益、集热温度和效率等，这些都是评价集热器性能最基本的参量.

上一节已经介绍了 Q_a 和 Q_l 的计算方法，其中 Q_l 与集热板和环境温差($T_{p,m}-T_a$)成正比，由于集热板平均温度 $T_{p,m}$ 不易确定，因此 Q_l 计算式的实用性受到了限制. 本节将重点讨论如何得到有用能量收益的表达式，同时介绍平板集热器的性能分析方法.

3.5.1 集热器的效率因子 F'

集热器的有用能量收益 Q_u 是由集热介质流过集热板的流道时，通过与流道的换热带走的能量. 为了进行热分析，取一段典型的管板结构，如图 3-16 所示. 通常集热板是用薄的金属板制成，其厚度为 1～2 mm，因此可以忽略板厚方向的温度梯度，这样，集热板的温度分布从三维温度场简化为二维温度场. 为便于分析，采用 Hottel 提出的简化热模型，即将集热板的二维温度场分解为管间板面 x 方向和集热介质流动 y 方向的两个互相独立的一维温度场.

本小节先讨论温度沿 x 方向的分布. 集热板从两管中心点处分为对称的两半，这样，从两管中心点到管基之间的区域就是传热学上典型的等截面矩形直翅片的导热问题. q_a 为集热板单位面积所吸收的总太阳辐射能，管距为 W，管子内外径分别为 D_i 和 D_o，板厚 δ，管板结合处温度为 T_b，管内流体温度为 T_f，两管中心点温度最高，且 $dT/dx=0$. 翅片上的能量分布如图 3-17 所示.

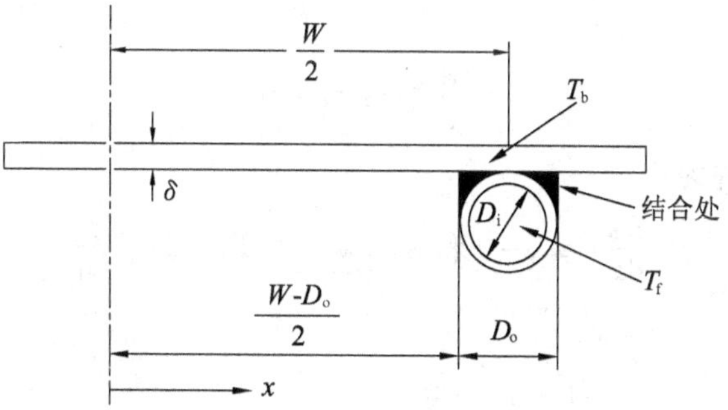

图 3-16 管板结构

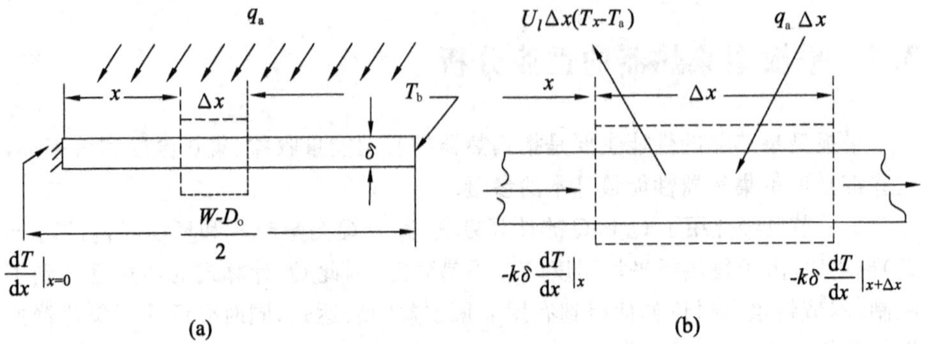

图 3-17 翅片上的能量分布

对图 3-17 所示的宽为 Δx、流动方向为单位长度的微元体，其能量平衡方程为

$$q_a\Delta x+U_l\Delta x(T_a-T)+\left(-k\delta\frac{\mathrm{d}T}{\mathrm{d}x}\right)\Big|_x-\left(-k\delta\frac{\mathrm{d}T}{\mathrm{d}x}\right)\Big|_{x+\Delta x}=0 \tag{3-47}$$

由泰勒级数

$$\left(-k\delta\frac{\mathrm{d}T}{\mathrm{d}x}\right)\Big|_{x+\Delta x}=-k\delta\frac{\mathrm{d}T}{\mathrm{d}x}-k\delta\frac{\mathrm{d}^2T}{\mathrm{d}x^2}\mathrm{d}x$$

取两项整理后得

$$\frac{\mathrm{d}^2T}{\mathrm{d}x^2}=\frac{U_l}{k\delta}\left(T-T_a-\frac{q_a}{U_l}\right) \tag{3-48}$$

方程(3-48)的边界条件为

$$\frac{\mathrm{d}T}{\mathrm{d}x}\Big|_{x=0}=0,\ T\Big|_{x=\frac{W-D_o}{2}}=T_b$$

令
$$m^2=\frac{U_l}{k\delta}\ 和\ \phi=T-T_a-\frac{q_a}{U_l}$$

式(3-48)成为

$$\frac{\mathrm{d}^2\phi}{\mathrm{d}x^2}-m^2\phi=0 \tag{3-49}$$

相应的边界条件为

$$\frac{\mathrm{d}\phi}{\mathrm{d}x}\Big|_{x=0}=0\ 和\ \phi\Big|_{x=\frac{W-D_o}{2}}=T_b-T_a-\frac{q_a}{U_l}$$

可解得

$$\frac{T-T_a-\frac{q_a}{U_l}}{T_b-T_a-\frac{q_a}{U_l}}=\frac{\cosh mx}{\cosh\frac{m(W-D_o)}{2}} \tag{3-50}$$

式(3-50)为翅片上的温度分布表达式，应用傅里叶定律，可求出在流动方向单位长度上翅片传给管内流体的热量.

$$q_{\mathrm{f}}=-k\delta\left.\frac{\mathrm{d}T}{\mathrm{d}x}\right|_{x=\frac{W-D_{\mathrm{o}}}{2}}=\frac{k\delta m}{U_{1}}[q_{\mathrm{a}}-U_{1}(T_{\mathrm{b}}-T_{\mathrm{a}})]\tanh\frac{m(W-D_{\mathrm{o}})}{2}$$
$$=\frac{1}{m}[q_{\mathrm{a}}-U_{1}(T_{\mathrm{b}}-T_{\mathrm{a}})]\tanh\frac{m(W-D_{\mathrm{o}})}{2} \tag{3-51}$$

式(3-51)只代表管子一边的传热量，两边则有

$$q_{\mathrm{f}}'=(W-D_{\mathrm{o}})[q_{\mathrm{a}}-U_{1}(T_{\mathrm{b}}-T_{\mathrm{a}})]\frac{\tanh\frac{m(W-D_{\mathrm{o}})}{2}}{\frac{m(W-D_{\mathrm{o}})}{2}} \tag{3-52}$$

定义翅片效率 η_{f}，为实际传热量与假设整个翅片为翅基温度 T_{b} 时的传热量之比.

$$\eta_{\mathrm{f}}=\frac{(W-D_{\mathrm{o}})[q_{\mathrm{a}}-U_{1}(T_{\mathrm{b}}-T_{\mathrm{a}})]\tanh\frac{m(W-D_{\mathrm{o}})}{2}}{[q_{\mathrm{a}}-U_{1}(T_{\mathrm{b}}-T_{\mathrm{a}})](W-D_{\mathrm{o}})\frac{m(W-D_{\mathrm{o}})}{2}}$$
$$=\frac{\tanh\frac{m(W-D_{\mathrm{o}})}{2}}{\frac{m(W-D_{\mathrm{o}})}{2}}=\frac{2}{n}\tanh\frac{n}{2} \tag{3-53}$$

式中，$n=(W-D_{\mathrm{o}})\sqrt{\frac{U_{1}}{k\delta}}$. 可以看出，翅片效率 η_{f} 与集热板的厚度、宽度、集热板的导热系数以及集热器的热损系数有关. 图 3-18 给出了直翅片的翅片效率.

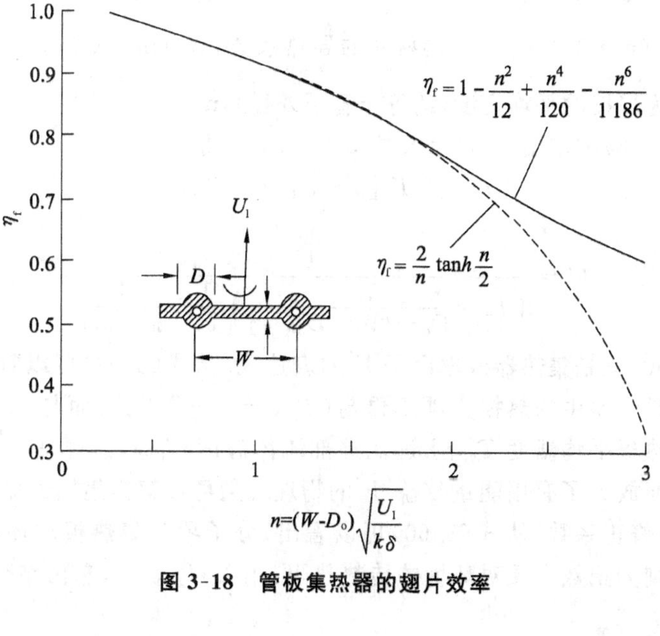

图 3-18　管板集热器的翅片效率

张鹤飞给出了翅片效率的近似计算式

$$\eta_f = 1 - \frac{n^2}{12} + \frac{n^4}{120} - \frac{n^6}{1\ 186} \tag{3-54}$$

式(3-54)的适用范围是 $n < \frac{\pi}{2}$，此范围内式(3-54)的误差小于 0.003.

由 η_f 的定义式(3-53)，式(3-52)变为

$$q_f' = (W - D_o)\eta_f[q_a - U_l(T_b - T_a)] \tag{3-55}$$

式(3-55)代表平板部分$(W-D_o)$上获得的有用能量.集热板流道本身获得的有用能为

$$q_t' = D_o[q_a - U_l(T_b - T_a)] \tag{3-56}$$

这样，集热器在集热介质流动方向单位长度上的总有用能量收益为式(3-55)与式(3-56)两者之和，即

$$q_u' = [(W - D_o)\eta_f + D_o][q_a - U_l(T_b - T_a)] \tag{3-57}$$

有用能量收益是集热板传递到管板结合处的能量，它必须和管内集热介质所获得的热量相等，热量从管板结合处传递到管内集热介质，遇到的热阻有管板结合处的导热热阻、管壁的导热热阻以及管壁与流体间的对流热阻.对金属流道，其管壁导热热阻可以忽略不计.这样，有用能量收益表达式又可以表示为

$$q_u' = \frac{T_b - T_f}{\frac{1}{c_b} + \frac{1}{\pi D_i h_{f,i}}} \tag{3-58}$$

式中，$h_{f,i}$为管壁与流体间的对流换热系数，W/(m² · ℃)；c_b 为结合处导热系数，$c_b = \frac{k_b b}{\gamma}$，W/(m · ℃)；$k_b$ 为焊接材料的导热系数，W/(m · ℃)；γ 为焊接的平均厚度，m；b 为焊接的平均宽度(约等于管子外径)，m.

从式(3-58)中求出 T_b并代入式(3-57)，整理得

$$q_u' = WF'[q_a - U_l(T_f - T_a)] \tag{3-59}$$

$$F' = \frac{\frac{1}{U_l}}{W\left\{\frac{1}{U_l[D_o + (W - D_o)\eta_f]} + \frac{1}{c_b} + \frac{1}{\pi D_i h_{f,i}}\right\}} \tag{3-60}$$

式(3-60)就是集热器效率因子 F'的表达式.从式(3-59)可以看出，引入 F'后，有用能量收益中的热损失项不再与$(T_{p,m} - T_a)$成正比，而与$(T_f - T_a)$成正比，由于集热板平均温度 $T_{p,m}$永远比局部流体温度 T_f高，这样估计的损失项自然变小，从而放大了有用能量收益. F'的物理意义可理解为集热器保持实际有用能量收益的修正系数.从式(3-60)可以看出，分子项为集热板对环境的传热热阻，分母项则为集热介质对环境的传热热阻，用 $1/U_0$ 表示，它由结合热阻、集热

介质与管壁间对流热阻、顶部及底部热阻组成，即

$$F'=\frac{U_0}{U_l} \tag{3-61}$$

因此，效率因子 F' 代表流体对外界的传热系数与集热板对外界的传热系数之比. 其数值随着集热板厚度、翅片效率、结合处导热系数，以及集热介质与流道间的换热系数等数值的增大而增大，随流道间距以及集热器热损系数的增加而降低. 因此，集热器的效率因子是一个与集热器结构有关的物理量. 对于一定的结构设计和集热介质流量，效率因子基本上是一个常数. 一个设计良好的平板型太阳能集热器，效率因子 F' 约在 0.9～1.0.

对于不同结构的集热板，效率因子 F' 的计算式也各不相同. 若管板结构如图 3-19(a)所示，效率因子的计算式为

$$F'=\cfrac{1}{\cfrac{WU_l}{\pi D_i\ h_{f,i}}+\cfrac{1}{\cfrac{D_o}{W}+\cfrac{1}{\cfrac{WU_l}{c_b}+\cfrac{W}{(W-D_o)}}}} \tag{3-62}$$

若结构形式如图 3-19(b)所示，效率因子的计算公式为

$$F'=\cfrac{1}{\cfrac{WU_l}{\pi D_i\ h_{f,i}}+\cfrac{W}{D_o+(W-D_o)\eta_f}} \tag{3-63}$$

应当指出，若结合处材料的导热系数 c_b 很大（$1/c_b\approx 0$），以上 3 种结构形式的效率因子相同，则可用式(3-63)计算.

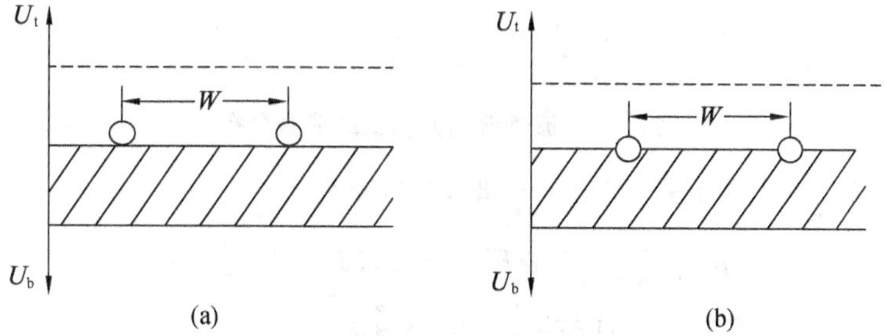

图 3-19 管板结合型式

除了上述管板结构的集热器的效率因子外，其他几种集热器的效率因子表达式分别为：

翼管式集热器

$$F'=\cfrac{1}{W\left[\cfrac{1}{D_o+(W-D_o)\eta_f}+\cfrac{U_l}{\pi D_i\ h_{f,i}}\right]} \tag{3-64}$$

扁盒式集热器

$$F'=\frac{1}{1+\frac{U_l}{h_{f,i}}} \tag{3-65}$$

多管式集热器

$$F'=\frac{1}{1+\frac{D_o U_l}{\pi D_i h_{f,i}}} \tag{3-66}$$

3.5.2 集热器的热迁移因子 F_R 和流动因子 F''

讨论集热介质沿流动方向上的温度分布，如图 3-20 所示. 沿集热介质流动方向取微元长度为 Δy 的微元体，介质流道长为 L，集热介质进、出口温度分别为 $T_{f,i}$ 和 $T_{f,o}$. 微元体的能量平衡方程为

$$\left(\frac{\dot{m}}{N}\right)C_p T_f\Big|_y-\left(\frac{\dot{m}}{N}\right)C_p T_f\Big|_{y+\Delta y}+\Delta y q_u'=0 \tag{3-67}$$

式中，N 为集热器排管数目；$\dot{m}$ 为介质质量流率，kg/s.

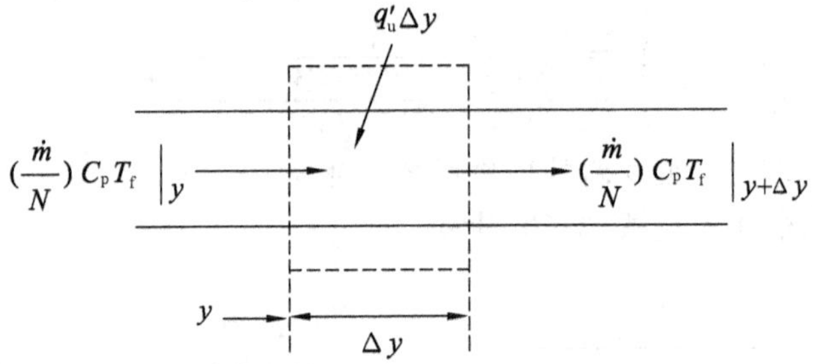

图 3-20 流体流动方向上的能量分布

将式(3-59)代入上式，当 $\Delta y\to 0$ 时，其极限为

$$\dot{m}C_p\frac{dT_f}{dy}-NWF'[q_a-U_l(T_f-T_a)]=0$$

$$\frac{dT_f}{dy}+\left(\frac{NWF'U_l}{\dot{m}C_p}\right)T_f=\frac{NWF'}{\dot{m}C_p}(q_a+U_l T_a) \tag{3-68}$$

这是一阶线性常微分方程，边界条件分别为

$$y=0 \text{ 时}, T_f=T_{f,i}$$

$$y=L \text{ 时}, T_f=T_{f,o}$$

假设在流动方向上 F' 与 U_l 均是常数，式(3-68)的解为

$$\frac{T_f - T_a - \dfrac{q_a}{U_l}}{T_{f,i} - T_a - \dfrac{q_a}{U_l}} = e^{-[U_l NWF' y / \dot{m} C_p]} \tag{3-69}$$

式(3-69)即为集热介质沿流动方向上的温度分布函数. 将 $y=L$ 代入式(3-69),可以得到集热介质的出口温度 $T_{f,o}$.

$$\frac{T_{f,o} - T_a - \dfrac{q_a}{U_l}}{T_{f,i} - T_a - \dfrac{q_a}{U_l}} = e^{-[A_c U_l F' / \dot{m} C_p]} \tag{3-70}$$

式中,$A_c = NWL$.

集热器的有用能量收益可表示为

$$Q_u = \dot{m} c_p (T_{f,o} - T_{f,i}) \tag{3-71}$$

联立式(3-70)和式(3-71),消去 $T_{f,o}$后整理可得

$$Q_u = A_c F_R [q_a - U_l (T_{f,i} - T_a)] \tag{3-72}$$

$$F_R = \frac{\dot{m} c_p}{A_c U_l} [1 - e^{-(A_c U_l F' / \dot{m} C_p)}] \tag{3-73}$$

F_R称为集热器的热迁移因子,其物理意义是集热器实际输出的能量与假定整个集热板处于介质进口温度时输出的能量之比. 它是综合反映集热器集热板的传热性能和载热介质流动传热对性能影响的无因次参量. 当介质以温度 $T_{f,i}$ 进入集热器时,集热板的平均温度 $T_{p,m}$ 远比 $T_{f,i}$ 要高,在热损失系数 U_l一定时,$T_{p,m}$ 比 $T_{f,i}$ 高出的程度取决于集热板传热性能的好坏和介质流量的大小. 图3-21 给出了 F' 和介质流量对 F_R 的影响曲线,可以看出,F_R 和 F' 随 $\dot{m}$ 的增大而增加,但当流量达到一定数值后,介质通过集热器后的温升趋于 0,这时 $F_R \approx F' = 1$.

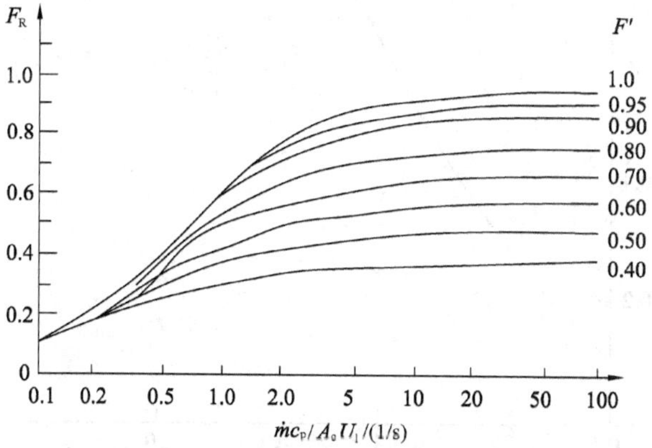

图 3-21　F_R 和 F' 与集热器流量的关系

集热器热迁移因子 F_R 与集热器效率因子 F'之间有一定的关系,这个关系

定义为集热器的流动因子.

$$F''=\frac{F_R}{F'}=\frac{\dot{m}c_p}{A_c U_l F'}[1-e^{-(A_c U_l F'/\dot{m}C_p)}] \tag{3-74}$$

由图 3-22 可以看出,$F''<1$,所以 $F_R<F'<1$.其物理意义可解释如下:基于介质进口温度的集热器热损总是偏小的,因为热损是沿着整个集热器发生的,而介质的温度在流动方向不断地增大,当通过集热器的流量增加时,介质经过集热器的温升下降,集热板的平均温度也随之降低,这将使集热器的热损减少,从而相应地增加集热器的有用能量收益,所以集热器热迁移因子 F_R 随着介质流量增加而增加.然而,在任何情况下,集热器集热板的温度总是高于集热介质的温度,所以总有 $F''<1$,即集热器热迁移因子 F_R 是永远不可能超过集热器效率因子 F' 的.

将式(3-74)中方括号内的项展开,有

$$1-e^{-(A_c U_l F'/\dot{m}C_p)}\approx\frac{A_c F' U_l}{\dot{m}C_p}(1-\frac{A_c F' U_l}{2\dot{m}C_p}) \tag{3-75}$$

将式(3-75)代入式(3-74),有

$$F''=1-\frac{A_c F' U_l}{2\dot{m}C_p} \tag{3-76}$$

当 $\dot{m}C_p \gg A_c F' U_l$ 时,集热介质在流动方向上的温度变化可近似地看成是线性分布,此时,集热介质的平均温度可以取其进出口温度的平均值.

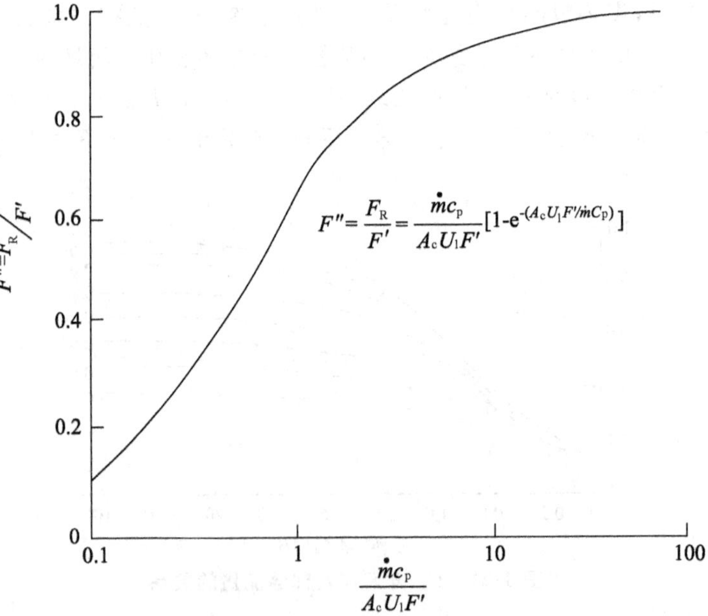

图 3-22　F''与 $\dot{m}c_p/(A_c U_l F')$的关系曲线

3.5.3　集热板的平均温度

前文中，为了分析集热器的性能，必须首先求得总热损失系数. 但是总热损失系数又与集热板的温度有关，集热板的温度计算也需要知道集热器的热损系数. 两者互相影响，不能直接求解.

在热平衡条件下，集热器的有效能量输出应等于吸收的辐射能和热损失之差，用集热板平均温度 $T_{p,m}$ 计算有效能的表达式为

$$Q_u = A_c[q_a - U_l(T_{p,m} - T_a)] \tag{3-77}$$

由用流体进口温度计算有效能的表达式(3-72)可得

$$T_a + \frac{q_a}{U_l} = T_{f,i} + \frac{Q_u/A_c}{F_R U_l} \tag{3-78}$$

由式(3-72)和式(3-77)可得

$$T_{p,m} = (1-F_R)\left(T_a + \frac{q_a}{U_l}\right) + F_R T_{f,i}$$

将式(3-78)代入上式得

$$T_{p,m} = T_{f,i} + \frac{Q_u/A_c}{F_R U_l}(1-F_R) \tag{3-79}$$

流体平均温度的定义式为

$$T_{f,m} = \frac{1}{L}\int_0^L T_{f,y}\,dy \tag{3-80}$$

将式(3-78)代入式(3-69)并整理得

$$T_{f,y} = T_{f,i} + \frac{Q_u/A_c}{F_R U_l}\left[1 - e^{-U_l NWF' y/(\dot{m}C_p)}\right] \tag{3-81}$$

令 $T_{f,i}=A$, $\dfrac{Q_u/A_c}{F_R U_l}=B$, $\dfrac{U_l NWF'}{\dot{m}C_p}=C$. 它们都是常数，并注意 $LC=\dfrac{A_c U_l F'}{\dot{m}C_p}$，这样式(3-81)变为

$$T_{f,y} = A + B[1 - e^{-Cy}]$$

$$\begin{aligned} T_{f,m} &= \frac{1}{L}\int_0^L T_{f,y}\,dy = A + B\left[1 - \left(\frac{1-e^{-LC}}{LC}\right)\right] \\ &= T_{f,i} + \frac{Q_u/A_c}{F_R U_l}\left[1 - \frac{\dot{m}C_p}{A_c U_l F'}\left(1 - e^{-A_c U_l F'/(\dot{m}C_p)}\right)\right] \\ &= T_{f,i} + \frac{Q_u/A_c}{F_R U_l}(1-F'') \end{aligned} \tag{3-82}$$

由式(3-79)和式(3-82)可以看出，由于 F'' 的数值大于 F_R，$T_{p,m}$ 必然大于 $T_{f,m}$. 这个温差是集热板向集热介质传递热量过程中的热阻所造成的. 作为一种近似，两者之间可以用式(3-83)进行估算

$$T_{p,m}-T_{f,m}=Q_u R_{p,f} \tag{3-83}$$

式中，$R_{p,f}$为集热板与集热介质之间的传热热阻．忽略介质流道管壁的导热热阻，$R_{p,f}$的值为管板结合热阻及管壁与介质的对流换热热阻之和，即

$$R_{p,f}=\frac{1}{c_b}+\frac{1}{\pi D_i nLh_{f,i}} \tag{3-84}$$

式中，n为集热器单位面积的介质流道数．

由于U_l，F_R，F''和Q_u都与$T_{p,m}$有关，因此必须采用迭代法求解$T_{p,m}$．根据经验，估计一个初始平均温度，求出近似的U_l，F_R，F''和Q_u值，代入式(3-79)得到新的$T_{p,m}$，用它求新的U_l，再用新的U_l修正F_R，F''和Q_u值．

3.5.4　平板集热器的热效率

集热器的效率是衡量集热器性能的一个重要参量，定义为集热器获得的有用能量与投射到集热器采光面上的太阳辐射能量之比．由于一天之中投射到集热器采光面上的太阳辐射能不断随时间变化，因此集热器的热效率又分为瞬时效率和平均效率．

3.5.4.1　瞬时效率

瞬时效率是指某一时刻集热器所能够提供的有用能量与当时投射到集热器采光面上的太阳辐射总量之比值．它反映了集热器在一天之中某一时刻的瞬时运行特性．以下列出以不同温度作为计算热损失基准的瞬时效率方程．

(1) 以集热板温度为计算热损失基准的瞬时效率方程

$$\eta_i=\frac{Q_u}{A_c G_T}=(\tau\alpha)_e-U_l(T_{p,m}-T_a)/G_T \tag{3-85}$$

式中，G_T为太阳辐照度，W/m^2．

(2) 以介质平均温度为计算热损失基准的瞬时效率方程

$$\eta_i=F'[(\tau\alpha)_e-U_l(T_{f,m}-T_a)/G_T] \tag{3-86}$$

作为近似，流体平均温度可以用流体进出口平均温度代替．

(3) 以介质进口温度为计算热损失基准的瞬时效率方程

$$\eta_i=F_R[(\tau\alpha)_e-U_l(T_{f,i}-T_a)/G_T] \tag{3-87}$$

(4) 以介质从集热器所带走的有用能量为计算热损失基准的瞬时效率方程

$$Q_u=\dot{m}C_p(T_{f,o}-T_{f,i})$$

$$\eta_i=\dot{m}C_p(T_{f,o}-T_{f,i})/A_c G_T \tag{3-88}$$

以上几种效率方程均可以在直角坐标系中以图形表示，得到的曲线称为集热器效率曲线．在直角坐标系中，纵坐标表示集热器效率η_i，横坐标表示归一化

温差，它是集热器工作温度(集热板温度，流体平均温度，流体进口温度)和环境温度的差值与太阳辐照度之比. 所以，集热器效率曲线实际上就是集热器效率 η_i 与归一化温差的关系曲线. 若假定 U_l 为常数，则集热器效率曲线为一条直线，如图 3-23 所示.

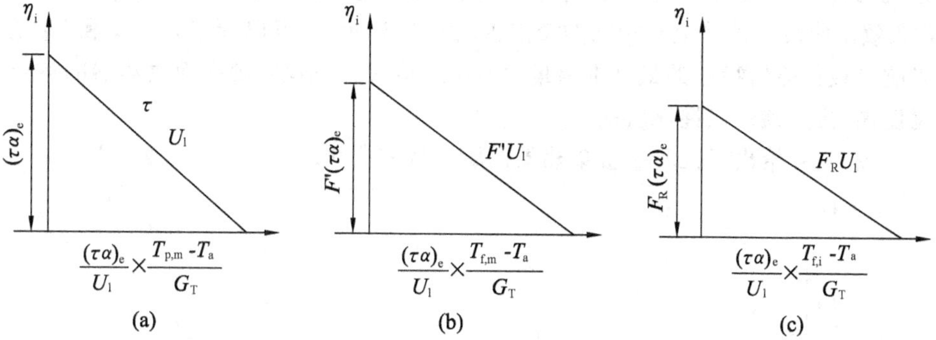

图 3-23　三种形式的集热器效率曲线

从图 3-23 可以看出，效率曲线具有如下规律：

① 集热器效率不是常数而是变数.

集热器效率与集热器工作温度、环境温度和太阳辐照度都有关系. 集热器工作温度越低或者环境温度越高，集热器效率越高；反之，集热器工作温度越高或者环境温度越低，则集热器效率越低. 因此，同一台集热器在夏天具有较高的效率，而在冬天具有较低的效率.

② 效率曲线在纵轴上的截距值表示集热器可获得的最大效率.

当归一化温差为零时，由于集热器的散热损失为零，集热器的效率达到最大，因此称为零损失集热器效率，用 η_0 表示. 此时，效率曲线与纵轴相交，η_0 就代表效率曲线在纵轴上的截距值. 在图 3-23(a)，(b)，(c)中，η_0 值分别为$(\tau\alpha)_e$，$F'(\tau\alpha)_e$，$F_R(\tau\alpha)_e$. 由于 $F_R<F'<1$，故$(\tau\alpha)_e>F'(\tau\alpha)_e>F_R(\tau\alpha)_e$.

③ 效率曲线的斜率值表示集热器总热损系数的大小.

效率曲线的斜率值跟集热器总热损系数是直接有关的. 斜率值越大，也即效率曲线越陡峭，则集热器总热损系数就越大；反之，斜率值越小，也即效率曲线越平坦，则集热器总热损系数就越小. 在图 3-23 中，3 个效率曲线的斜率值分别为 U_l，$F'U_l$，$F_R U_l$，同样由于 $F_R<F'<1$，故 $U_l>F'U_l>F_R U_l$.

④ 效率曲线在横轴上的交点值表示集热器可达到的最高温度.

当集热器的散热损失达到最大时，集热器的有用能量收益为零，即集热器效率为零，此时集热器达到最高温度，也称为滞止温度或闷晒温度. 用 $\eta=0$ 代入式(3-85)、式(3-86)、式(3-87)则有

$$\frac{T_{p,m}-T_a}{G_T}=\frac{T_{f,m}-T_a}{G_T}=\frac{T_{f,i}-T_a}{G_T}=\frac{(\tau\alpha)_e}{U_l} \tag{3-89}$$

$$T_{p,m}=T_{f,m}=T_{f,i}=\frac{(\tau\alpha)_e}{U_l}G_T+T_a \tag{3-90}$$

这说明，此时的集热板温度、流体平均温度、流体进口温度都相同．在图 3-23 中，3 条效率曲线在横轴上有相同的交点值．由式(3-90)还可以看出，$(\tau\alpha)_e$ 和 U_l 是影响平板集热器特性的最基本参量，如$(\tau\alpha)_e$ 值大，U_l值小，则平板集热器的运行温度高，集热器的热性能就高．

图 3-24 给出了几种平板集热器的瞬时效率曲线．

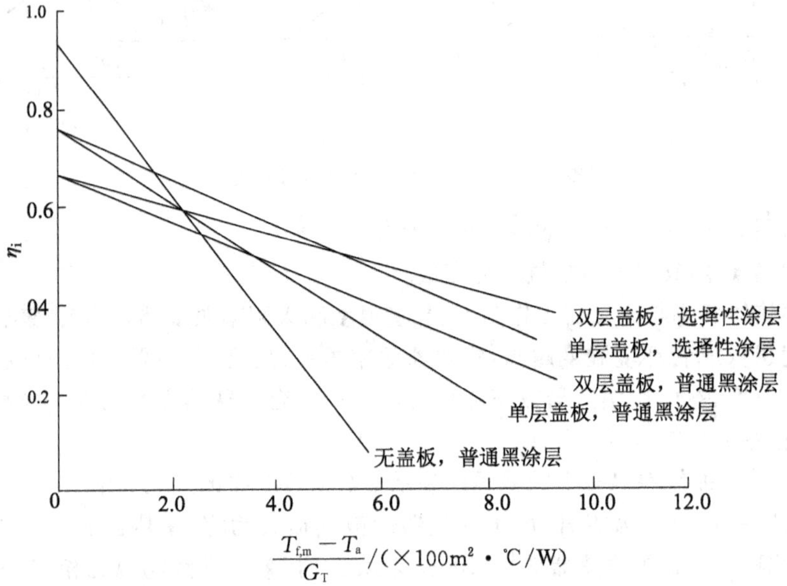

图 3-24　几种平板集热器的瞬时效率曲线

3.5.4.2　平均效率

集热器的瞬时效率仅表示其瞬时性能，在用于具体设计时作用不大，更重要的是要知道集热器在一天或一个时间区段内的平均性能，即平均效率，其定义式为

$$\eta_0=\frac{\int Q_u \mathrm{d}\tau}{\int G_T A_c \mathrm{d}\tau} \tag{3-91}$$

式(3-91)只是一个定义式，具体设计时并不采用．真实的集热器平均效率要根据测量数据通过计算得到．例如，若要求集热器的日平均效率，应将一天分为

几个区间并认为在每个区间内太阳辐射强度和集热器的有效能输出都保持恒定，采用求和的方法估算平均效率，即

$$\eta_0 \approx \sum_{i=1}^{n}(Q_{ui}\Delta\tau) \Big/ \left[A_c \sum_{i=1}^{n}(G_{T,i}\Delta\tau)\right] \tag{3-92}$$

式中，n 为一天中所等分的区间数；$\Delta\tau$ 为区间的长度，根据实验标准，这个区间长度定为 15 或 20 分钟；i 是指第 i 个区间；$Q_{u,i}\Delta\tau$ 为在第 i 个测量区间内实测的有效能量收益；$G_{T,i}$ 为第 i 区间集热器采光面上的平均太阳总辐射强度，W/m^2.

3.5.5 热容量对集热器性能的影响

由于环境因素如太阳辐射强度、风速、气温等条件的不确定性，太阳能集热器在工作过程中总是处于动态条件之下，不存在严格意义上的稳态工况. 这样，工作过程中集热器自身的热容变化对其热性能必然有一定的影响.

通过建立考虑集热器各部分热容量的瞬态能量平衡方程，可求出集热器在蓄热状态下所需的热量. 为便于分析，将集热器分成两部分：一部分为由集热板、流道内集热介质以及保温材料组成的组合体，并假定它们都处于同一温度 T_p 下；另一部分为透明玻璃盖板，温度为 T_c.

对于集热板组合体有能量平衡方程

$$(mC)_p \frac{dT_p}{d\tau} = A_c[q_a - U_{p-c}(T_p - T_c)] \tag{3-93}$$

式中，$(mC)_p$ 为集热板、管子、水、绝热材料的热容量，kJ/K；U_{p-c} 为集热板到盖板的损失系数，$W/m^2 \cdot ℃$.

对于透明玻璃盖板平衡方程为

$$(mC)_c \frac{dT_c}{d\tau} = A_c[U_{p-c}(T_p - T_c) - U_{c-a}(T_c - T_a)] \tag{3-94}$$

式中，U_{c-a} 为集热板到环境的损失系数，$W/m^2 \cdot ℃$.

若忽略集热器底部和侧面的热损失，则有

$$U_{c-a}(T_c - T_a) = U_l(T_p - T_a) \tag{3-95}$$

若环境温度为常数，对上式微分得

$$\frac{dT_c}{d\tau} = \frac{U_l}{U_{c-a}} \frac{dT_p}{d\tau} \tag{3-96}$$

将上式代入式(3-94)并与式(3-93)相加，运用式(3-95)可得

$$\left[(mC)_p + \frac{U_l}{U_{c-a}}(mC)_c\right]\frac{dT_p}{d\tau} = A_c[q_a - U_l(T_p - T_a)] \tag{3-97}$$

定义 $\left[(mC)_p + \frac{U_l}{U_{c-a}}(mC)_c\right] = (mC)_e$，称为集热器的有效热容量.

对于 n 层盖板有

$$(mC)_e = (mC)_p + \sum_{i=1}^{n} a_i (mC)_{c,i} \tag{3-98}$$

式中，a_i 为总损失系数与第 i 层盖板损失系数之比，即表 3-3 中的数据. 若在讨论的时间段内 Q_a 与 T_a 保持常值，微分方程(3-93)的解为

$$T_p^+ = T_a + \frac{q_a}{U_l} - \left[\frac{q_a}{U_l} - (T_{p,i} - T_a)\right] e^{\left(-\frac{A_c U_l \tau}{(mC)_e}\right)} \tag{3-99}$$

式中，T_p^+ 为集热板在所讨论时间内的终了温度；$T_{p,i}$ 为集热板在所讨论时间内的初始温度.

式(3-99)可用于计算各时间段内的集热板温度. 清晨集热器温度和环境温度相等，式(3-99)简化为

$$T_p^+ = T_a + \frac{q_a}{U_l}\left[1 - e^{\left(-\frac{A_c U_l \tau}{(mC)_e}\right)}\right] \tag{3-100}$$

当集热器接收太阳辐射后，其集热板温度 T_p 不断上升，这是一个动态过程. 由式(3-100)可知，集热器的热容显然对这一动态过程具有重要影响，为了评价这种影响，引入“时间常数”的概念.

$$\tau_c = \frac{(mC)_e}{A_c U_l} \tag{3-101}$$

当 $\tau = \tau_c$ 时，集热器温度 T_p 达到其最终值的 63.2%.

3.6 太阳能空气集热器

太阳能空气集热器是平板太阳能集热器的一种，是用空气作为传热介质的太阳能集热器，其主要应用于物料干燥和建筑物采暖等.

3.6.1 空气集热器的分类

太阳能空气集热器的总体结构与普通平板太阳能集热器相类似，但由于两者使用的工作介质不同，集热板的结构存在很大的差异. 根据集热板结构的不同，太阳能空气集热器可分为两大类：非渗透型空气集热器和渗透型空气集热器.

3.6.1.1 非渗透型空气集热器

非渗透型空气集热器，有时亦称无孔集热板型空气集热器，是指在集热器中，空气流不能穿过集热板，而是在集热板的一侧或同时在集热板的两侧流动. 根据空气流动的情况，可分为以下 3 种形式：

① 空气只在集热板的正面流动；

② 空气在集热板的正、背两面流动；

③ 空气只在集热板的背面流动.

由于空气在集热板的正面流动时会增加与透明盖板之间的对流换热损失，因此设计中大多采用让空气在集热板的背面流动的形式. 对于空气在集热板背面流动的形式，又有不同的结构：无翅片、有翅片、V 形波纹板和其他形状波纹板等. 图 3-25 为各种非渗透型空气集热器的结构设计图.

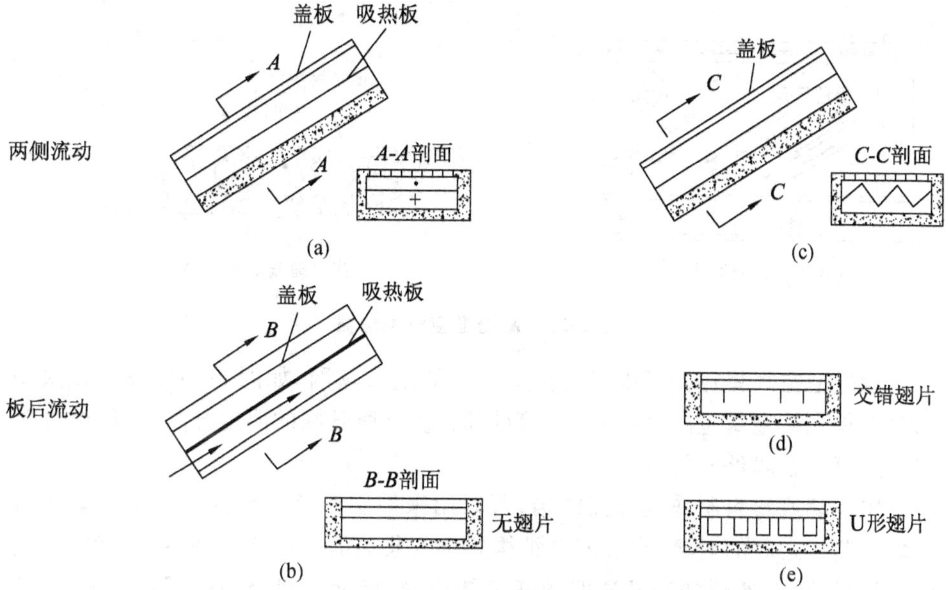

图 3-25　非渗透型空气集热器

提高非渗透型空气集热器性能的措施主要有：

① 将集热板的背面加工得粗糙些，以增加气流扰动，提高对流传热系数；

② 在集热板的背面加上翅片或者采用波纹集热板，以增加传热面积，并相应地增加气流的扰动，强化对流传热.

非渗透型空气集热器的优点是结构简单，成本低廉；缺点是空气流和集热板之间的热交换不能充分进行，因而性能难以有很大的改善. 若采用加装翅片的方式强化换热，必然又带来风阻的增加而增大风机功耗.

3.6.1.2　渗透型空气集热器

渗透型空气集热器是针对上述非渗透型空气集热器的缺点而提出的一种改进设计，亦称多孔集热板型空气集热器.

渗透型空气集热器又可分为金属丝网式、蜂窝结构式、重叠玻璃板式、碎玻璃多孔床式等不同结构形式，如图 3-26 所示.

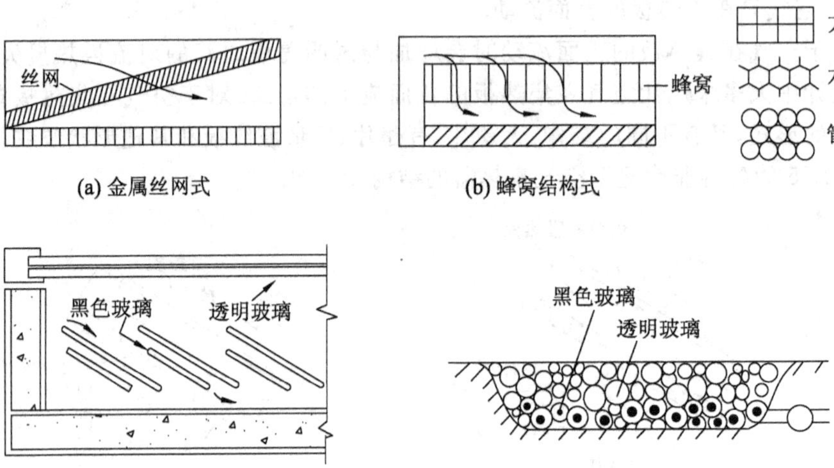

(a) 金属丝网式　(b) 蜂窝结构式

(c) 重叠玻璃板式　(d) 碎玻璃多孔床式

图 3-26　渗透型空气集热器

渗透型空气集热器可以采用多层重叠的金属丝网，如图 3-26(a)所示. 太阳辐射能首先被金属丝网吸收并转换为热能，使金属丝网的温度升高，然后通过对流加热穿过金属丝网的空气.

用玻璃或塑料制作成蜂窝结构，可以用来抑制非渗透型空气集热器集热板与玻璃盖板之间的对流传热. 蜂窝结构式空气集热器可以有多种不同的设计，按使用材料分，有透明的和不透明的蜂窝结构；按蜂窝形状分，有方形、六角形、管形、矩形等，如图 3-26(b)所示；另外，还有蜂窝结构与多孔网板结合的.

渗透型空气集热器中也可采用多层重叠的玻璃板，如图 3-26(c)所示. 在这种结构中，空气流沿着吸热玻璃板流动. 多层重叠玻璃板式空气集热器适用于中等水平温升的情况，玻璃板之间的间隔及玻璃板的厚度对空气集热器的效率有一定的影响. 一般来说，玻璃板之间的最佳间隔大约在 5～7 mm，玻璃板的厚度应小于 3 mm.

渗透型空气集热器中还有一种用碎玻璃吸收太阳辐射和加热空气的形式，如图 3-26(d)所示. 将碎玻璃分层敷设为多孔床，底部为黑玻璃，顶部为透明玻璃. 太阳辐射穿过破碎的透明玻璃，被破碎的黑玻璃吸收并转换为热能，然后通过对流加热穿过破碎玻璃床的空气.

总之，渗透型空气集热器与非渗透型空气集热器对比有以下优点：

① 传热效果好. 太阳辐射可更深地穿透到多孔集热板或多孔床之中，提高

了集热板的太阳吸收比.同时,小孔隙的存在增加了集热板和空气流之间的接触面积,从而有效地增大了两者的传热.

② 压力降低小.由于渗透型空气集热器每单位横截面上的通流面积较非渗透型空气集热器要大,因而在相同的空气流量下,渗透型空气集热器的压力降要低于非渗透型空气集热器.

综上,提高太阳能空气集热器效率的主要途径有:增加集热板与空气的接触面积;提高流经集热板的空气流速;增强空气与集热板的对流换热;以及尽可能地降低集热板的平均温度.在太阳能空气集热器的结构设计和连接方式上,还应尽量降低空气的流动阻力,以减少风机的动力消耗.

3.6.2 空气集热器的热性能分析

空气集热器的热性能分析与平板集热器的热性能分析原理类似.以典型的单通道平板集热板为例,讨论空气集热器的热性能.单通道平板集热器结构和能量关系如图 3-27 所示,假设空气流在集热板的背面流动,流道截面为矩形槽道.

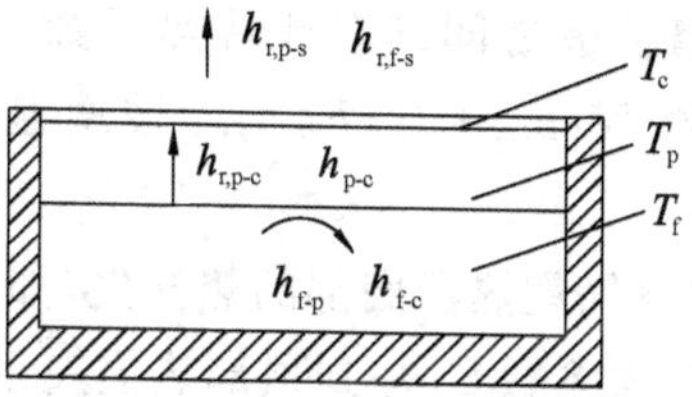

图 3-27 单通道平板集热器结构和能量关系

假定空气不吸收辐射热,根据能量平衡原理,可得到如下 3 个能量平衡方程式:

① 玻璃盖板的能量平衡方程式

$$U_t(T_a-T_c)+h_{f-c}(T_f-T_c)+h_{r,p-c}(T_p-T_c)=0 \tag{3-102}$$

② 集热板的能量平衡方程式

$$G_T+h_{f-p}(T_f-T_p)+h_{r,p-c}(T_p-T_c)=0 \tag{3-103}$$

③ 空气流的能量平衡方程式

$$q_u=h_{f-c}(T_c-T_f)+h_{f-p}(T_p-T_f) \tag{3-104}$$

式中,T_f 为空气流温度;h_{f-c} 为空气流与玻璃盖板间的对流换热系数,$W/m^2\cdot℃$;h_{f-p}为空气流与集热板间的对流换热系数,$W/m^2\cdot℃$;$h_{r,p-c}$为集热板与玻璃盖板间的辐射换热系数,$W/m^2\cdot℃$;q_u 为单位面积空气集热器的有用能量收益,W.

对上面 3 个平衡方程进行整理变换,可求得空气集热器的各个热性能参

数为

$$q_u = F'[G_T - U(T_f - T_a)] \tag{3-105}$$

其中

$$F' = \frac{1}{1 + \dfrac{h_{r,p-c}U_t}{h_{r,p-c}h_{f-c} + h_{f-p}U_t + h_{f-p}h_{r,p-c} + h_{f-c}h_{f-p}}} \tag{3-106}$$

$$U = \frac{U_t}{1 + \dfrac{U_t\, h_{f-p}}{h_{f-p}h_{f-c} + h_{f-c}h_{r,p-c} + h_{f-p} + h_{r,p-c}}} \tag{3-107}$$

$$h_{r,p-c} = \frac{\sigma(T_c{}^2 + T_p{}^2)(T_c + T_p)}{\dfrac{1}{\varepsilon_c} + \dfrac{1}{\varepsilon_p}} - 1 \tag{3-108}$$

$$U_t = \tau\varepsilon_p\, h_{r,p-s}\left(\frac{T_p - T_c}{T_p - T_a}\right) - \frac{1}{\dfrac{1}{h_{p-c} + \varepsilon_p h_{r,p-c}} + \dfrac{1}{h_{p-c}} + \varepsilon_c\, h_{r,c-s}\left(\dfrac{T_c - T_s}{T_c - T_a}\right)} \tag{3-109}$$

式中，h_{p-c}为集热板和玻璃盖板之间的对流传热系数，W/m² · ℃；$h_{r,p-s}$为集热板与天空的辐射传热系数，W/m² · ℃；$h_{r,c-s}$为玻璃盖板与天空的辐射传热系数，W/m² · ℃.

以上分析中没有考虑空气集热器底部的热损失，如果需要考虑，可以采用前面介绍的方法，把底部热损失系数U_b加到顶部热损失系数U_t中去即可. 当然，这需要假定底部热损失是在T_c而不是在T_b的条件下发生的.

不同结构形式的集热板有不同的集热器效率因子F'，以下列出几种常用结构形式集热板的F'.

1) 平面集热板

设空气流在平板集热板和底板之间通过，集热板和底板的温度分别为T_p和T_b，发射率分别为ε_p和ε_b，两块板与空气流的对流换热系数分别为h_{f-p}和h_{f-b}，如图 3-28 所示. F'可表示为

$$F' = \frac{1}{1 + \dfrac{U}{h_{f-p} + \dfrac{1}{\dfrac{1}{h_{f-b}} + \dfrac{1}{h_r}}}} \tag{3-110}$$

其中

$$h_r = \frac{\sigma(T_p{}^2 + T_b{}^2)(T_p + T_b)}{\dfrac{1}{\varepsilon_p} + \dfrac{1}{\varepsilon_b} - 1} \tag{3-111}$$

2）带翅片集热板

设空气流在带翅片集热板和底板之间通过，其结构示意图如图 3-29 所示.

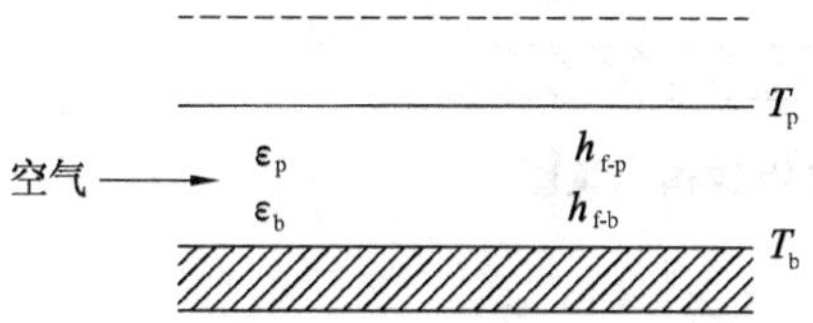

图 3-28 平板集热板结构示意图

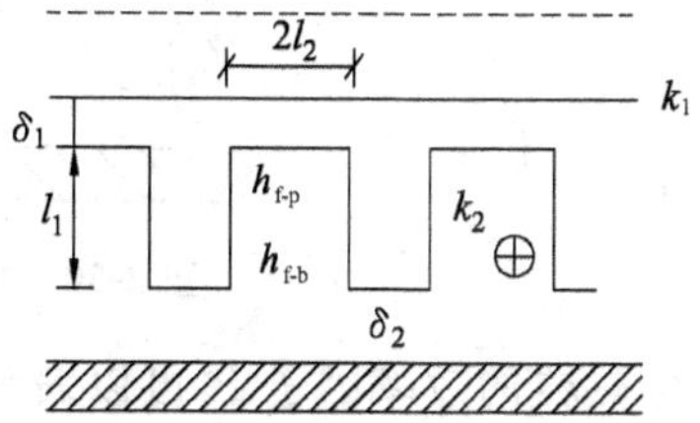

图 3-29 带翅片集热板结构示意图

设集热板材料及翅片材料的导热系数分别为 k_1 和 k_2，根据图中所示尺寸，可求得集热板的翅片效率 η_p 以及翅片的翅片效率 η_f 别为

$$\eta_p = \frac{\tanh m_1 l_1}{m_1 l_1} \tag{3-112}$$

$$\eta_f = \frac{\tanh m_2 l_2}{m_2 l_2} \tag{3-113}$$

式中，

$$m_1{}^2 = \frac{U + h_{f-p}}{k_1 \delta_1}, m_2{}^2 = \frac{2h_{f-b}}{k_2 \delta_2}$$

集热器的效率因子 F' 可以表示为

$$F' = U_n \left[1 + \frac{1 - U_n}{\dfrac{U_n}{\eta_p} + \dfrac{l_1 h_{f-p}}{l_2 h_{f-b} \eta_f}} \right] \tag{3-114}$$

式中，

$$U_n = \frac{1}{1 + \dfrac{U_t}{h_{f-p}}} \tag{3-115}$$

采用带翅片的吸热板虽然可以强化传热，但同时也带来流阻的增加，具体设计时必须校验由于流阻的增加而增大的风机功率损耗.

3）V 形集热板

类似这种集热板的不限于 V 形集热板，还有其他一些形式，例如瓦棱形、波浪形等. V 形集热板的结构如图 3-30 所示，其中 V 形的顶角为 φ.

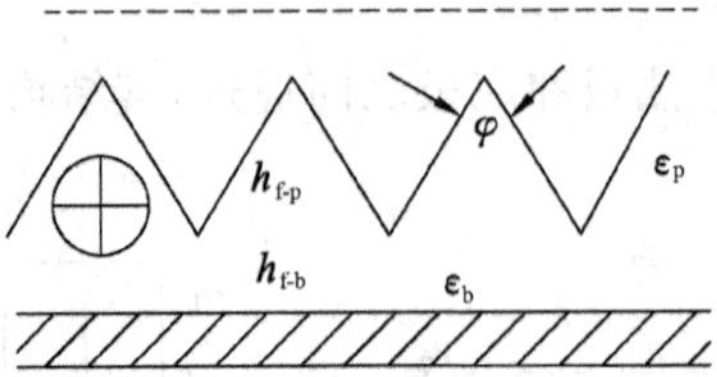

图 3-30　V 形集热板结构示意图

集热器的效率因子 F' 可以表示为

$$F' = \frac{1}{1 + \dfrac{U_t}{\dfrac{h_{f-p}}{\sin\dfrac{\varphi}{2}} + \dfrac{1}{\dfrac{1}{h_{f-b}} + \dfrac{1}{h_r}}}} \tag{3-116}$$

这里 U_t 应按照 V 形集热板的投影面积计算，h_r 按式(3-111)计算.

采用 V 形集热板，不但可以增加传热面积，而且还可以提高集热板的有效吸收率. 若 V 形接收角保持在 60°以内，则大部分太阳辐射能在经过 V 形集热板两侧多次反射后被吸收. 根据经验，采用接收角为 55°的带有选择性吸收涂层的 V 形波纹板，不仅使集热板传热面积比平面集热板加倍，而且使集热板长波辐射产生的热损失保持很小.

4）多孔集热板

多孔集热板形空气集热器结构如图 3-31 所示，空气流对环境的热损系数 U_a 以及集热板与环境之间的热损系数 U_p 分别为

$$U_a = \frac{1}{\dfrac{1}{h_{p-c}} + \dfrac{1}{U_{c-a}}} \tag{3-117}$$

$$U_p = \frac{1}{\dfrac{1}{h_{r,p-c}} + \dfrac{1}{U_{c-a}}} \tag{3-118}$$

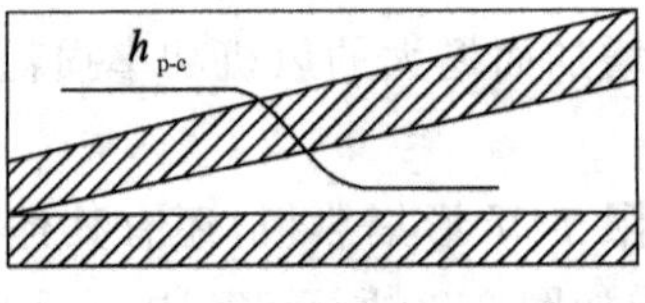

图 3-31　多孔集热板结构示意图

这样，集热器的效率因子 F' 可以表示为

$$F' = \frac{1}{1 + \dfrac{U}{h}} \tag{3-119}$$

式中，$U=U_a+U_p$；h 为多孔集热板内部之间的对流传热系数，$W/m^2\cdot ℃$.

空气集热器的热迁移因子 F_R 也可以表示成与液体集热器相同的形式，即

$$F_R=\frac{\dot{m}C_p}{A_c U_l}\left[1-\exp\left(-\frac{A_c U_l F'}{\dot{m}C_p}\right)\right] \tag{3-120}$$

由于空气的对流传热系数比液体小，故在正常情况下，空气集热器的 $F_R=0.6\sim0.9$，较液体集热器的 F_R 小得多.

在用风机鼓风进行强迫对流的条件下，槽道中的换热过程可以看成管道中完全展开的湍流传热. 因此，空气与集热板之间的对流传热系数可选用下列准则式进行计算，即

$$Nu=0.023Re^{0.8}Pr^{0.4} \tag{3-121}$$

式(3-121)适用于温差较小到中等程度，所有物性都取某一空气温度时的值.

如果温差较大，则必须考虑物性变化的影响，空气与集热板之间的对流换热系数可选用下列准则式进行计算，即

$$Nu=0.027Re^{0.8}Pr^{1/3}\left(\frac{\mu}{\mu_s}\right)^{0.14} \tag{3-122}$$

式中，所有物性的定性温度均为空气平均温度.

第 4 章 真空管太阳能集热器

4.1 概述

平板型太阳能集热器在吸收太阳辐射能并将其转换成热能之后，吸热板的温度升高，该热能一方面用以加热集热板内的传热介质，作为集热器的有用能量输出；另一方面又不可避免地要通过传导、对流和辐射等方式向周围环境散热，成为集热器的热量损失. 为了减少平板型太阳能集热器的传导、对流和辐射等热损失，早在 20 世纪初就有人提出“真空集热器”的设想. 所谓真空集热器，就是将吸热体与透明盖板之间的空间抽成真空的太阳能集热器.

真空集热器通常由若干只真空集热管组成，真空集热管由透明的外管和吸热体组成，吸热体可以是圆管状、平板状或其他形状，材质可以是金属也可以是玻璃，吸热体放在透明的外管内，吸热体与外管之间被抽成真空.

20 世纪 70 年代中期，美国欧文斯（Owens）公司和美国通用电气公司首先研制开发出全玻璃真空集热管. 之后，澳大利亚、日本、中国等国家对各种类型的真空集热管进行了研究开发. 目前，真空管集热器已广泛应用于太阳能热水、采暖、制冷空调、物料干燥、海水淡化、工业加热等诸多领域.

按吸热体的材料种类，真空管集热器可分为两大类：

① 全玻璃真空管集热器——吸热体由内玻璃管组成的真空管集热器.

② 金属吸热体真空管集热器——吸热体由金属材料组成的真空管集热器，有时也称为金属-玻璃真空管集热器.

4.2 全玻璃真空管集热器

4.2.1 全玻璃真空集热管的结构

全玻璃真空集热管是由内玻璃管、外玻璃管、选择性吸收涂层、弹簧支架、消气剂等部件组成，其形状犹如一只拉长的暖水瓶胆，如图 4-1 所示.

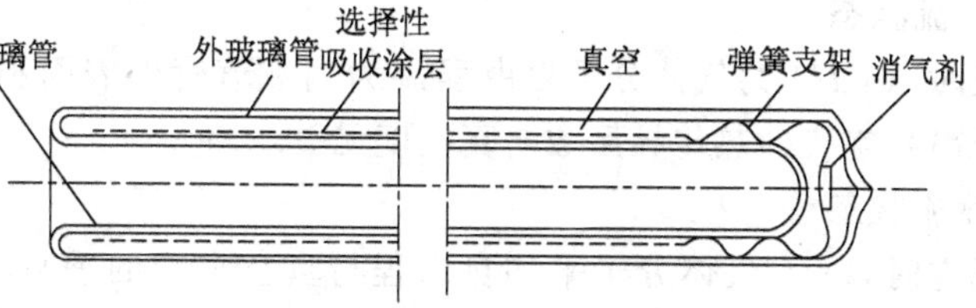

图 4-1 全玻璃真空集热管结构示意图

全玻璃真空集热管是真空管太阳能集热器的核心部件，主要由两根同轴的玻璃管组成，采用单端开口设计，内、外玻璃管的一端熔封在一起形成开口端，另一端为密闭半球形圆头，内、外玻璃管之间抽成 $10^{-3}\sim10^{-4}$ Pa 的真空. 光谱选择性吸收涂层沉积在内玻璃管的外表面，形成吸热体. 弹簧支架将内玻璃管圆头端支撑在外玻璃管圆头端的内表面. 点焊在弹簧支架上的消气剂通过高频感应加热蒸散，在集热管圆头端的内玻璃管外表面和外玻璃管内表面形成消气剂膜，用于吸收集热管在工作中玻璃、弹簧卡子、涂层等释放出来的气体以及通过内、外玻璃管渗透到集热管真空夹层内的气体，维持内、外玻璃管之间真空夹层的真空度.

全玻璃真空集热管种类按内外管直径分为∅37/∅47，∅47/∅58，∅58/∅70等；按长度分为 800，1 200，1 500，1 600，1 800，2 100 mm等.

4.2.1.1　玻璃管

真空集热管的内、外玻璃管所使用的玻璃材料，应具有太阳透射比高、热稳定性好、热膨胀系数低、耐热冲击性能好、机械强度较高、抗化学侵蚀性较好、适合于加工等特点.

硼硅玻璃 3.3 是对膨胀系数为 3.3×10^{-6}（1/℃）的玻璃的标准命名，它是生产制造全玻璃真空集热管的首选材料. 玻璃中的 Fe_2O_3 含量在 0.1%以下，太阳透过比达 0.90 以上，耐热温差大于 200 ℃，机械强度较高，完全可以满足全玻璃真空集热管的要求.

4.2.1.2　真空度

全玻璃真空集热管的真空度是衡量集热管性能的重要指标.

全玻璃真空集热管向外部散失热量的途径主要有 3 个方面：传导、对流和辐射. 当真空夹层的真空度高于 10^4 Pa 时，由真空夹层内的气体对流产生的热损可以忽略不计，但还存在气体分子的导热.

气体导热和真空度的关系可以分以下 3 种情况.

1）黏滞流状态

低真空时，$\lambda < l$（λ 为气体分子自由程，l 为内玻璃管外表面和外玻璃管内表面的垂直距离），空气的热传导系数与真空度无关.

2）过渡流状态

过渡真空时，$\lambda \approx l$，气体分子平均自由程与真空夹层的垂直距离相当，空气的热传导系数与真空度呈非线性关系，并随着真空夹层真空度的提高而下降.

3）分子流状态

中高真空时，$\lambda > l$，气体分子在真空夹层空间不互相碰撞，仅直接与玻璃表面碰撞，空气的热传导系数与真空度呈现线性关系，并随着真空夹层真空度的提高，导热系数线性下降.

要使真空集热管长期保持较高的真空度，就必须在排气时先对真空集热管进行较高温度、较长时间的保温烘烤，以消除管内的水蒸气及其他气体.

图 4-2 为全玻璃真空集热管排气曲线. 全玻璃真空集热管在排气过程中有两个放气峰，当温度达到 150 ℃时，出现第一个放气峰，此时集热管真空夹层内出现大量的放气，放气速率较高，放气峰曲线较高且突出；当温度升高到 380 ℃时，集热管真空夹层出现了第二个放气峰. 当排气温度达到 450 ℃并开始长达 180 min 的保温时，集热管真空夹层的玻璃表面放气速率平稳，真空度维持稳定. 因此，对于全玻璃真空集热管而言，必须在足够高的温度下保温足够长的时间，以保证集热管真空夹层玻璃吸附的气体得到充分解析，使集热管和真空排气系统分离后，真空夹层内的真空度能维持在较高的水平.

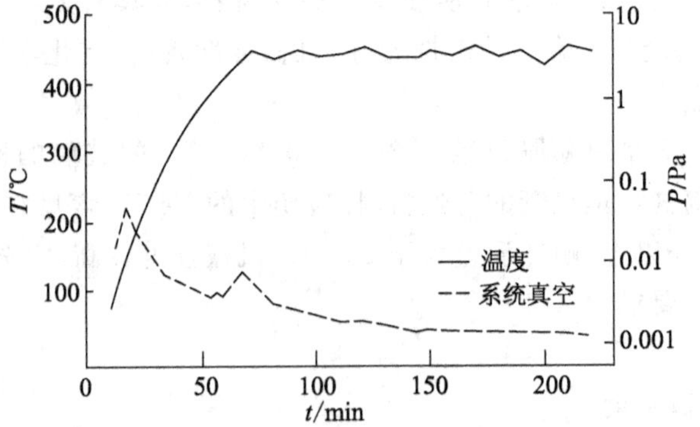

图 4-2　全玻璃真空管排气曲线

4.2.1.3　选择性吸收涂层

全玻璃真空集热管的另一个重要特点是采用选择性吸收涂层作为吸热体的

光热转换材料. 为最大限度地吸收太阳辐射能，抑制吸热体的辐射热损失，要求选择性吸收涂层有高的太阳吸收比、低的发射率；另外，还要求选择性吸收涂层有良好的真空性能、耐热性能，在涂层工作时不影响管内的真空度，本身的光学性能也不下降.

关于选择性吸收涂层的种类、性能及生产工艺参见第 2 章.

4.2.1.4　消气剂

玻璃出气分为两部分：一是表面出气；二是内部扩散出气. 全玻璃真空集热管高温排气工艺仅能使玻璃表面吸附的气体和部分内部扩散的气体解析出来，而不能把大部分玻璃内的吸附气体解析出来. 在长期使用过程中，全玻璃真空集热管玻璃会不断地向真空夹层内解析气体，并且温度越高，解析速率越大，从而影响真空夹层的真空度. 因此，为了有效维持全玻璃真空集热管的真空度，需要在真空夹层内安装消气剂，不断吸附由玻璃解析出来的气体.

消气剂分为蒸散型消气剂和非蒸散型消气剂. 全玻璃真空集热管主要采用的是钡铝镍合金消气剂，它是一种蒸散型消气剂，其主要成分为质量分数为 25% 的钡、25% 的铝和 48% 左右的镍. 钡铝镍合金消气剂对 O_2，CO，CO_2，N_2，H_2，H_2O，C_nH_m 等气体具有良好的吸附特性. 该种消气剂与气体的作用主要有 4 种模式：

① 氢气和它的同位素，能被消气剂吸收，也能释放，这是一个可逆的过程；

② 能被吸附而不被释放的气体，如氧气；

③ 上述两种模式的组合，一部分可被消气剂永久吸收，另一部分可以重新释放，如水和碳氢化合物；

④ 不能被消气剂吸收的气体，如氦等惰性气体.

对全玻璃真空集热管新管和使用时间为 12 年的老管管内残余气体进行的测试显示：新管内残余气体主要为 CH_4(47.8%)，H_2O(15.5%)和 Ar(19.9%)；老管内的残余气体主要为 He(36.4%)，CH_4(24.3%)和 N_2(31.3%).

蒸散性消气剂主要采用高频感应加热进行蒸散，在集热管的圆头端形成消气剂膜. 普通集热管消气剂的得钡量要求在(25±5)mg. 消气剂膜吸气性能和主要包括消气剂蒸散时间、消气剂的位置及起蒸时形成消气剂膜的玻璃表面温度等在内的消气剂蒸散工艺密切相关.

1) 蒸散时间

蒸散时间包括起蒸时间和总蒸时间两个参量，它决定了消气剂蒸散的得钡量和蒸散后钡膜的质量. 尤为重要的是起蒸时间，起蒸时间过短，可能导致基金属蒸散，烧结的金属膜把钡膜覆盖；起蒸时间太长则得钡量不足，有效吸气面积小，降低了钡膜的吸气能力.

2）消气剂的位置

消气剂的位置直接影响消气剂钡膜的厚度均匀性，消气剂位置过高则钡膜易出现黑带现象.

3）玻璃表面的温度

室温下形成的钡膜结构疏松多孔，表面积较大，吸气能力强. 玻璃表面温度越高，形成的钡膜结构越致密，表面积越小，吸气能力下降越厉害.

4.2.1.5 全玻璃真空集热管的生产工艺

全玻璃真空集热管的生产工艺主要有圆底、清洗烘干、镀膜、环封、排气、烤消、检验、包装等工序，如图 4-3 所示.

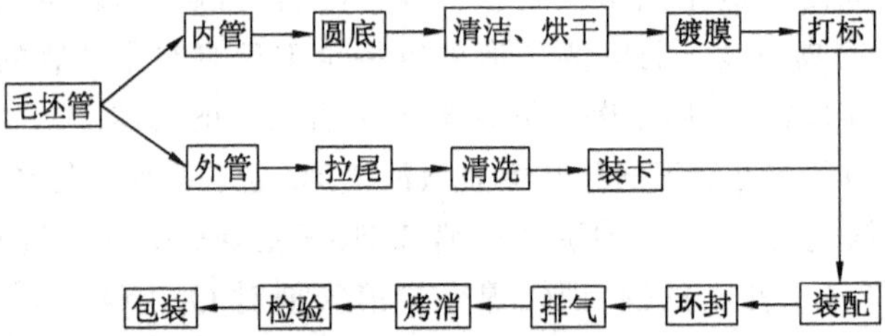

图 4-3 全玻璃真空集热管生产工艺流程图

① 圆底. 对内玻璃管一端拉圆底，对外玻璃管一端拉圆底并接排气微管.

② 清洗、烘干. 对内、外玻璃管表面清洗、烘干，保证玻璃管表面清洁，便于镀膜和保证真空集热管真空夹层的真空品质.

③ 镀膜. 在内玻璃管的外表面制备选择性吸收涂层.

④ 环封. 将内玻璃管装配到带有弹簧支架的外玻璃管内，并将内、外玻璃管的开口端熔封到一起.

⑤ 排气. 对真空集热管进行高温烘烤，对真空夹层进行排气.

⑥ 烤消. 对点焊在弹簧支架上的消气剂进行蒸散，在真空集热管的圆头端形成消气剂膜，以维持真空夹层的真空度.

⑦ 检验. 对成品的全玻璃真空集热管质量和性能进行检验，确保其技术指标符合要求.

4.2.2 全玻璃真空集热管的热性能分析

4.2.2.1 能量平衡方程

如图 4-4 所示，假设投射到单支真空集热管上的太阳辐照能量为 Q_a，透过真空管外管壁，其被管壁吸收和反射部分能量，剩余大部分将穿过内外管壁之间的真空夹层，到达内玻璃管壁外表面的吸收涂层，大部分为涂层所吸收，小部分向外玻璃管内壁反射. 涂层吸收太阳辐射能后温度升高，热量经内玻璃管管壁传递给内玻璃管内的冷流体，通过管壁与流体之间的自然对流换热，被流体所吸收，成为有用能量收益 Q_u. 由于两管之间的夹层为高真空，因此只存在辐射换热，成为外玻璃管壁向环境的热损失 Q_l.

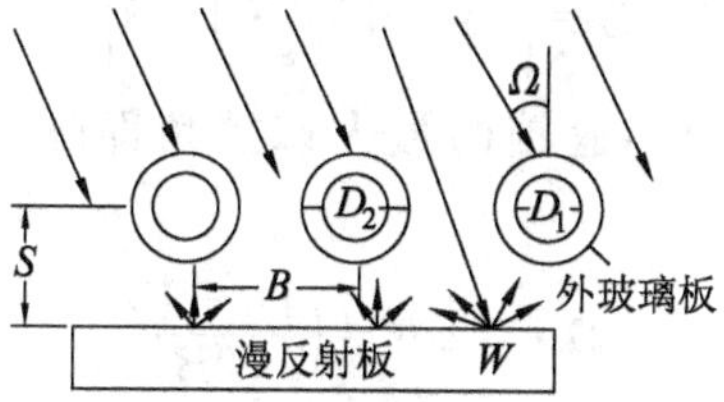

图 4-4 全玻璃真空管集热器示意图

根据能量守恒定律，在稳定工况下，真空集热管的能量平衡方程为

$$Q_a = Q_u + Q_l \tag{4-1}$$

4.2.2.2 投射到集热管上的总太阳辐照能量

投射到集热管上的总太阳辐照度 G_{eff} 包括以下 4 个部分.

1) 集热管正面的直射太阳辐照度

从正面投射到集热管上的直射太阳辐照度 $G_{b,T}$ 为

$$G_{b,T} = G_{b,n}\cos i_t\, G(\Omega)(\tau\alpha)_t \tag{4-2}$$

式中，$G_{b,n}$ 为法向直射辐照度，W/m^2.

式(4-2)中的 i_t 为直射辐射对集热管的入射角，即阳光入射线在集热管横截面上的投影与阳光入射线之间的夹角.

如果集热管为南北向放置，则有

$$\cos i_t = \{1-[\sin(\beta-\varphi)\cos\delta\cos\omega+\cos(\beta-\varphi)\sin\delta]^2\}^{\frac{1}{2}} \tag{4-3}$$

式中，β 为集热器漫反射板与水平面的夹角，即集热器安装倾角，°；φ 为地理纬度，°；δ 为太阳赤纬角，°；ω 为时角，°.

如若集热管为东西向放置，则有

$$\sin i_t = \cos\delta\sin\omega \tag{4-4}$$

式(4-2)中的 $G(\Omega)$ 是考虑相邻集热管之间对入射光线的遮挡影响而引入的无因次参数，称为遮挡系数.

当 $|\Omega| \leqslant |\Omega_0|$ 时，$G(\Omega) = 1$ (4-5)

当 $|\Omega| > |\Omega_0|$ 时，$G(\Omega) = B\cos\Omega / D_1 + (1 - D_2/D_1)/2$ (4-6)

式中，Ω 为遮挡角，即阳光入射线在集热管横截面上的投影与集热器板法线方向的夹角，如图 4-4 所示. Ω 的计算与集热管的布置方式有关. 集热管南北向布置时，有

$$\Omega=\cos^{-1}\left(\frac{\cos i_c}{\cos i_t}\right) \tag{4-7}$$

集热管东西向放置时，有

$$\Omega=\left|\cos^{-1}\left(\frac{\cos i_c}{\cos i_t}\right)-\beta\right| \tag{4-8}$$

Ω_0 为相邻集热管之间不遮挡的最大遮挡角即临界遮挡角 Ω_0，按式(4-9)计算

$$|\Omega_0|=\cos^{-1}\left(\frac{D_1+D_2}{2B}\right) \tag{4-9}$$

式中，i_c 为直射辐射对集热器板的入射角，°；D_1 为内玻璃管直径，m；D_2 为外玻璃管直径，m；B 为相邻两集热管之间的中心距，m.

式(4-2)中的 $(\tau\alpha)_t$ 为太阳入射角 θ_t 时，集热管透射比和吸收比的有效乘积，无因次参数. 具体计算时，取集热管玻璃平面法向透射比 $\tau_n=0.91$，选择性吸收涂层的法向吸收比 $\alpha_n=0.92$. 外玻璃管表面太阳直射辐射入射角在 45°以内时，光线进入内玻璃管近似作直射处理；入射角在 45°～90°的光线，选择性吸收涂层的吸收比乘以 0.9 的减弱系数，即 $\alpha_t=0.9\times\alpha_n=0.83$.

2）直射辐射从背面反射到集热管上的太阳辐照度

太阳直射辐射从管间隙入射到底面漫反射板上或地面上，再反射到集热管上的太阳辐照度 $G_{b,w}$ 为

$$G_{b,w}=G_{b,n}\cos i_c\,\rho F_{w-t}\frac{W}{D_2}(\tau\alpha)_{60^\circ} \tag{4-10}$$

式中，ρ 为漫反射板的反射比，$\rho=0.85$；F_{w-t} 为光带对集热管的辐射角系数，当 $B=2D_2$ 时，$F_{w-t}=0.6$～0.7；$(\tau\alpha)_{60^\circ}$ 为散射辐射的平均入射角取 60°时的 $(\tau\alpha)$ 值；W 为太阳直射辐射通过集热管间隙照射到反射板上或地面上的光带宽度.

W 的值按下式计算

$$W=B-\frac{D_2}{\cos\Omega} \tag{4-11}$$

3）集热管正面的散射太阳辐照度

集热管正面的散射太阳辐照度 $G_{d,T}$ 为

$$G_{d,T}=\pi G_{d,\theta}F_{t-s}(\tau\alpha)_{60^\circ} \tag{4-12}$$

式中，$G_{d,\theta}$ 为集热器板单位面积的散射辐射量，W/m^2；F_{t-s} 为集热管对天空的辐射角系数，当 $B=2D_2$ 时，$F_{t-s}\approx0.43$.

4）散射辐射从背面反射到集热管上的太阳辐照度

太阳散射辐射从管间隙入射到底面漫反射板上或地面上，再反射到集热管上的太阳辐照度 $G_{d,w}$ 为

$$G_{d,w}=\pi G_{d,\theta}\rho F_{t-s}F_{d-t}(\tau\alpha)_{60°} \tag{4-13}$$

式中，F_{d-t} 为散射光带对集热管的辐射角系数，当 $B=2D_2$ 时，$F_{d-t}\approx 0.34$.

投射到集热管上的总太阳辐照度为上述 4 部分太阳辐照度之和，即

$$\begin{aligned}G_{eff}&=G_{b,T}+G_{b,w}+G_{d,T}+G_{d,w}\\&=G_{b,n}\cos i_t\, G(\Omega)(\tau\alpha)_t+\left[G_{b,n}\cos i_c\,\rho F_{w-t}\frac{W}{D_2}+\pi G_{d,\theta}F_{t-s}(1+\rho F_{d-t})\right](\tau\alpha)_{60°}\end{aligned} \tag{4-14}$$

投射到单根集热管上的总太阳辐照能量 Q_a 为

$$Q_a=G_{eff}D_1L \tag{4-15}$$

式中，L 为集热管长度，m.

4.2.2.3　集热管的热损失

真空集热管的热损失主要是集热管对环境的对流和辐射热交换造成的.

1）内外管之间的辐射换热量

假定内、外管的表面均为灰体表面，其净辐射换热量为

$$Q_{1\sim 2}=\frac{A_1(T_1^4-T_2^4)}{\dfrac{1}{\varepsilon_1}+\dfrac{1}{\varepsilon_2}-1} \tag{4-16}$$

式中，A_1 为集热管内管外表面积，$A_1=\pi D_1 L$；ε_1，ε_2 分别为内、外管表面的发射率；T_1，T_2 分别为内管外表面温度与外管内表面温度，K.

2）外管向天空的对流及辐射热损失

由外管向天空的对流及辐射热损失为

$$Q_{2\sim a}=A_2h(T_{2,0}-T_a)+A_2\varepsilon_2\sigma(T_{2,0}^4-T_a^4) \tag{4-17}$$

式中，A_2 为外管的外表面积，$A_2=\pi D_2 L$，m^2；h 为集热管对环境的对流换热系数，W/m²·℃；$T_{2,0}$ 为外管外表面温度，K；T_a 为环境空气温度，K.

集热管热损失的一般表达式为

$$Q_l=U_l A_1(T_1-T_a) \tag{4-18}$$

因此有

$$Q_l=Q_{1\sim 2}=Q_{2\sim a} \tag{4-19}$$

式(4-16)、式(4-17)、式(4-18)为计算总热损失系数的方程组. 若假定 $T_2=T_{2,0}$，通过迭代法求解方程组，即可得到集热管的总损失系数 U_l.

4.2.2.4 集热管的有用能量

在稳定工况下，集热管的有用能量输出为

$$Q_u = Q_a - Q_l = [G_{eff} - U_l \pi (T_1 - T_a)] D_1 L \tag{4-20}$$

4.2.3 全玻璃真空集热管的性能测试

全玻璃真空集热管的性能测试包括热性能、真空性能、真空品质以及机械性能测试等，而其中热性能是衡量太阳能热利用产品性能及质量的主要技术指标. GB/T 17049－2005 中，详细地叙述了全玻璃真空集热管的性能测试方法.

1）空晒性能参数

“空晒”就是以空气为介质，在一定的太阳辐照度下介质温度的变化及所能达到的最高平衡温度. 空晒性能参数是指空晒温度和环境温度之差与太阳辐照度的比值. 而空晒温度是指全玻璃真空集热管内只有空气，在规定的太阳辐照度条件下，准稳态时，全玻璃真空集热管内空气达到的最高温度.

GB/T17049－2005 规定：太阳辐照度 $G \geqslant 800\ \mathrm{W/m^2}$，环境温度 $8\ ℃ \leqslant t_a \leqslant 30\ ℃$，空晒性能参数 $Y \geqslant 190\ \mathrm{m^2 \cdot ℃/kW}$.

空晒性能参数的测试步骤如下：

① 测试条件——在室外进行测量，总日射表放置的平面应与漫反射平板平行，太阳辐照度 $G \geqslant 800\ \mathrm{W/m^2}$，环境温度 $8\ ℃ \leqslant t_a \leqslant 30\ ℃$，风速 $\leqslant 4\ \mathrm{m/s}$.

② 试验时，全玻璃真空集热管内以空气为传热介质，开口端放置保温帽.

③ 每隔 5 min 记录一次太阳辐照度、空晒温度、环境温度.

④ 上述各参数分别记录 4 次数据，取 4 次数据的平均值.

⑤ 按下式计算出全玻璃真空集热管的空晒性能参数 Y.

$$Y = \frac{t_s - t_a}{G} \tag{4-21}$$

式中，Y 为空晒性能参数，$(\mathrm{m^2 \cdot ℃})/\mathrm{kW}$；$t_s$ 为空晒温度，℃；t_a 为环境温度，℃；G 为太阳辐照度，$\mathrm{W/m^2}$.

需要说明的是，空晒温度与空晒时间无关. 如果真空夹层的真空压强低至某一值，则影响空晒温度的原因是选择性吸收膜系的吸收比和发射率. 膜系吸收比随温度升高发生的变化并不明显，而发射率随温度的升高快速增加. 因此降低发射率是提高真空集热管空晒温度的有效措施. 如果在空晒性能测试中发现真空集热管的外管温度比较高，这多半是由于真空夹层真空压强较高产生了热传导，影响了空晒温度的升高. 因此，空晒性能反映真空集热管的高温性能.

2）闷晒太阳辐照量

闷晒太阳辐照量是指充满水的全玻璃真空集热管，在滞流状态下，管内水温升高一定温度范围所需的太阳辐照量.

GB/T 17049—2005 规定：罩玻璃管外径为 47 mm，太阳辐照度 $G \geqslant 800\ W/m^2$，环境温度 8 ℃$\leqslant t_a \leqslant$30 ℃，初始水温不低于环境温度，闷晒至水温升高 35 ℃所需的太阳辐照量 $H \leqslant 3.7\ MJ/m^2$；罩玻璃管外径为 58 mm，太阳辐照度 $G \geqslant 800\ W/m^2$，环境温度 8 ℃$\leqslant t_a \leqslant$30 ℃，初始水温不低于环境温度，闷晒至水温升高 35 ℃所需的太阳辐照量 $H \leqslant 4.7\ MJ/m^2$.

闷晒太阳辐照量的测试步骤如下：

① 测试条件——在室外进行测量，总日射表放置的平面应与漫反射平板平行，太阳辐照度 $G \geqslant 800\ W/m^2$，环境温度 8 ℃$\leqslant t_a \leqslant$30 ℃，风速≤4 m/s.

② 试验时，全玻璃真空集热管内以水为传热介质，初始水温低于环境温度.

③ 记录下全玻璃真空集热管内水温升高 35 ℃时所需的太阳辐照量 H.

闷晒性能是用来评价真空集热管低温特性的参量.真空集热管工作温度较低时，温度变化对选择性吸收膜系的发射比和吸收比基本没有影响，而吸收比是表征膜系对太阳辐射能的吸收性能的参数.因此，当真空集热管闷晒性能不理想时，其主要原因应是吸收膜系的吸收比太低.

3）平均热损失系数

平均热损失系数是指在无太阳辐照的条件下，全玻璃真空集热管内平均水温与平均环境温度相差 1 ℃时单位吸热体表面积散失的热功率.

GB/T17049—2005 规定：平均热损失系数　$U_{lT} \leqslant 0.85\ W/(m^2 ℃)$

平均热损失系数的测试步骤如下：

① 测试条件——测试应在室内无太阳光直射处，测试期间平均环境温度为 21 ℃$\leqslant t_a \leqslant$25 ℃，及没有风直吹真空管的状况下进行.

② 试验时，全玻璃真空集热管内以水为传热介质，真空管垂直于水平面放置.

③ 在集热管内自上而下布置 3 个测温点，它们与开口端的距离分别为集热管长度的 1/6，1/2，5/6，3 个测点的平均值为平均水温.

④ 集热管内注入 90 ℃以上的热水，自然降温至 3 个测点平均水温为 80 ℃时开始记录水温和环境温度.

⑤ 每隔 30 min 记录一次水温和环境温度数据，共记录 3 次数据.

按下式计算出全玻璃真空集热管的平均热损失系数 U_{lT}.

$$U_{lT} = \frac{C_f M(t_1 - t_3)}{A_A(t_m - t_a)\Delta\tau} \tag{4-22}$$

$$t_m = \frac{t_1 + t_2 + t_3}{3} \tag{4-23}$$

$$t_a=\frac{t_{a1}+t_{a2}+t_{a3}}{3} \tag{4-24}$$

式中，U_{1T} 为平均热损失系数，W/(m^2 · ℃)；t_m 为平均水温，℃；t_a 为平均环境温度，℃；$\Delta\tau$ 为总的测试时间，s；M 为集热管内水的质量，kg；C_f 为水的比热容，J/(kg · ℃)；A_A 为吸热体的外表面积，m^2；t_1，t_2，t_3 为 3 次时间的全玻璃真空集热管内水的平均温度，℃；t_{a1}，t_{a2}，t_{a3} 为在相同的时刻分别记录的 3 次环境温度，℃.

平均热损系数是评价真空集热管保温性能的参量，其值与吸收膜系的吸收比无关. 影响平均热损系数的因素有膜系发射率和夹层的真空度两个.

4) 真空性能

GB/T17049—2005 规定：真空集热管真空夹层内的真空度 $p\leqslant5.0\times10^{-2}$ Pa.

检测方法：用电火花检漏器在暗环境下探测全玻璃真空集热管的无选择性吸收涂层开口端部分的真空夹层，根据放电颜色对真空状况进行定性判断，在玻璃壁上呈现微弱荧光的为合格品. 出现辉光放电、火花穿透玻璃壁或火花发散而玻璃壁上无荧光的为不合格品.

5) 真空品质

GB/T17049—2005 规定：全玻璃真空集热管的内玻璃管应处于 350 ℃，保持 48 h，吸气剂镜面轴向长度消失率不大于 50%.

检测方法：全玻璃真空集热管内放置长度不小于集热管长 90%的电加热棒(单端出口，直径∅20 mm，功率 1 500 W)，加热棒外套铝翼后放入集热管内，铝翼两头包石棉布以免铝翼直接与集热管壁接触，集热管口用玻璃纤维做好保温，将镍铬-镍硅型(K 型)热电偶置于集热管中部，并贴紧玻璃壁，使内玻璃管处于 350 ℃，保持 48 h，从集热管封离端玻璃管直径∅15 mm 处至消气剂镜面边缘的距离，测量周向六等分处消气剂镜面轴向长度，六点平均值标志消气剂镜面轴向长度，该长度消失率不大于 50%为合格品.

6) 机械性能

机械性能主要包括耐热冲击性能、耐压强性能和耐机械冲击性能.

(1) 耐热冲击性能试验

将全玻璃真空集热管开口插入不高于 0 ℃的冰水混合体内，插入深度不小于 100 mm，停留 1 min 后，立即从冰水混合物内取出，并插入 90 ℃以上的热水，插入深度不小于 100 mm，停留 1 min 后再立即取出并插入不高于 0 ℃的冰水混合体内，如此反复 3 遍，全玻璃真空集热管应无破损.

(2) 耐压强性能试验

将全玻璃真空集热管内注满水后，将水压均匀增至 0.6 MPa 保持 1 min，全玻璃真空集热管应无破损.

(3) 耐机械冲击性能试验

全玻璃真空集热管水平固定安装在试验架上，由间距 550 mm 的两个带有厚度为 5mm 的聚氨酯衬垫的 V 形槽支撑，直径 30 mm 的钢球对准集热管中部与两支撑点中部，钢球底部至玻璃管撞击处 450 mm，自由落下，垂直撞击在集热管上，集热管不应破损.

4.2.4 全玻璃真空集热管的改进形式

全玻璃真空集热管的内管直接容水，内玻璃管外壁涂层吸收到的太阳辐射能通过管壁的导热直接传给管内的水，传热热阻很小. 尽管如此，全玻璃真空集热管在使用中仍存在如下缺陷：

① 管内存水较多，管内水温上升缓慢，启动性能较差.

② 用水时管内热水无法取出，致使系统的热水利用率降低.

③ 管内水的流动性较差，易结垢.

④ 吸热面为内管外壁面，有效吸热面积小.

⑤ 由于管内容水，在运行过程中若有一支管破损，整个系统就要停止工作.

为了弥补以上缺陷，在全玻璃真空集热管的基础上，出现了若干种改进形式，归纳起来主要有以下 3 个方面.

① 采用异型玻璃管作为内管，以增大有效吸热面积，强化流体与内管内壁之间的对流换热. 如图 4-5 所示为一采用波纹状玻璃管作为内管的全玻璃真空集热管.

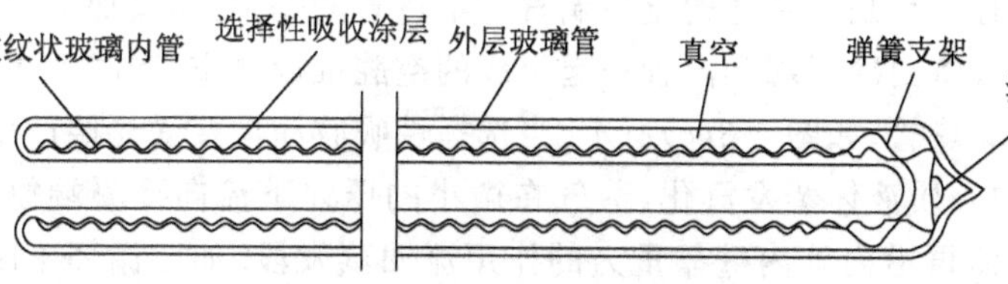

图 4-5　波纹内管全玻璃真空集热管

② 采用 3 层同轴的全玻璃真空集热管，在内玻璃管的自由端再封接一根一端封死的内套玻璃管，内套玻璃管中也是真空，并与真空夹层连通. 内套玻璃管的自由端用一个不锈钢卡子固定以减小环口处受力. 这种真空集热管由于管内存水量减小，从而热启动较快. 如图 4-6 所示. 实际应用中也有采用普通真空管内插两端封闭的玻璃管，同样可以达到减小真空管内存水量的目的，如图 4-7 所示.

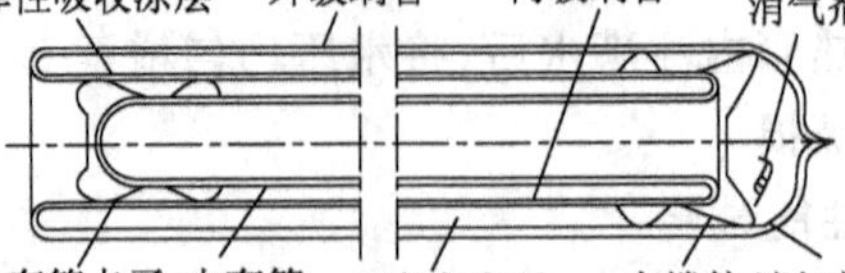

图 4-6　三层同轴全玻璃真空集热管

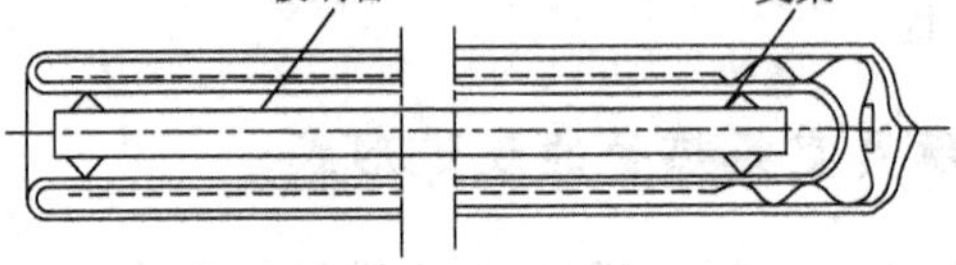

图 4-7　普通真空管内插玻璃管

③ 采用真空管内插 U 形管或热管结构，以克服真空管内直接存水所带来的诸多问题. 如图 4-8 所示，将 U 形金属管包在圆柱形铝翼片内，插入全玻璃真空集热管中，使铝翼片紧靠在内玻璃管的内表面，同时，将 U 形管的两端分别与两根进出口水管相连，组成内插 U 形管的全玻璃真空管集热器，使水在金属管内流动. 图 4-8(b)为真空管内插热管式，将热管的蒸发段包在圆柱形铝冀片内，插入全玻璃真空集热管中，使铝翼片紧靠在内玻璃管的内表面，同时，将热管的冷凝段插入集管内，组成内插热管的全玻璃真空管集热器；或将热管的冷凝段插入储水箱内，组成内插热管的全玻璃真空管热水器. 这两种结构的全玻璃真空集热管，由于管内不直接容水，不会发生因一支真空管破损而影响系统运行的情况，提高了系统运行的可靠性，尤其是还可适用于承压的封闭系统，因而广泛应用于太阳能热水系统及其他多种太阳能热利用系统中.

此外，还有一种是在普通的全玻璃真空集热管的基础上，增加了和内管外径相同的冷凝端，将由冷凝端和内管一起组成的空腔抽成真空，同时灌注适量的工质，构成全玻璃热管，如图 4-8(c)所示. 当选择性吸收涂层接受光照产生热量时，内管空腔内的介质液体蒸发汽化，蒸气在微小的压差下流向冷凝端放出热量凝结成液体，液体再沿内管内壁靠重力的作用流回蒸发段. 如此循环不断，热量由集热管内部传至冷凝端乃至水箱.

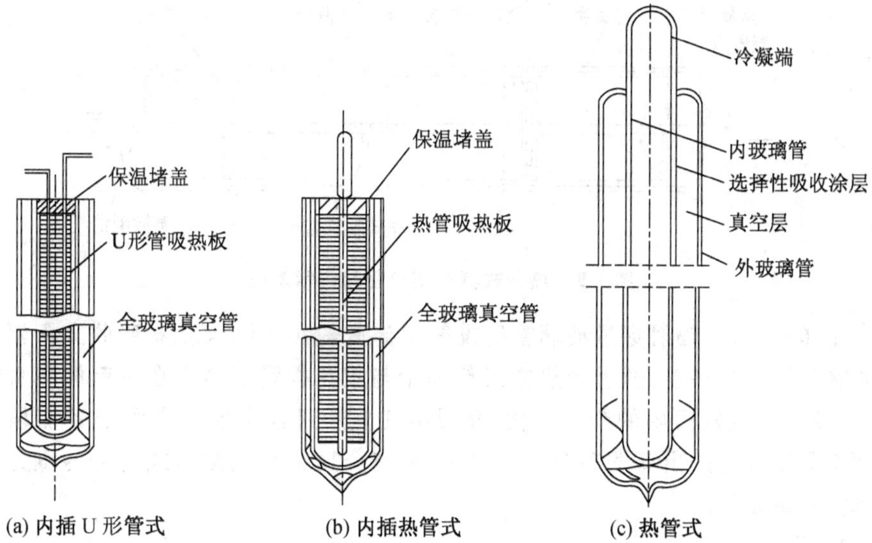

图 4-8　改进型全玻璃真空集热管

4.3　金属吸热体真空管集热器

金属吸热体真空管由于吸热体采用金属材料，而且真空管之间也都用金属件连接，所以用这些真空管组成的集热器具有以下共同优点：

① 运行温度高. 由其组成的集热器运行温度可达 100 ℃以上，有的甚至可高达 300～400 ℃，它是太阳能中高温利用技术中必不可少的集热部件.

② 承压能力强. 由于介质在金属流道内流动，真空管及其系统都可承压运行，多数集热器还可用于产生 10^6 Pa 以上的热水甚至高压蒸气.

③ 耐热冲击性能好. 真空管及其系统能承受急剧的冷热变化，即使用户偶然误操作，对空晒的集热器系统立即注入冷水，真空管也不会因此而炸裂.

金属吸热体真空管的出现扩大了太阳能的应用范围，满足了不同场合的需求，已成为真空管集热器发展的重要方向.

4.3.1　热管式真空管集热器

4.3.1.1　热管式真空集热管的基本结构

热管式真空集热管主要由热管、金属集热板、玻璃管、金属封盖、弹簧支架、蒸散型消气剂和非蒸散型消气剂等构成，如图 4-9 所示.

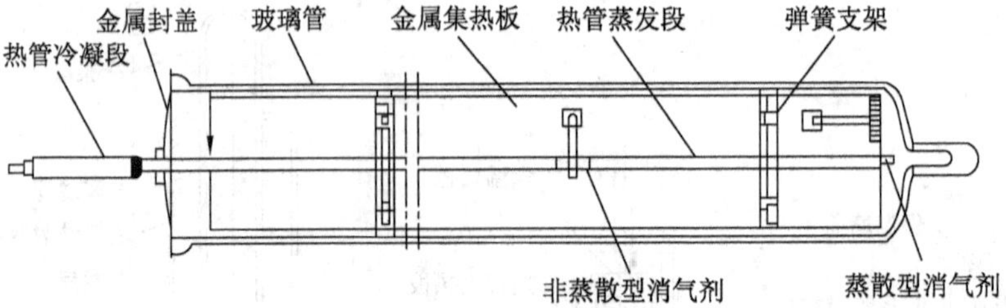

图 4-9　热管式真空集热管结构示意图

工作时，太阳辐射穿过玻璃管后投射在金属集热板上. 集热板吸收太阳辐射能并将其转换为热能，通过导热方式传递给与集热板紧密结合在一起的热管蒸发段，使热管蒸发段内的介质汽化，介质蒸气上升到热管冷凝段后，在冷凝段内表面上凝结并释放出蒸发潜热，凝结后的液态介质依靠毛细力或自身的重力回流到热管蒸发段.

1）热管

热管是利用介质的汽化潜热高效传递热能的强化传热元件，其传热系数比相同几何尺寸的金属棒的导热系数大几个数量级. 热管的种类很多，最常用的是有芯热管和重力热管. 在热管式真空集热管中使用的热管一般都是重力热管，也称为热虹吸管. 重力热管的特点是管内没有吸液芯，介质的回流动力依靠其自身的重力，结构简单，制造方便，工作可靠，传热性能优良. 目前国内大都使用铜-水热管，不足之处是由于介质必须依靠自身的重力从冷凝段回到蒸发段，因此在安装时热管与水平面必须保持一定的夹角.

2）玻璃-金属封接

玻璃-金属封接技术可分为熔封和热压封两种.

熔封也称为火封，它是传统电真空行业中金属和玻璃封装工艺中的关键步骤. 在金属玻璃集热管封接中，一般采用对需要封接的局部进行加热来实现熔封. 封接材料多采用可伐合金，其热膨胀系数介于金属和玻璃之间. 熔封的优点是产品耐高温，玻璃排气彻底，使用寿命长，抗拉强度也较大.

热压封也称为固态封接，它是利用一种塑性较好的金属作为焊料，在加热加压的条件下将金属封盖和玻璃管封接在一起. 目前国内玻璃-金属封接大多采用热压封接技术，热压封接主要使用铅基、铝基或铜基合金的低熔点焊丝或焊料等. 先将玻璃端面制成法兰形式，然后将低熔点焊丝放在金属端盖与玻璃法兰封接面之间一同加热，当温度接近焊丝熔点时，迅速向其施加冲击压力，使焊丝表面氧化膜迅速破裂，挤出金属液，在金属与玻璃封接面之间固化. 因此，热压封具有封接温度低、封接速度快、封接材料匹配要求低等特点.

3）真空度与消气剂

在制造过程中，热管式真空集热管真空排气工艺不同于全玻璃真空集热管，具有以下特点：

① 真空集热管内空间容积大，金属部件多，加热烘烤时出气量大，必须采用抽气速率大且极限真空度高的扩散泵机组.

② 在集热管真空排气前，必须对放气量较大的金属部件或材料进行高温预除气.

③ 为了使真空集热管长期保持良好的真空性能，必须在管内同时放置两种消气剂，即蒸散型消气剂和非蒸散型消气剂. 蒸散型消气剂在高频激活后被蒸散在玻璃管的内表面上，其主要作用是提高真空集热管的初始真空度；非蒸散型消气剂是一种宽温度范围激活的长效消气剂，其主要作用是吸收管内各部件工作时释放的残余气体，保持真空集热管的长期真空度.

4.3.1.2　热管式真空管集热器的热性能分析

热管式真空管集热器主要由真空集热管、连集管、导热块、保温材料、保温盒、套管、支架等几部分组成，如图 4-10 所示.

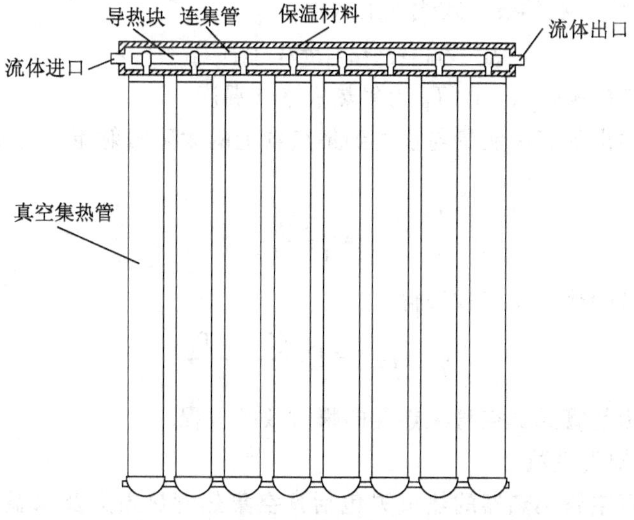

图 4-10　热管式真空管集热器结构示意图

为简化分析过程，作如下假设：

① 忽略真空集热管内空气对流和传导热损失；

② 真空集热管玻璃外壳与周围环境的传热系数 h_{g-a} 为常数；

③ 真空集热管的总热损失系数 U_l 在一定温度范围内为常数；

④ 忽略热管管壁、导热块和集管管壁的传导热阻；

⑤ 忽略集热板与热管蒸发段之间以及导热块与热管冷凝段、连集管之间的接触热阻；

⑥ 热管介质蒸气的温度 T_h 均匀一致.

1）瞬时效率方程

图 4-11 为热管式真空管集热器的热网络图和等效热网络图.

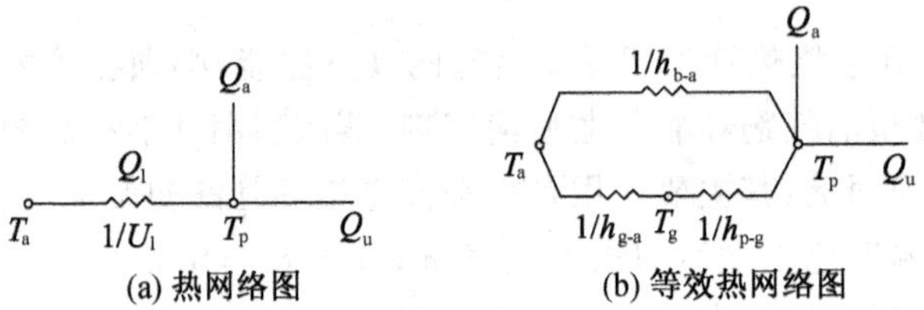

图 4-11　热管式真空管集热器的热网络图

根据能量守恒定律，单位时间内集热器输出的有用能量等于集热器接收的太阳辐射能减去集热器向周围环境散失的能量，即

$$Q_u = Q_a - Q_l \tag{4-25}$$

将 Q_a 和 Q_l 的数学表达式代入上式得

$$Q_u = A_p G_T (\tau\alpha)_e - A_p U_l (T_p - T_a) \tag{4-26}$$

式中，A_p 为集热板面积，m^2；T_p 为集热板平均温度，K.

集热器输出的有用能量与投射到集热器上的太阳辐射能之比即为集热器效率，即

$$\eta = \frac{Q_u}{G_T A_p} \tag{4-27}$$

将式(4-26)代入式(4-27)得

$$\eta = (\tau\alpha)_e - U_l \frac{(T_p - T_a)}{G_T} \tag{4-28}$$

式(4-28)即为热管式真空管集热器的瞬时效率方程.

2）总热损失系数

热管式真空管集热器的热损失包括真空集热管热损失及保温盒热损失，因此热管式真空管集热器总热损失系数 U_l 可表示为

$$U_l = U_t + U_b \tag{4-29}$$

式中，U_t 为真空集热管热损失系数，$W/m^2 \cdot ℃$；U_b 为保温盒热损失系数，$W/m^2 \cdot ℃$.

根据图 4-11(b)，真空集热管热损失系数 U_t 可表达为

$$U_t=\left(\frac{1}{h_{p-g}}+\frac{1}{h_{g-a}}\right)^{-1} \tag{4-30}$$

式中，h_{p-g}为集热板与玻璃管的传热系数，W/m² · ℃；h_{g-a}为玻璃管与环境的传热系数，W/m² · ℃.

据前述假设，仅考虑集热板的辐射热损失，集热板与玻璃管之间的辐射换热量可写为

$$Q_{p-g}=\frac{2A_p\sigma(T_p^4-T_g^4)}{\frac{1}{\varepsilon_p}+\frac{2A_p}{A_g}\left(\frac{1}{\varepsilon_g}-1\right)} \tag{4-31}$$

式中，T_g 为玻璃管温度，K；A_g 为玻璃管表面积，m²；ε_p，ε_g 分别为集热板和玻璃管的发射率.

Q_{p-g}还可以表示为

$$Q_{p-g}=h_{p-g}A_p(T_p-T_g) \tag{4-32}$$

联立式(4-31)和式(4-32)可得

$$h_{p-g}=\frac{2\sigma(T_p+T_g)(T_p{}^2+T_g{}^2)}{\frac{1}{\varepsilon_p}+\frac{2A_p}{A_g}\left(\frac{1}{\varepsilon_g}-1\right)} \tag{4-33}$$

根据图 4-11(b)，真空集热管热损失可表示为

$$U_t(T_p-T_a)=h_{p-g}(T_p-T_g) \tag{4-34}$$

式(4-30)、式(4-33)、式(4-34)即为计算真空集热管热损失系数 U_t 的方程组. 在所讨论的 T_p 和 T_a 条件下，用迭代法求解上述 3 个方程，即可计算出真空集热管热损失系数 U_t.

保温盒的热损失主要是通过保温材料向周围环境的传导热损失，其值由保温材料的导热系数、厚度以及表面积等因素决定. 将保温盒传导热损失折合到单位集热板面积上即可得到保温盒热损失系数 U_b，即

$$U_b=\left(\frac{1}{h_{b-a}}\right)^{-1}=h_{b-a}=\frac{(UA)_b}{A_p} \tag{4-35}$$

式中，h_{b-a}为保温盒与周围环境的传热系数，W/m² · ℃；$(UA)_b$ 为保温盒通过导热向周围环境散失的热量.

由真空集热管热损失系数 U_t 和保温盒热损失系数 U_b，便可据式(4-29)求得热管式真空管集热器的总热损失系数 U_l.

3) 效率因子 F'

集热器的效率因子 F'表示集热器实际的有用能量与假想集热板温度为热管温度时的有用能量之比. 用热管温度 T_h 表示的热管式真空管集热器的瞬时效率方程为

$$\eta=F'\left[(\tau\alpha)_e-U_l\frac{T_h-T_a}{G_T}\right] \tag{4-36}$$

集热板的结构形式不同，则热管式真空集热管的效率因子不同. 轧制、吹胀而成的铜铝复合太阳条属于管板式集热板，其效率因子 F' 由达菲(Duffle)和贝克曼(Beckman)给出，即

$$F'=\frac{1}{W\left[\dfrac{1}{D+(W-D)\eta_f}+\dfrac{U_l}{\pi D h_e}\right]} \tag{4-37}$$

式中，W 为集热板宽度，m；D 为集热板内的热管直径，m；η_f 为集热板的翅片效率；h_e 为集热板与热管蒸发段的传热系数，W/m² · ℃.

集热板翅片效率 η_f 可以用下式计算

$$\eta_f=\frac{\tanh[m(W-D)/2]}{m(W-D)/2} \tag{4-38}$$

$$m=\left(\frac{U_l}{k\delta}\right)^{\frac{1}{2}} \tag{4-39}$$

式中，δ 为集热板厚度，m；k 为集热板材料导热系数，W/m · ℃.

4) 热迁移因子 F_R

集热器的热迁移因子 F_R 表示集热器实际的有用能量收益与假想集热板温度为介质进口温度时的有用能量收益之比.

用集管介质进口温度 $T_{f,i}$ 表示的热管式真空管集热器的瞬时效率方程为

$$\eta=\left(\frac{A_p}{A_g}\right)F_R\left[(\tau\alpha)_e-U_l\frac{T_{f,i}-T_a}{G_T}\right] \tag{4-40}$$

在忽略热管管壁、导热块和连集管管壁的传导热阻以及它们之间接触热阻的前提下，可以认为在集管内流动的介质处于等壁温 T_h 加热状态. 在集管长度 L 内任意距离 y 处的工质与管壁的传热方程为

$$\dot{m}C_p\frac{\mathrm{d}T}{\mathrm{d}y}=h_c\frac{A_c}{L}(T_h-T) \tag{4-41}$$

沿 y 方向积分上式得

$$\int_{T_{f,i}}^{T_{f,o}}\frac{1}{T_h-T}\mathrm{d}T=\int\frac{h_cA_c}{\dot{m}C_pL}\mathrm{d}y$$

可得

$$T_{f,o}=T_{f,i}\exp(-N_m)+T_h[1-\exp(-N_m)] \tag{4-42}$$

式中，$N_m=h_cA_c/\dot{m}C_p$；h_c 为热管冷凝端传热系数，W/m² · ℃；A_c 为热管冷凝端换热面积，m².

根据式(4-27)，有

$$\eta=\frac{\dot{m}C_p(T_{f,o}-T_{f,i})}{A_pG_T} \tag{4-43}$$

将式(4-42)代入上式，并与式(4-36)联合求解可得

$$T_h=\frac{\dfrac{G_T(\tau\alpha)_e}{U_l}+T_a+T_{f,i}F_1}{1+F_1} \tag{4-44}$$

式中，

$$F_1=[1-\exp(-N_m)]/N_c \tag{4-45}$$

$$N_c=F'U_l A_p/\dot{m}C_p \tag{4-46}$$

式(4-44)代入式(4-42)整理后可得

$$T_{f,o}=T_{f,i}+\left[\frac{G_T(\tau\alpha)_e}{U_l}-(T_{f,i}-T_a)\right]\frac{F_1}{1+F_1}N_c \tag{4-47}$$

将式(4-47)代入式(4-43)，并与式(4-40)合并可得

$$F_R=F'\cdot\frac{F_1}{1+F_1} \tag{4-48}$$

式(4-48)是单根真空管 F_R 的计算公式. 由于式中 F_1 的大小取决于 N_c 和 N_m，因此热管式真空管集热器的热迁移因子不仅与集热器的总热损 $U_l A_p$ 有关，还与热管冷凝段的传热量 h_cA_c 有关.

当 n 根热管真空集热管连接在同一根集管上时，每根热管真空集热管所对应的集管段的出口温度将是下一根热管真空集热管所对应的集管段的进口温度. 采用同样的方法，可以推导出 n 根热管真空管集热情况下的 F_R 计算式.

$$F_R=\frac{F'(1-K^n)}{N_c} \tag{4-49}$$

式中，

$$K=1-\frac{N_c}{n}\cdot\frac{F_1}{1+F_1} \tag{4-50}$$

$$F_1=\frac{1-\exp(-N_m/n)}{N_c/n} \tag{4-51}$$

$$N_c=nF'U_lA_p/\dot{m}C_p \tag{4-52}$$

$$N_m=nh_cA_c/\dot{m}C_p \tag{4-53}$$

4.3.2　其他形式金属吸热体真空管集热器

4.3.2.1　同心套管式真空管集热器

同心套管式真空集热管又称为直流式真空集热管，主要由同心套管、集热板、玻璃管等几部分组成，如图 4-12 所示. 同心套管就是内、外同轴的金属管，位

于集热板的轴线上，跟集热板紧密连接.

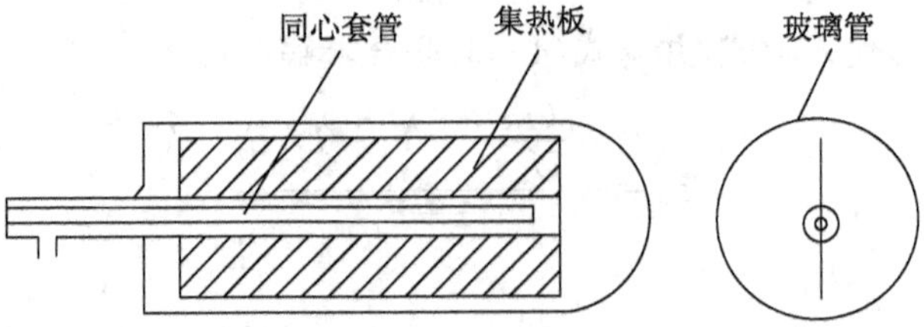

图 4-12　同心套管式真空集热管示意图

其工作原理是，太阳辐射穿过玻璃管投射在集热板上，集热板吸收太阳辐射并将其转换为热能，集热介质从内管进入真空集热管，被集热板加热后，通过内、外管之间的环形空间流出.

除了具有金属吸热体真空管集热器共同的优点之外，同心套管式真空管集热器还有其自身优点：

① 热效率高. 由于集热介质进入真空集热管后，被集热板直接加热，减少了中间环节的传导热损.

② 可水平安装. 根据需要，可将真空集热管东西向水平安装在建筑物的屋顶上或南立面上. 通过转动真空集热管，将集热板与水平方向的夹角调整到所需要的数值，这样既可简化太阳能集热器的安装支架，又可避免太阳能集热器影响建筑外观.

4.3.2.2　U 形管式真空管集热器

U 形管式真空集热管主要由 U 形管、集热板、玻璃管等部分组成，如图 4-13 所示.

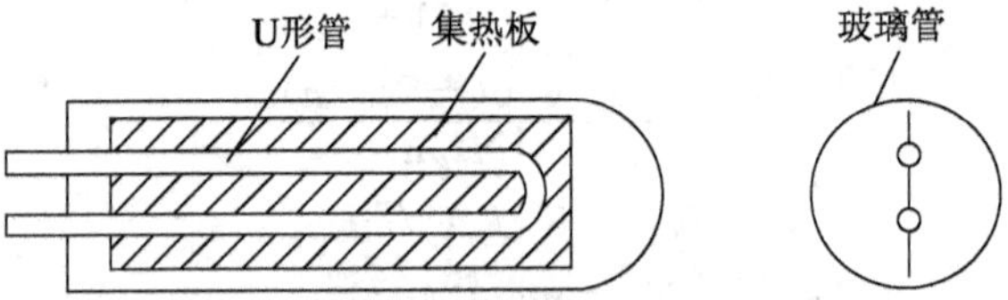

图 4-13　U 形管式真空集热管示意图

U 形管式真空管集热器的主要优点：

① 热效率高. 由于集热介质进入真空集热管后，被集热板直接加热，减少了中间环节的传导热损.

② 可水平安装. 可将真空集热管东西向水平安装在建筑物的屋顶上或南立面上，这样既可简化太阳能集热器的安装支架，又可避免太阳能集热器影响建筑外观.

③ 安装简单. 真空集热管与集管之间的连接比同心套管式真空管简单.

4.3.2.3 储热式真空管集热器

储热式真空集热管主要由吸热管、内插管、玻璃管等部分组成,如图 4-14 所示.

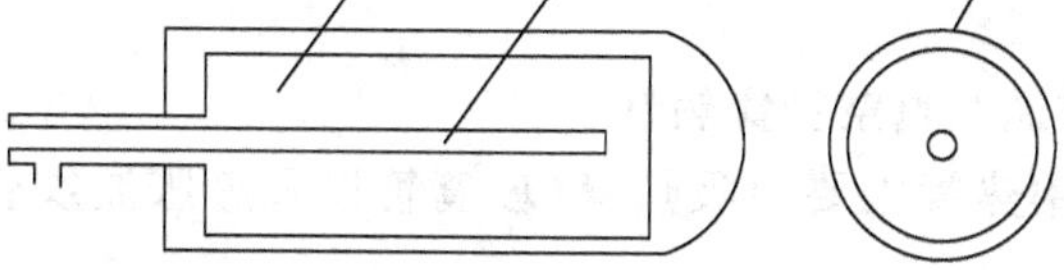

图 4-14 储热式真空集热管示意图

其工作原理是,太阳辐射穿过玻璃管,投射在吸热管上,吸热管外表面上的选择性吸收涂层吸收太阳辐射并将其转换为热能,加热储存在吸热管内的水. 使用时,冷水通过内插管注入吸热管,将热水顶出. 由于真空夹层保温性能好,因此吸热管内的热水降温很慢.

储热式真空集热管组成的系统主要有以下优点:

① 不需要储水箱. 真空管本身既是集热器又是储水箱,因而由储热式真空管组成的热水器也可称为真空闷晒式热水器.

② 使用方便. 打开自来水龙头后,热水可立即放出,所以特别适合于家用太阳能热水器.

4.3.2.4 内聚光真空管集热器

内聚光真空集热管主要由吸热体、复合抛物聚光镜、玻璃管等几部分组成,如图 4-15 所示. 复合抛物聚光镜可简称为 CPC. 由于 CPC 放置在真空集热管的内部,故称为内聚光真空集热管.

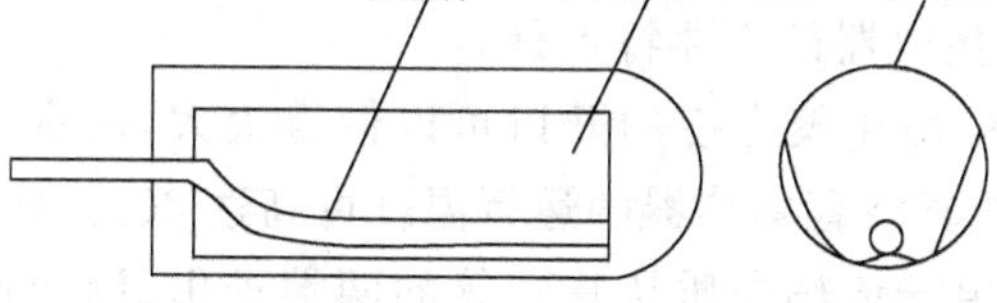

图 4-15 内聚光真空集热管示意图

吸热体可以是热管、同心套管或 U 形管,其表面有中温选择性吸收涂层. 太阳辐射穿过玻璃管投射到 CPC 的表面,被 CPC 反射到位于其焦线处的吸热体上.

内聚光真空管集热器的主要特点：

① 运行温度较高.由于 CPC 的聚光比大于 1,所以内聚光真空集热管的运行温度可达 100～150 ℃.

② 不需要跟踪系统.CPC 的光学特性使得平行的太阳辐射以任意角度投射时,其反射光都可以到达位于焦线的吸热体上,从而避免了复杂的自动跟踪系统.

4.3.2.5 直通式真空管集热器

直通式真空集热管主要由吸热管、玻璃管以及膨胀波纹管组成,如图 4-16 所示.

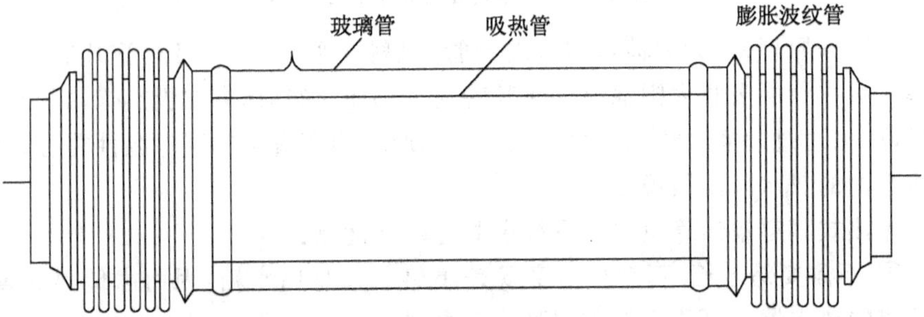

图 4-16 直通式真空集热管示意图

直通式真空集热管吸热管表面有高温选择性吸收涂层,外罩同心玻璃管,吸热管和玻璃管的夹层内抽高真空,玻璃管的外表面蒸镀减反射膜,以降低玻璃管外表面对入射太阳辐射的反射损失.由于金属吸热管与玻璃管之间的两端都需要封接,因而必须借助于波纹管过渡,以补偿金属吸热管的热胀冷缩.直通式真空集热管需要与聚光器配合使用,组成聚光型太阳能集热器.工作时,传热介质从吸热管的一端流入,经太阳辐射能加热后,从吸热管的另一端流出,故称为直通式真空集热管.

直通式真空管集热器的主要特点是：

① 运行温度高.由于聚光镜的开口可以做得很大,使真空管集热器的聚光比很高,所以直通式真空管集热器的运行温度可高达 300～400 ℃.

② 易于组装.由于传热介质从真空管的两端进出,因而便于将直通式真空集热管之间采用串联方式连接.

第 5 章 聚光太阳能集热器

5.1　概述

平板型集热器的特点是直接采集自然阳光,集热面积等于散热面积,所以理论上不可能运行在较高的温度.为了更有效地利用太阳能,必须提高入射太阳光的能量密度,使之聚焦在较小的集热面上,并要对集热面进行表面处理以降低热损失.这样,集热器可工作在较高的温度,且可得到较高的集热效率,从而大大提高太阳能利用系统的总效率.这就是本章所要讨论的聚光太阳能集热器.

聚光太阳能集热器的类型很多,分类的方法也各不相同.

1）按聚光是否将太阳成像分类

① 成像聚光集热器——使太阳辐射聚焦,即在接收器上形成焦点(焦斑)或焦线(焦带)的聚光集热器.

② 非成像聚光集热器——使太阳辐射会聚到一个较小的接收器上而不使太阳辐射聚焦,即不在接收器上形成焦点(焦斑)或焦线(焦带)的聚光集热器.

(1) 对成像聚光集热器,按聚焦的形式分类

① 线聚焦集热器——使太阳辐射会聚到一个平面上并形成一条焦线(或焦带)的聚光集热器.

② 点聚焦集热器——使太阳辐射会聚到一个焦点(或焦斑)的聚光集热器.

(2) 对成像聚光集热器,按反射器的类型分类

① 槽形抛物面聚光集热器——又称为抛物柱面聚光集热器或抛物槽聚光集热器,它是通过一个具有抛物线横截面的槽形反射器来聚集太阳辐射的一种线聚焦集热器.

② 旋转抛物面聚光集热器——又称为抛物盘聚光集热器,它是通过一个由抛物线旋转而成的盘形反射器来聚集太阳辐射的一种点聚焦集热器.

2）对非成像集热器,按反射器的类型分类

① 复合抛物面聚光集热器——又称为 CPC 集热器,它是利用若干块抛物

面镜组成的反射器来会聚太阳辐射的一种非成像聚光集热器.

② 多平面聚光集热器——又称为塔式集热器,它是利用由平面反射镜组成的多台反射器(定日镜),将太阳辐射反射集中到位于高塔顶部的接收器上的一种非成像聚光集热器.

③ 条形面聚光集热器——又称为 FMSC 聚光集热器,它是利用由若干条固定的平面反射镜组成的反射器,将太阳辐射聚集到跟踪太阳的接收器上的一种非成像聚光集热器.

④ 球形面聚光集热器——又称为 SRTA 集热器,它是通过一个由半圆旋转而成的球形反射器,将太阳辐射聚集到跟踪太阳的接收器上的一种非成像聚光集热器.

3) 其他类型聚光集热器

① 菲涅耳反射镜聚光集热器——它是利用菲涅耳反射镜,通过反射方式来会聚太阳辐射的一种成像聚光集热器.

② 菲涅耳透镜聚光集热器——它是利用菲涅耳透镜,通过折射方式来会聚太阳辐射的一种成像聚光集热器.

另外,按聚焦程度的不同,可把集热器分为将太阳光聚集成“点状”焦斑的三维集热器以及将太阳光聚焦成“线状”焦斑的二维集热器. 图 5-1 给出几种聚光集热器的结构示意图.

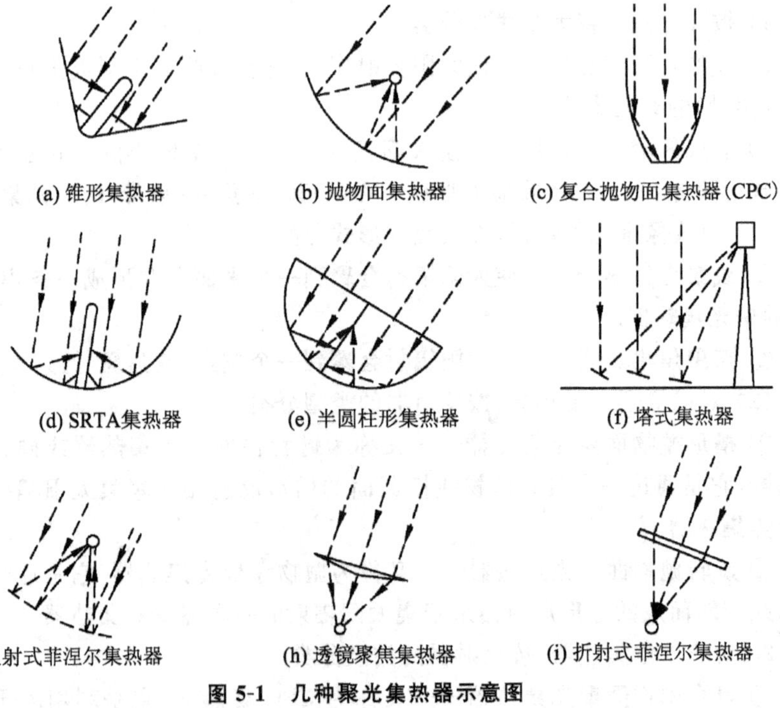

图 5-1 几种聚光集热器示意图

抛物面(包括槽形抛物面和旋转抛物面)聚光集热器在太阳能热利用中占有重要的地位,特别在太阳能空调制冷、太阳能工业加热、太阳能热发电、太阳炉等中高温太阳能领域的应用最多.所以,本章将重点讨论抛物面聚光集热器.

5.2 聚光太阳能集热器的基本理论

5.2.1 太阳成像原理

5.2.1.1 太阳圆面张角

太阳直径为 1.39×10^6 km,地球与太阳之间的平均距离为 1.5×10^8 km,尽管日地距离很远,但相对地球而言,太阳并非是一个点光源,而是日轮.因此,地球上的任意一点与入射的太阳光线之间具有一个很小的夹角,这个夹角通常称为太阳圆面张角,如图 5-2 所示.根据几何关系,可求得太阳圆面张角的大小为 32′.因此,太阳光并非平行光,而是以 32′的张角入射到地球表面的.

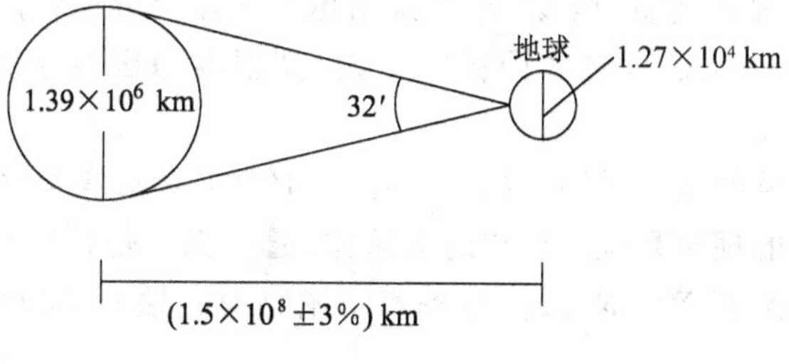

图 5-2 太阳圆面张角示意图

5.2.1.2 太阳成像原理

聚光集热器中,聚光镜的作用是在吸收器上形成一个太阳像,由于太阳圆面张角为 32′,因此任何聚光系统产生的太阳像都有一定的大小,其大小取决于太阳圆面张角及系统的几何形状.

以抛物线形反射面为例.图 5-3 所示为一焦距为 f 的抛物线形反射面,当接收器为一平面时,反射形成的太阳像尺寸 W' 为

$$W'=\frac{2r\tan 16'}{\cos\phi} \tag{5-1}$$

式中，r 为镜面上反射点到焦点的距离，$r=\dfrac{2f}{1+\cos\phi}$；ϕ 为反射光束中心线与光轴之间的夹角.

在镜面边缘：$\phi=\phi_{max}$，ϕ_{max} 为聚光器的半张角，此时，$r=r_{max}$. 因此有

$$W'=\frac{4f\tan 16'}{\cos\phi(1+\cos\phi)} \tag{5-2}$$

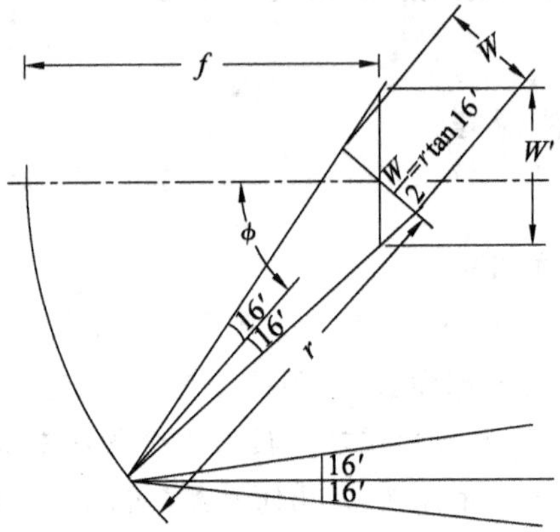

图 5-3　抛物面聚光器在平面接收器上形成的太阳像示意图

由于 r 和 ϕ 都是变量，因此，理想太阳像的大小将从 $r=f$ 时的 W 增大到 $r=r_{max}$ 时的 W'，这就是理想太阳像的扩大，其根本原因在于太阳光线是非平行光.

由于实际所见的太阳圆面上的亮度是不均匀的，中心亮边缘暗，因此即使是光学上非常精密的理想系统所形成的太阳像，通常也不是轮廓很清晰的. 图 5-4 给出了假设太阳圆面亮度均匀时，在垂直于抛物面光轴的平面焦面上的理论太阳像.

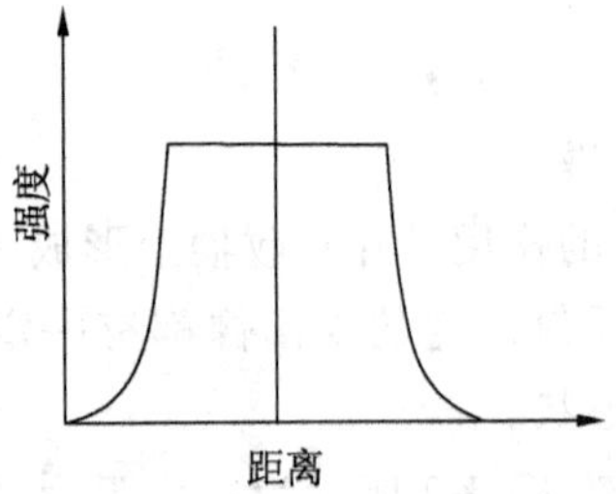

图 5-4　在垂直于抛物面光轴的焦平面上的理想太阳像的截面图

5.2.2 聚光器的聚光比

5.2.2.1 几何聚光比

如图 5-5 所示，聚光集热器光孔的面积 A_a 与接收器上接收辐射的表面面积 A_r 之比，称为聚光集热器的几何聚光比，或简称聚光比，它反映聚光集热器使能量集中的可能程度，是聚光集热器几何尺寸的特征量，通常以 C 表示.

$$C=\frac{A_a}{A_r} \tag{5-3}$$

对于聚光集热器而言，恒有 $C>1$，即接收器向环境散热的表面积总是小于聚光器光孔的面积，这样有利于减小集热器的散热损失.

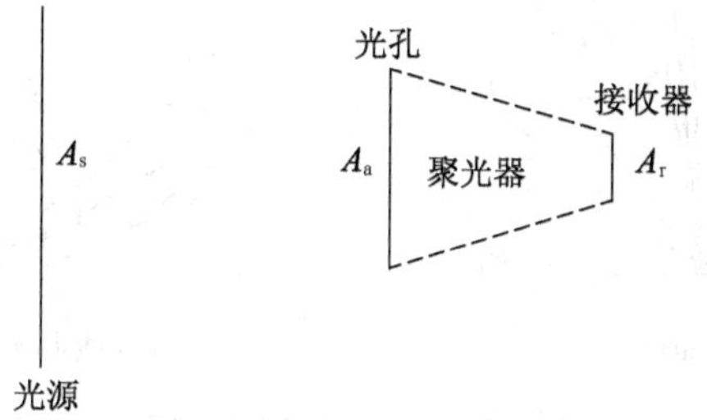

图 5-5　聚光集热器示意图

5.2.2.2 能量聚光比

接收器表面上的平均辐射强度与投射在光孔上的辐射强度之比称为能量聚光比 C_e，即

$$C_e=\frac{\bar{I}_r}{I} \tag{5-4}$$

所有的聚光器，都有 $C>C_e$，只有在理想的光学系统中，C_e 才与式(5-3)所定义的只取决于几何参数的聚光比等同. 这是由于任何聚光器在加工过程中，由于存在以下两个方面的误差而产生一定的光学损失造成的.

1) 镜面误差

镜面误差即为镜面粗糙度，如图 5-6(a)所示. 镜面误差的大小用镜面误差角 Δ_1 表示，即曲面名义尺寸某点的切线和该点实际切线之间的夹角. 由镜面误差引起的反射误差角为

$$\psi_1=32'\pm\Delta_1 \tag{5-5}$$

根据经验，普通热弯镜面 $\Delta_1=30'\sim60'$.

2）线形误差

线形误差即名义尺寸与实际尺寸之间的误差，线形误差的大小用法线偏移角 Δ_2 表示，如图 5-6(b)所示. 由线形误差引起的反射误差角为

$$\psi_2 = 32' \pm \Delta_2 \tag{5-6}$$

对镜面上的任一点，有镜面误差和线形误差所产生的综合反射误差角为两者的代数和，即

$$\psi = \psi_1 + \psi_2 = 64' \pm \Delta_1 \pm \Delta_2 \tag{5-7}$$

由式(5-7)可以看出，两种反射误差角可能增益，也可能部分相互抵消，但只要综合反射误差角不为零，投射到聚光器光孔上的太阳辐射就不能全部经反射到达接收器，从而降低接收器上的平均太阳辐射强度.

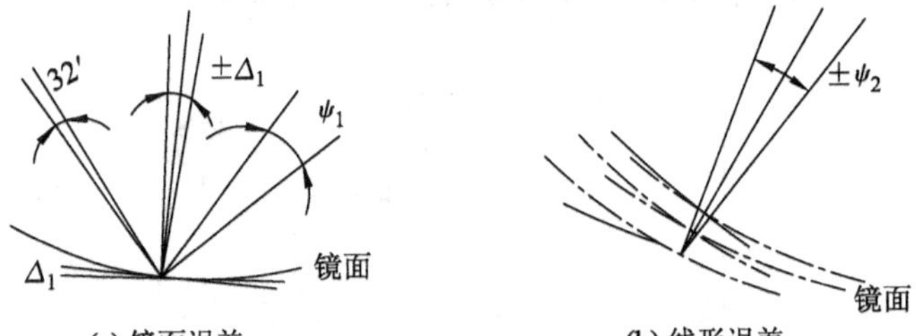

(a) 镜面误差　　(b) 线形误差

图 5-6　由镜面误差及线形误差引起的反射误差角

5.2.2.3　理论聚光比

聚光集热器的基本问题是，如何使均匀投射在聚光器光孔上的太阳辐射集中到较小的接收器表面，以得到较高的聚光比，从而达到较高的集热温度和收集尽可能多的热量. 但是聚焦系统可能达到的聚光比，有热力学上和光学上的限制.

在由表面 1 和表面 2 组成的辐射换热系统中，设系数 f_{12} 表示表面 1 发出的辐射通过直接辐射、反射或折射到达表面 2 的百分数. 对于图 5-5 所示的聚光器光学系统，根据辐射换热原理，在太阳与聚光器光孔、太阳与接收器表面之间存在如下关系

$$A_s f_{sa} = A_a f_{as} \tag{5-8}$$

$$A_s f_{sr} = A_r f_{rs} \tag{5-9}$$

式中，a 为聚光器光孔；r 为接收器表面；s 为太阳（辐射源）. 于是，聚光比可表示为

$$C = \frac{A_a}{A_r} = \frac{f_{sa} f_{rs}}{f_{as} f_{sr}} \tag{5-10}$$

对于理想的聚光集热器，进入聚光器光孔 A_a 的太阳辐射将全部到达接收器

表面 A_r，即

$$f_{sa}=f_{sr} \tag{5-11}$$

由于 $f_{rs}\leqslant 1$，所以

$$C\leqslant\frac{1}{f_{as}} \tag{5-12}$$

在图5-7所示的太阳辐射聚光系统中，设聚光器光孔距太阳辐射源中心的距离为 R. 由于大气层外太阳辐射光谱与温度为5 760 K的黑体辐射光谱基本一致，因此，假设该系统处于一个无限的真空空间，或由绝对零度的黑体壁面构成的封闭空间. 则系数 f_{as} 实质上就是两个黑体表面之间的辐射角系数 F_{as}. 因此，由式(5-12)可得

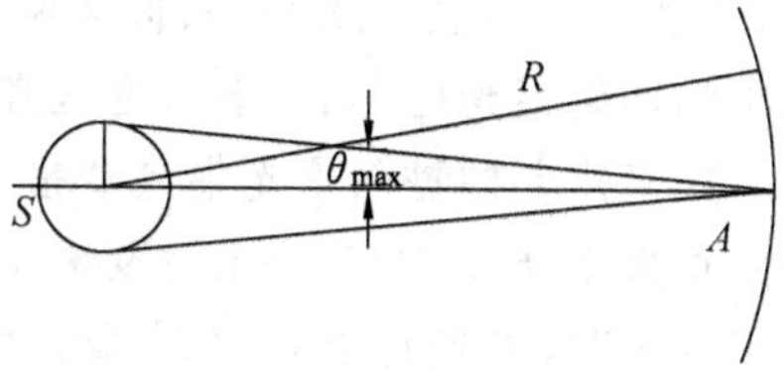

图5-7 太阳辐射聚光系统示意图

$$C\leqslant\frac{1}{F_{as}}$$

或表示为

$$C_{max}=\frac{1}{F_{as}} \tag{5-13}$$

式(5-13)表示理想聚光集热器的最大聚光比为辐射角系数 F_{as} 的倒数. C_{max} 称为理论聚光比.

图5-7中，θ_{max} 称为采光半角，表示辐射可被接收器接收到的角度范围(即接收器视野)的一半. $2\theta_{max}$ 称为采光角，表示在此角度内，均匀投射到聚光器光孔上的太阳辐射全部都能到达(包括直接到达及经过反射或折射到达)接收器表面. 实际的采光角 $2\theta_{max}$ 范围可由太阳圆面张角32′到180°(即可在整个半球面上采光的平板型集热器). 在光学上，聚光集热器的采光角的最小值取决于太阳圆面张角.

由式(5-8)还可得

$$F_{as}=F_{sa}\frac{A_s}{A_a} \tag{5-14}$$

根据图5-7所示的几何关系，对于准确跟踪的线聚焦二维聚光集热器，有 $F_{sa}=\dfrac{A_a}{2\pi R}$，因此可求得

$$C_{max,2D}=\frac{1}{\sin\theta_{max}}\approx 200 \tag{5-15}$$

同理，对于准确跟踪的点聚焦三维集热器，太阳辐射分布在球面 $4\pi R^2$ 的全

部面积上，其中部分到达光孔 A_a，即 $F_{sa}=\frac{A_a}{4\pi R^2}$，因此可得

$$C_{max,3D}=\frac{1}{\sin^2\theta_{max}}\approx 4\ 000 \tag{5-16}$$

当然，实际的聚光比由于受跟踪误差及反射或折射表面不理想等因素的影响，远远达不到这些水平.根据无跟踪条件下指定的采光小时数，还可以确定出最小的理论聚光比.此下限值也是有意义的.

如果槽形抛物面聚光集热器按南北向固定放置，倾斜于地面随太阳移动的平面垂直于光孔，则其采光角及聚光比与需要的采光时角大小有关.若要求全天采光 8 小时，采光时角为 120°，则最大聚光比为

$$C_{max,NS}=\frac{1}{\sin 60^\circ}=1.15$$

如果槽形抛物面聚光集热器按东西向固定放置，则采光角由太阳的侧视高度角在两至日之间的差值所限定.例如在北纬 40°，当要求全天 8 小时采光时，冬至下午 4 时与夏至下午 4 时之间太阳侧视高度角的差值为 81.9°.为了在此时角范围内都采光，最大聚光比为

$$C_{max,EW}=\frac{1}{\sin(81.9^\circ/2)}=1.53$$

可见，对于固定的槽形抛物面聚光集热器来说，沿东西向放置可得到较高的聚光比.实际上，在地理纬度、集热器倾斜角及采光时角范围不同时，极限的聚光比也是不同的.

5.2.3 聚光集热器瞬时效率及理论集热温度

5.2.3.1 聚光集热器瞬时效率方程

根据能量守恒定律，在稳定状态下，聚光集热器在规定时段内的有效能量收益，等于同一时段内接收器得到的能量减去接收器对周围环境散失的能量，即

$$Q_u=Q_r-Q_l \tag{5-17}$$

式中，Q_u 为聚光集热器在规定时段内的有效能量收益，W；Q_r 为同一时段内接收器得到的能量，W；Q_l 为同一时段内接收器对周围环境散失的能量，W.

在稳态(或准稳态)条件下，聚光集热器在规定时段内的有效能量收益与聚光集热器光孔面积和同一时段内垂直投射到聚光集热器光孔上太阳辐照度的乘积之比称为聚光集热器的效率，即

$$\eta_c=\frac{Q_u}{G_a A_a}=\frac{Q_r}{G_a A_a}-\frac{Q_l}{G_a A_a}=\eta_0-\frac{U_l A_r(T_r-T_a)}{G_a A_a} \tag{5-18}$$

式中，η_c 为聚光集热器效率；G_a 为同一时段内投射到聚光集热器光孔上的太阳辐照度，W/m^2；η_0 为聚光集热器的光学效率；U_l 为聚光集热器总热损系数，$W/m^2 \cdot ℃$；T_r 为接收器温度，K；T_a 为环境温度，K.

将式(5-3)代入式(5-18)，可得到聚光集热器的瞬时效率方程

$$\eta_c = \eta_0 - \frac{1}{C} \cdot \frac{U_l(T_r - T_a)}{G_a} \tag{5-19}$$

光学效率 η_0 表示聚光集热器的光学性能，它反映在聚集太阳辐射的光学过程中，由于聚光器的光学性能不可能达到理想化程度，接收器表面对太阳辐射的吸收也不可能达到理想化程度而引起的光学损失. 其表达式为

$$\eta_0 = \frac{Q_r}{G_a A_a} \tag{5-20}$$

聚光集热器的光学损失要比平板型集热器的显著，同时，散射辐射不像直射辐射有一定的方向，所以必然有一部分散射辐射落在采光角之外而不能被收集到. 若假定在聚光器光孔上的散射辐射是各向同性的，可以证明，对于任何聚光集热器，投射到聚光器光孔上的散射辐射中至少有 $1/C$ 可以到达接收器. 因此，聚光器一般只能利用太阳辐射的直射分量，只有聚光比很小的聚光集热器才能利用一部分散射分量. 在聚光集热器的能量平衡中，必须考虑光学损失及散射分量的损失.

5.2.3.2　理论集热温度

假设环境温度为绝对零度，接收器接收的太阳辐射功率为

$$Q_r = \rho\tau\alpha A_s F_{sa} \sigma T_s^4 \tag{5-21}$$

式中，T_s 为太阳表面的有效温度，K；ρ 为聚光器反射镜的太阳反射比；τ 为聚光器透镜和接收器透明盖层的太阳透射比；α 为接收器表面的太阳吸收比.

若选择 $\theta_{max} = 16'$，则对于三维聚光集热器有

$$Q_r = \rho\tau\alpha A_a \sin^2(16')\sigma T_s^4 \tag{5-22}$$

忽略接收器通过对流和传导散失于环境的热量，则接收器的热损失为

$$Q_l = \varepsilon_r A_r \sigma T_r^4 \tag{5-23}$$

式中，ε_r 为接收器表面发射率.

作为上限分析，可令 $\rho\tau = 1$. 于是，当 $Q_r = Q_l$ 时，可得集热温度的理论极限为

$$T_r = \left(\frac{C}{C_{max}} \frac{\alpha}{\varepsilon_r}\right)^{\frac{1}{4}} T_s \tag{5-24}$$

式中，$\frac{C}{C_{max}} \leqslant 1$，$\frac{\alpha}{\varepsilon_r}\bigg|_{T_r \to T_s} = 1$，由此可得 $T_r \leqslant T_s$.

当 $\theta_{max} > 16'$，且聚光集热器的有效能量收益为 Q_u 时，则根据式(5-17)、式

(5-18)可得理论集热温度为

$$T_r=\left[(1-\eta_c)\rho\tau\frac{C}{C_{max}}\frac{\alpha}{\varepsilon_r}\right]^{\frac{1}{4}}T_s \tag{5-25}$$

除上述的光学损失外，实际的集热器还以对流和传导方式对环境散热，因此，实际的集热温度要比理论值低得多.

表 5-1 列出了几种聚光集热器的一般性能.

表 5-1　几种聚光集热器的一般性能

集热器类型		聚光比的大约范围	最高运行温度/℃
二维集热器	复合抛物面聚光集热器(CPC)	3～10	100～150
	菲涅尔透镜聚光集热器	6～30	100～200
	菲涅尔反射镜聚光集热器	15～50	200～300
	条形面聚光集热器(FMSC)	20～50	250～300
	抛物柱面聚光集热器	20～80	250～400
三维集热器	球形面聚光集热器(SRTA)	50～150	300～500
	菲涅尔透镜聚光集热器	100～1 000	300～1 000
	旋转抛物面聚光集热器	500～3 000	500～2 000
	塔式聚光集热器	1 000～3 000	500～2 000

5.3　抛物面聚光集热器

5.3.1　相对光孔

光孔是聚光器的开口面积或太阳辐射的投影面积，是影响聚光集热器可收集的总能量的主要因素. 光孔通常作为聚光器的特征量，用 a 表示. 槽形抛物面的光孔用宽度表示，旋转抛物面的光孔用直径表示. 由式(5-2)可见，焦距 f 决定了太阳像的大小. 因此，在聚光系统的焦面上，像的能量密度应是光孔 a 和焦距 f 的函数，定义为

$$n=\frac{a}{f} \tag{5-26}$$

式中，n 为聚光器的相对光孔，或称为开口比.

抛物面聚光器的聚光比主要取决于相对光孔，并与接收器的形状有关. 现以平面接收器和圆形接收器两种情况为例，分别分析其聚光性能. 为便于分析，假定聚光器是理想的反射镜面，接收器的截面积远远小于聚光器的光孔，因此它对反射镜面的遮光影响可以忽略不计. 此外，假设入射光线平行于反射镜面的

光轴.

5.3.1.1 平面接收器

如图5-8所示的平面接收器,假设接收器尺寸恰好为聚光器反射镜面边缘一束光所形成的太阳像尺寸,对于槽形抛物面聚光器而言,可以求得其聚光比与相对光孔的关系为

$$C=\frac{A_a}{A_r}=\frac{nf}{d_a} \tag{5-27}$$

图中,d_a 为平面接收器的宽度,m;d_b 为平面接收器的半宽度,m.

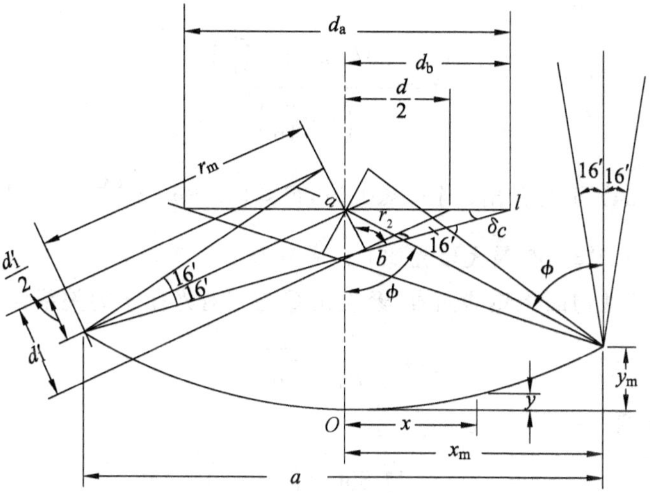

图5-8 平面接收器的几何关系

$$d_1'=2r_m \tan 16' \tag{5-28}$$

在△abc中,有

$$\frac{d_b}{\sin r_2}=\frac{d_1'/2}{\sin \delta_c} \tag{5-29}$$

根据图5-8所示的几何关系,有 $r_2=\frac{\pi}{2}+16'$, $\delta_c=\pi-r_2-\phi=\frac{\pi}{2}-(\phi+16')$,代入式(5-29)并整理得

$$d_b=\frac{d_1' \sin(\frac{\pi}{2}+16')}{2\sin(\frac{\pi}{2}-\phi-16')}=\frac{d_1' \cos 16'}{2(\cos \phi\cos 16'-\sin \phi\sin 16')}\approx\frac{d_1'}{2\cos \phi} \tag{5-30}$$

取抛物面顶点为坐标原点 O,设抛物面线形函数为 $x^2=4fy$,可以得到

$$r_m=\sqrt{(f-y_m)^2+x_m^2}=f+y_m \tag{5-31}$$

又有 $x_m=\dfrac{a}{2}$，$n=\dfrac{a}{f}=\dfrac{2x_m}{f}$，代入式(5-31)，整理得

$$r_m=f\left(1+\frac{n^2}{16}\right) \tag{5-32}$$

据图 5-8 的几何关系，可得

$$\cos\phi=\frac{f-y_m}{r_m} \tag{5-33}$$

将式(5-28)、式(5-30)、式(5-32)、式(5-33)代入式(5-27)，整理后可得到平面接收器的聚光比为

$$C=\frac{107.3n\left(1-\dfrac{n^2}{16}\right)}{\left(1+\dfrac{n^2}{16}\right)^2} \tag{5-34}$$

由式(5-34)可以看出，当 $n\ll 1$ 时，$C\approx 107.3n$. 令 $\dfrac{\mathrm{d}C}{\mathrm{d}n}=0$，可得出当 $n=1.65$，$\phi_{max}=51.7°$时，有最大聚光比 $C_{max}\approx 107.3$.

对于旋转抛物面集热器而言，聚光比 C 与相对光孔 n 的关系为

$$C=\frac{A_a}{A_r}=\frac{(nf)^2}{d_a^2} \tag{5-35}$$

同理，可得

$$C\approx\frac{11\,550n^2\left(1-\dfrac{n^2}{16}\right)^2}{\left(1+\dfrac{n^2}{16}\right)^4} \tag{5-36}$$

当 $n\ll 1$ 时，$C\approx 11\,550n^2$. 令 $\dfrac{\mathrm{d}C}{\mathrm{d}n}=0$，可得 $n=1.65$ 时，有最大聚光比 $C_{max}\approx 11\,550$.

5.3.1.2 圆形接收器

如图 5-9 所示的圆形接收器，假设接收器尺寸恰好为聚光器反射镜面边缘一束光所形成的太阳像尺寸，对于槽形抛物面聚光器而言，接收器为圆管，可以求得其聚光比与相对光孔的关系为

$$C=\frac{A_a}{A_r}=\frac{nf}{\pi d} \tag{5-37}$$

式中，d 为圆形接收器的直径，$d=2r_{max}\sin 16'$.

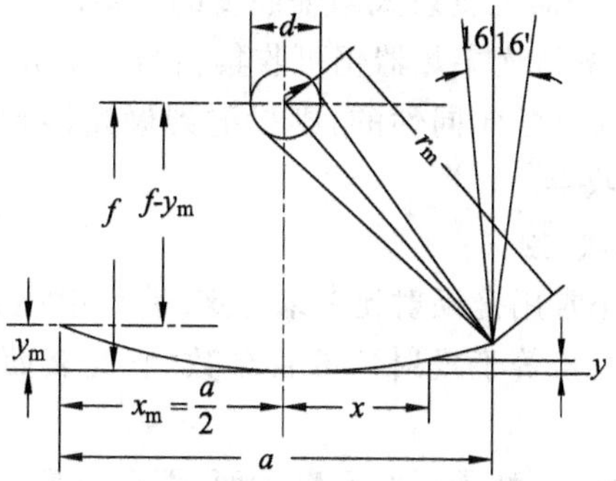

图 5-9　圆形接收器的几何关系

将 d 和式(5-32)代入式(5-37)得

$$C=\frac{nf}{\pi\left[f\left(1+\frac{n^2}{16}\right)(2\sin 16')\right]}=\frac{34.2n}{\left(1+\frac{n^2}{16}\right)} \tag{5-38}$$

当 $n \ll 1$ 时,$C\approx 34.2n$. 令 $\frac{\mathrm{d}C}{\mathrm{d}n}=0$,可得 $n=4$ 时有最大聚光比,$C_{\max}=68.4$.

对于旋转抛物面集热器,接收器为圆球,若圆球直径恰好为镜面边缘光反射所成的太阳像直径时,聚光比与相对光孔的关系为

$$C=\frac{A_a}{A_r}=\frac{(nf)^2}{4d^2} \tag{5-39}$$

由此可得

$$C=\frac{(nf)^2}{4\left[f\left(1+\frac{n^2}{16}\right)(2\sin 16')\right]^2}=\frac{2\,890n^2}{\left(1+\frac{n^2}{16}\right)^2} \tag{5-40}$$

当 $n\ll 1$ 时,$C\approx 2\,890n^2$. 令 $\frac{\mathrm{d}C}{\mathrm{d}n}=0$,可得 $n=4$ 时有最大聚光比 $C_{\max}\approx$ 11 550.

5.3.2　聚光集热器的光学性能分析

5.3.2.1　聚光过程的光学损失

投射到聚光集热器上的太阳辐射在聚焦过程中的损失包括散射辐射损失、反射(透射、吸收)损失和聚焦损失 3 类.

1) 散射辐射损失

如果某种聚光集热器只能利用太阳的直射辐射,即散射辐射全部损失,则能量平衡中投射到聚光器光孔上的太阳辐射应当是 $G_b R_b$,其中 G_b 为直射太阳辐

照度,R_b为倾斜面和水平面上直射太阳辐照度的比值.

然而,采光角较大的聚光集热器仍可收集相当一部分散射辐射.若假定在聚光器光孔上的散射辐射是各向同性的,则投射到聚光器光孔上的散射辐射中至少有 $1/C$ 可以到达接收器.

2) 反射(透射、吸收)损失

光反射损失的大小常用镜反射比 ρ 来评定.镜反射比 ρ 的定义:投射到反射面上的平行光符合反射角等于投射角的百分数.它是表面性质及表面光洁度的函数.

反射聚光器有两种,一种是正面反射镜面,即在成型的金属或非金属表面蒸镀或涂刷一层具有高反射率的材料,或将金属表面抛光而成.这类反射面由于直接与空气接触,为防止材料氧化,表面涂以保护膜,这种正面反射镜面的优点是消除了透射体的吸收损失,缺点是易受磨损或灰尘影响.另一种是背面反射镜面,即在透射体如玻璃的背面涂上一层反射材料,这种镜面的优点是镜面本身可以擦洗,经久耐用,缺点是太阳辐射必须经过二次透射,使得聚光系统的光学损失增加.聚光集热系统中多采用背面反射镜面.

当接收器具有透明盖层时,透明盖层的影响用透射比 τ 来描述,接收器表面的性能用吸收比 α 表示.当使用空腔形接收器时,α 可接近于 1.τ 与 α 都与太阳辐射对于透明盖层与接收器表面的平均投射角有关.反射光束对于接收器的投射角取决于光束在镜面上反射点的位置和接收器的形状.乘积$(\tau\alpha)$的值是对通过透明盖层和镜面各点反射到接收器上的辐射作积分求得的平均值.

3) 聚焦损失

由镜面反射的辐射通常会有一部分不能投到接收器上,特别是当镜面和接收器配合不适当时.这种光反射损失的大小用采集因子 γ 表示.采集因子表示镜面反射的辐射落到接收器上的百分数.

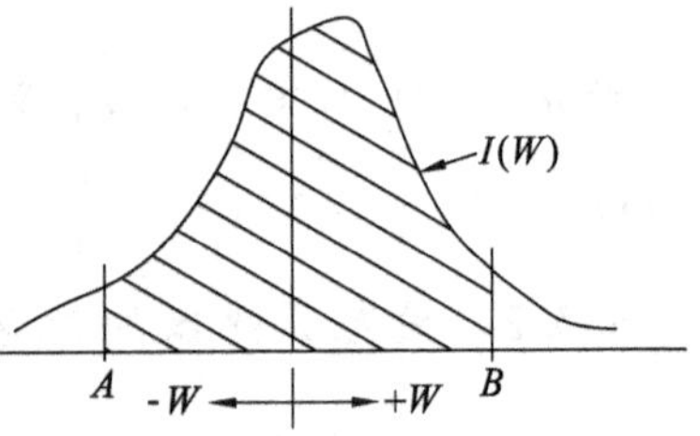

图 5-10 接收器上太阳像的辐射流分布

接收器表面太阳像的辐射流分布是不均匀的.太阳像断面上的辐射流可以假定是正态分布,如图 5-10 所示.

分布曲线下的总面积是镜面反射的总能量,可以由$(G_b\ R_b\ A_a\ \tau\rho)$确定.如果接收器的宽度为图 5-10 中 A,B 的间距,则阴影面积表示落到接收器上的能量.于是采集因子 γ 可以表示为

$$\gamma = \frac{\int_A^B I(W)\mathrm{d}W}{\int_{-\infty}^{\infty} I(W)\mathrm{d}W} \tag{5-41}$$

式中，W 为从接收器中心线量起的距离.

当聚光器的光学性能一定时，增大接收器尺寸可以减小光学损失，但要引起热损失的增大，反之亦然. 因此，接收器的尺寸应以热损失和光学损失总和减至最小为适当.

影响采集因子大小的主要因素是聚光器的精密程度. 对光学损失的影响，通常有以下几个因素：

① 聚光器反射表面的光洁度不理想引起的散焦.

投射在光洁度不理想的反射表面上的平行光束经反射后，反射光束将呈扩散状，扩散角增大. 这种角分散是表面小尺度不规则性的函数，其影响是增大在焦点处太阳像的尺寸，可以认为是减小了镜反射比 ρ 而增加了散射，通过镜反射率 ρ 值的降低反映出来.

② 聚光器反射表面的线形误差产生的太阳像变形.

聚光器反射表面的线形误差将会使太阳辐射产生散射，从而引起太阳像的扩大. 线形误差大小取决于聚光器的制造精度、支撑结构的刚度以及影响聚光器形状的其他因素.

③ 接收器相对于反射表面的定位误差引起太阳像的放大和位移.

接收器相对于反射表面的定位误差将引起太阳像的放大和位移，从而使聚焦表面上的能流密度降低. 而且，对于同一接收器，安装偏差愈大，采集因子 γ 愈小.

④ 集热器的定向误差引起太阳像的放大和位移.

聚光比较大的集热器都需要适当的跟踪太阳的机构. 跟踪方式的不完善将引起投射到光孔上的太阳辐射能量的减少. 减少的程度可以用入射角的余弦 $\cos i$ 表示，通常将 $\cos i$ 称为“入射系数”. 不同跟踪方式的入射系数 $\cos i$ 如表 5-2 所示.

表 5-2 槽形抛物面集热器的入射系数

跟踪方式(光孔平面位置)	入射系数
水平的固定平面	$\sin\varphi\sin\delta+\cos\delta\cos\omega\cos\varphi$
在春秋分日正午垂直于太阳光线的固定倾斜平面	$\cos\delta\cos\omega$
绕东西向水平轴转动的平面,每日调整一次,使平面法线在每日正午都与太阳光线重合	$\sin^2\delta+\cos^2\delta\cos\omega$
绕东西向水平轴转动的平面,做连续调整,以获得最大的投射能量	$(1-\cos^2\delta\sin^2\omega)^{1/2}$
绕南北向水平轴转动的平面,做连续调整,以获得最大的投射能量	$[(\sin\varphi\sin\delta+\cos\varphi\cos\delta\cos\omega)^2+\cos^2\delta\sin^2\omega]^{1/2}$
绕平行于地轴的轴转动的平面,做连续调整,以获得最大的投射能量	$\cos\delta$
分别绕互相垂直的两轴转动的平面,做连续调整,使平面法线随时都与太阳光线重合	1

跟踪机构不够精密,将引起定向角误差 θ_t. 定向角误差将引起太阳像的放大和位移. 对于尺寸一定的接收器,由于存在定向角误差,使一些反射辐射漏掉而不投在接收器上,而使采集因子 γ 减小,聚焦面上的能流密度降低. 如果定向角误差一定,采集因子 γ 的变化量是系统焦距和聚光比的正函数.

定向角误差对采集因子 γ 的影响,常用采集因子修正系数 $F(\theta_t)$表示. 采集因子修正系数的物理意义是,表示一个理想的光学系统而非理想的定向系统的程度. 图 5-11 为某一槽形抛物面集热器的实验测定结果. 由图可见,该集热器在定向角误差 θ_t 超过±0.5°时,采集因子修正系数急剧下降.

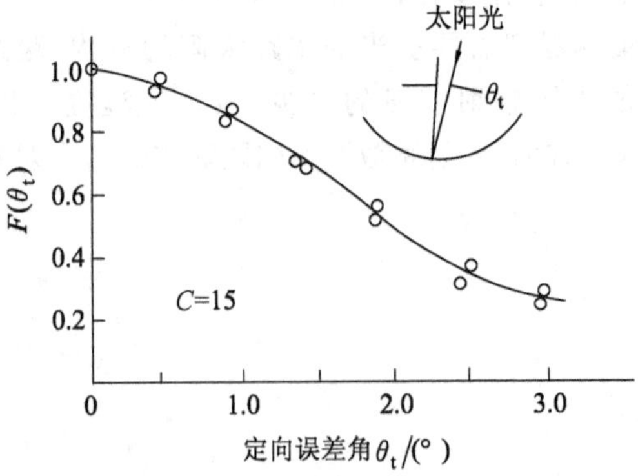

图 5-11 定向角误差引起采集因子修正系数的变化

5.3.2.2　集热器的光学效率

以垂直于太阳光的平面上的直射辐射为基准，槽形抛物面聚光集热器的光学效率可表示为

$$\eta_0 = \tau\alpha\rho\gamma F(\theta_t) f_i[(1-a_i \tan i)\cos i] \tag{5-42}$$

式中，η_0 为集热器的光学效率；i 为光孔上太阳光线的入射角；f_i 为反射镜面不受接收器支架遮蔽而有效利用的面积百分数；$a_i \tan i$ 为当入射角为 i 时的光孔面积的不可利用率，即考虑作为接收器的吸热管两端受到遮蔽或反射光超出管端而引起的能量损失系数，如图 5-12 所示.

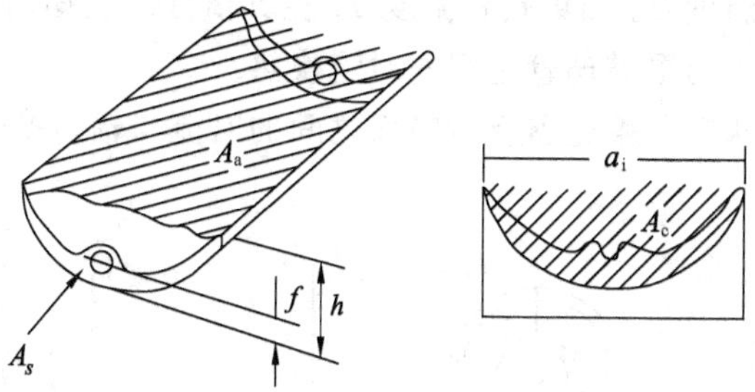

图 5-12　确定参数 a_i 的槽形聚光抛物面集热器尺寸图

$$a_i = \frac{a(f+h)+A_s+A_c}{A_a} \tag{5-43}$$

典型的 a_i 值为 0.2～0.3. 除了 ρ 在 0.80～0.90 以外，其他光学参数都在 0.90～0.95 之间. 所以，1°的定向角误差可以使光学效率降低 20%左右.

5.3.3　聚光集热器的热性能分析

5.3.3.1　聚光集热器的热损失

由于聚光集热器的接收器形状多样、表面温度更高、边缘影响更严重、热传导损失有时可能相当大，并且由于接收器上的辐射流不均匀，因而接收器表面可能存在显著的温度梯度. 因此，对聚光集热器而言，难以提出一个简单而通用的估算热损失的方法，而必须针对具体的接收器形状进行讨论.

对于采用外罩透明管、夹层抽真空的真空集热管作为接收器的槽形抛物面聚光集热器，有如下简化数学描述

$$q_l = \frac{A_k}{R_k L}(T_r - T_a) + \sigma\varepsilon_r \frac{A_r}{L}(T_r^4 - T_{sky}^4) \tag{5-44}$$

式中，A_k，R_k 分别为接收器两端的导热部件的横截面积和导热热阻. q_l 为单位长度的热损失，W/m.

如果接收器为没有外罩透明管的裸露吸热管，则有

$$q_l = h_w \frac{A_r}{L}(T_r - T_a) + \frac{A_k}{R_k L}(T_r - T_a) + \sigma\varepsilon_r \frac{A_r}{L}(T_r^4 - T_{sky}^4) \qquad (5\text{-}45)$$

式中，h_w 为裸露吸热管表面与周围空气换热系数，W/m² · ℃.

5.3.3.2 聚光集热器的有用能量收益

以槽形抛物面聚光集热器为例，假定接收器为外罩透明管、夹层抽真空的玻璃金属真空集热管. 图 5-13 为其物理模型及热网络图，为便于分析，作如下假定：

① 罩玻璃管温度 T_g 和集热管温度 T_r 在其横截面上均匀一致.

② 忽略集热管与罩玻璃管之间的对流换热.

③ 忽略罩玻璃管与聚光器反射镜面之间的对流与辐射换热.

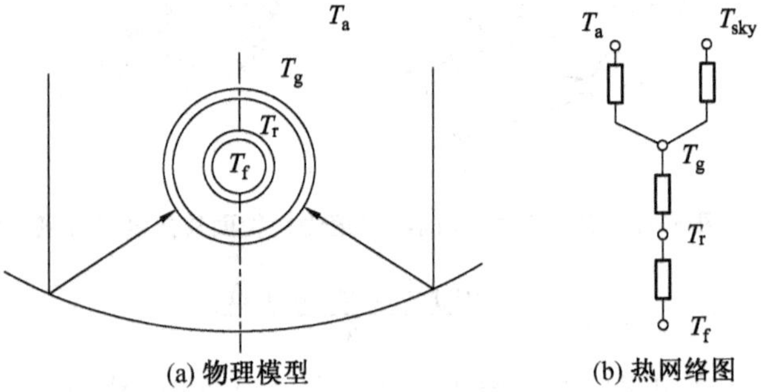

图 5-13 抛物面聚光集热器的物理模型与热网络图

在热平衡条件下，聚光集热器的有效能可写为

$$Q_u = G_b \rho(\tau\alpha)_e \gamma a L - U_l A_r (T_r - T_a) \qquad (5\text{-}46)$$

式中，G_b 为太阳直射辐射强度，W/m²；a 为聚光器的开口宽度，m；$A_r = \pi D_0 L$，表示集热管表面积，m².

有效能也可以用集热管传递给传热介质的能量来表示

$$Q_u = \frac{\pi D_o L(T_r - T_f)}{\frac{D_o}{h_i D_i} + \frac{D_o \ln(D_o/D_i)}{2k}} \qquad (5\text{-}47)$$

根据图 5-13 所示热网络图，由传热分析可求得集热管对环境的热损失系数，即

$$U_l = \left[\frac{1}{h_w + \sigma\varepsilon_g (T_g + T_a)(T_g^2 + T_a^2)} + \frac{1}{\sigma\varepsilon_r (T_r + T_g)(T_r^2 + T_g^2)}\right]^{-1} \qquad (5\text{-}48)$$

式中，ε_g，ε_r 分别为罩玻璃管和集热管的发射率；T_g，为罩玻璃管的温度，K；h_w=

$Nu\dfrac{k_g}{D_g}$，为罩玻璃管与外界的对流换热系数. k_g 为罩玻璃管导热系数，W/m·℃；D_g 为罩玻璃管直径，m. 当雷诺数 $Re>500$ 时，努塞尔数 Nu 可由下式计算

$$Nu=0.26Re^{0.5}+0.00128Re \tag{5-49}$$

对集热管与管内流体的换热，以集热管外径 D_o 为基准，由管内流体到外界的总热损系数 U_0 包含集热管对外界的热阻、管壁导热热阻以及管壁与流体的对流热阻3部分，即

$$U_0=\left[\frac{1}{U_l}+\frac{D_o}{h_f D_i}+\frac{D_o \ln\dfrac{D_o}{D_i}}{2k}\right]^{-1} \tag{5-50}$$

式中，D_i 为集热管内径，m；k 为集热管的导热系数，W/m·℃；h_f 为集热管与管内介质的对流换热系数，当集热管内流体层流流动时，Nu 可按下式计算

$$Nu=3.65+\frac{0.190\left(Re_d\cdot Pr\cdot\dfrac{D_i}{L}\right)^{\frac{4}{5}}}{1+0.117\left(Re_d\cdot Pr\cdot\dfrac{D_i}{L}\right)^{\frac{7}{15}}} \tag{5-51}$$

当集热管内流体湍流流动时，则按下式计算

$$Nu=0.023{Re_d}^{0.8}\cdot Pr^{0.4} \tag{5-52}$$

上两式中，Re_d 为管内流体的雷诺数；Pr 为管内流体的普朗特数.

为方便计算，消去集热管温度 T_r，用流体进口温度 $T_{f,i}$ 来计算有效能，引入集热器的效率因子 F' 及热迁移因子 F_R. 由式(5-46)、式(5-47)可得

$$Q_u=F_R[G_b\,\rho(\tau\alpha)_e\,\gamma aL-A_r U_l(T_{f,i}-T_a)] \tag{5-53}$$

热迁移因子 F_R 的表达式为

$$F_R=\frac{\dot{m}C_p}{A_r U_l}(1-e^{-A_r U_l F'/\dot{m}C_p}) \tag{5-54}$$

式中，$\dot{m}$ 为流体的质量流率，kg/s；C_p 为流体的定压比热，J/K.

效率因子可以表示为

$$F'=\frac{U_0}{U_l}=\frac{1/U_l}{\dfrac{1}{U_l}+\dfrac{D_o}{h_f D_i}+\dfrac{D_o}{2k}\ln\dfrac{D_o}{D_i}} \tag{5-55}$$

通过集热管后流体的出口温度为

$$T_{f,o}=T_{f,i}+\frac{Q_u}{\dot{m}C_p} \tag{5-56}$$

聚光集热器的瞬时效率方程为

$$\eta_c=F_R\left[\rho(\tau\alpha)_e-\frac{A_r}{A_a}U_l\,\frac{(T_{f,i}-T_a)}{G_b\,\gamma}\right] \tag{5-57}$$

5.4 复合抛物面聚光集热器

复合抛物面聚光集热器(简称 CPC)是美国学者 Winston 根据最大聚光原理发明的,其工作原理如图 5-14 所示. 该聚光器由两片对称的反射镜面组成,镜面线形是两条特殊组合的抛物线. 左右两侧抛物线的轴与聚光器主轴构成 $\pm\theta_i$ 的夹角,称为采光半角. 聚光器可以是由两个抛物面构成的槽形集热器,也可以是由两条抛物线绕光轴旋转而成的旋转体,或由两组槽形抛物面垂直相交而得的"方形体"(三维集热器). 复合抛物面聚光器在结构上满足边缘光原理,即在最大采光角范围内入射到聚光器光孔上的光线都将汇聚到反射光孔面的边缘上,因此,对任意给定的接收角,可以得到热力学上的最大聚光比.

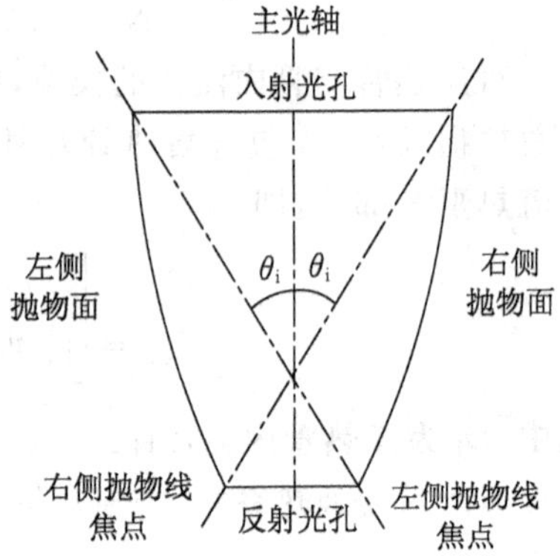

图 5-14 复合抛物面聚光集热器原理示意图

复合抛物面聚光集热器是一种无影像聚光集热器. 这种聚光集热器可以只定期调整安装倾斜角而不用连续跟踪. 目前已有 CPC 真空管、CPC 热管真空管太阳能集热器,分别以全玻璃真空管、热管真空管作为 CPC 的吸热体.

5.4.1 CPC 的光学性能分析

5.4.1.1 CPC 的线形

复合抛物面聚光器的线形可以有多种设计,如抛物面与圆弧段复合、抛物线与圆渐开线复合以及两条抛物线与圆渐开线复合等. 由于抛物线与圆弧段复合线形的间隙损失较大,所以实际的复合抛物面聚光器的线形,多选用抛物线与圆渐开线复合.

图 5-15 为抛物线与圆渐开线组合的复合抛物面聚光器的线形,右侧镜面 O_1B 段为抛物线,镜面 OO_1 段为接收器圆的渐开线,O_1 为右侧镜面 O_1B 段抛物线的顶点. O_1C 为抛物线镜面 O_1B 的轴,其与光轴之间的夹角 θ_i 即为聚光器的采光半角. 抛物线轴 O_1C 与接收器圆相切,切点为 F_1,即抛物线镜面 O_1B 的焦点.

抛物线上任意一点至焦点 F_1 的距离为

$$R=\frac{2f}{1-\cos\theta_R},\ 2\theta_i\leqslant\theta_R\leqslant\pi \tag{5-58}$$

圆渐开线上的任意点至基圆切点的距离为

$$\rho=r\theta,\ \theta\leqslant\frac{\pi}{2}+\theta_i \tag{5-59}$$

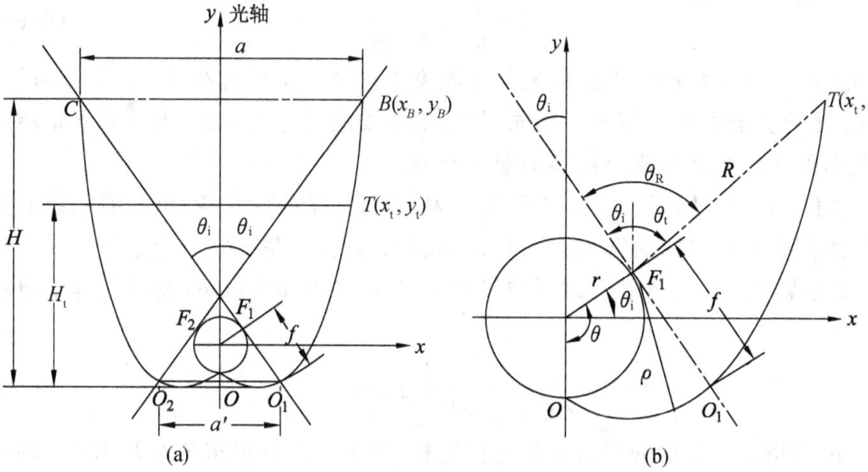

图 5-15　抛物线与圆渐开线组合的复合抛物面聚光器型线

抛物线与圆渐开线的连接点分别为图 5-15 中的抛物线的顶点 O_1 和 O_2，在该点处，有 $\rho=R$. 由图 5-15(b)中的几何关系可知，圆渐开线的方程为

$$\begin{cases}x=r(\sin\theta-\theta\cos\theta)\\ y=-r(\cos\theta+\theta\sin\theta)\end{cases} \tag{5-60}$$

抛物线上任意一点 B 的坐标为

$$x_B=r\left[\frac{\cos\theta_i(1-\cos\theta_R)+(\pi+2\theta_i)\sin(\theta_R-\theta_i)}{1-\cos\theta_R}\right] \tag{5-61}$$

$$y_B=r\left[\frac{\sin\theta_i(1-\cos\theta_R)+(\pi+2\theta_i)\cos(\theta_R-\theta_i)}{1-\cos\theta_R}\right] \tag{5-62}$$

5.4.1.2　CPC 的聚光比

根据聚光比的定义，复合抛物面聚光集热器的聚光比定义为入射光孔与反射光孔之比，即

$$C=\frac{A_a}{A_r}=\frac{a}{a'} \tag{5-63}$$

式中，a 为入射光孔宽度，m；a'为反射光孔宽度，m.

根据图 5-15 所示的几何关系，得

$$a' = \overline{O_1 O_2} = \frac{2f}{1-\cos(90^\circ+\theta_i)} = \frac{2f}{1+\sin\theta_i} \tag{5-64}$$

$$\frac{a+a'}{2} = \overline{O_2 B}\sin\theta_i = \frac{2f}{1-\cos 2\theta_i}\sin\theta_i = \frac{a'}{2}\left(\frac{1}{\sin\theta_i}+1\right) \tag{5-65}$$

由式(5-65)可以得到槽形复合抛物面聚光器的聚光比为

$$C = \frac{a}{a'} = \frac{1}{\sin\theta_i} \tag{5-66}$$

因此,复合抛物面聚光器的聚光比取决于它的采光半角 θ_i,与式(5-15)所表示的二维聚光器的理论聚光比相同.与其他形式的聚光器相比,当采光半角相同时,复合抛物面聚光器具有最高的聚光能力.

对于实际的 CPC 聚光器,如果反射表面线形的偏斜量 Ψ_1 和太阳光线的偏斜量 Ψ_2 都取它们的标准偏差 $\sigma_{\Psi 1}$ 和 $\sigma_{\Psi 2}$ 来表示,则按收集一定百分数光线设计的槽形复合抛物面聚光器能够达到的最大聚光比,将由式(5-66)确定的理论值降低为

$$C = \frac{1}{\sin\left(\theta_{max} + K\sqrt{4\sigma_{\Psi_1}^2 + \sigma_{\Psi_2}^2}\right)} \tag{5-67}$$

式中,K 按指定收集的光线百分数进行选择.对于光线按正态分布及 $K=2$ 的情况,槽形 CPC 聚光器约可收集 95%的光线.

一方面,当反射表面线形偏差 σ_{Ψ_1} 的数值不大时,它对 CPC 聚光器投射比的影响也很小;另一方面,这种反射表面线形偏差有时反而会使反射光线在反射光孔上分布得比较均匀,因此 CPC 聚光器对反射表面质量的要求可以适当降低.

5.4.1.3 CPC 聚光器的反射损失

垂直投射在 CPC 集热器光孔中心区域的太阳辐射可以直达接收器,而靠近光孔边缘的垂直辐射必须经过一次或多次反射才能到达接收器,因而会引起辐射减弱或辐射损失.为了描述后者的一光学损失,引入一个新的参量——平均反射数 $\bar{n}$,作为确定光效率的参数.

平均反射数 $\bar{n}$ 的定义:进入 CPC 集热器光孔的全部辐射在到达接收器途中平均经过的反射次数.这样,可以把因反射而减弱的辐射损失用反射损失率 κ 来表示,即

$$\kappa = 1 - \rho^{\bar{n}} \tag{5-68}$$

平均反射数 $\bar{n}$ 的值取决于投射辐射的入射角、聚光器镜面高度和聚光比.

5.4.1.4 截短对 CPC 性能的影响

由式(5-61)、式(5-62)的计算可知,采光半角 θ_i 有微小变化,则镜面高度 H

变化很大，即 θ_i 与 H 之间的变化曲线十分陡峭，因此全尺寸的复合抛物面集热器一般都相当高，这样不仅加大了反射损失，而且增加了材料消耗. 所以采用增加镜面高度来增加聚光比的方法，在经济上是十分不可取的. 因此，在 CPC 设计中，一般将计算高度截去三分之一甚至一半以上，以减小反射表面并缩小实体尺寸. 由于光孔附近的线段几乎与光轴平行，因而聚光比不会因高度截短而减小很多，但却大大降低了镜面总高度，这就是截短.

如图 5-15(b)，假定镜面在 T 点截短，则由式(5-61)、式(5-62)可求得截短后 T 点的坐标为

$$x_t=r\left[\frac{\cos\theta_i[1-\cos(\theta_i+\theta_t)]+(\pi+2\theta_i)\sin\theta_t)}{1-\cos(\theta_i+\theta_t)}\right] \tag{5-69}$$

$$y_t=r\left[\frac{\sin\theta_i[1-\cos(\theta_i+\theta_t)]+(\pi+2\theta_i)\cos\theta_t)}{1-\cos(\theta_i+\theta_t)}\right] \tag{5-70}$$

式中，θ_t 为镜面截短后截点和焦点连线与光轴之间的夹角.

对截短后的 CPC，有 $a=2x_t$，由式(5-69)，可求得聚光器的聚光比为

$$C=\frac{1}{2\pi\sin\theta_i}\left\{\sin 2\theta_i+\frac{(\pi+2\theta_i)[\cos(\theta_i-\theta_t)-\cos(\theta_i+\theta_t)]}{1-\cos(\theta_i+\theta_t)}\right\} \tag{5-71}$$

由上式可以看出，当 $\theta_i=\theta_t$ 时，聚光器有最大聚光比，即

$$C_{max}=\frac{1}{2\pi\sin\theta_i}[\sin 2\theta_i+(\pi+2\theta_i)] \tag{5-72}$$

截短后镜面总高度为

$$H_t=y_t+\frac{\pi}{2}r \tag{5-73}$$

表 5-3 列出了全尺寸 CPC 和截短 CPC 的光学特性与几何特性等参数的比较. 表中所列数据说明，CPC 截短一半，即高度与光孔宽度之比减小 50%，只引起聚光比降低 10%，而平均反射数却减少 20% 以上.

表 5-3　全尺寸 CPC 和截短 CPC 的光学特性与几何特性

集热器采光半角 /(°)	聚光比 C	高度与光孔宽度之比	反射面积与光孔面积之比	平均反射数 $\bar{n}$
36	1.40	0.38	0.80	0.25
	1.50	0.50	1.06	0.34
	1.60	0.65	1.36	0.42
	1.70*	1.00*	2.24*	0.61*
11.5	3.65	1.04	2.22	0.60
	4.51	1.62	3.38	0.79
	4.90	2.25	4.62	0.91
	5.00*	2.94*	6.00*	0.99*

续表

集热器采光半角/(°)	聚光比 C	高度与光孔宽度之比	反射面积与光孔面积之比	平均反射数 $\bar{n}$
5.7	7.28	1.86	3.86	0.87
	9.08	3.03	6.17	1.06
	9.80	4.17	8.44	1.17
	10.00*	5.47*	11.05*	1.25*

注:带"*"者为全尺寸 CPC 的数据.

CPC 是一种非成像的聚光器,最大优点是具有最大的采光角,在接收散射光的能力上要比成像聚光器强得多.复合抛物面聚光集热器通常为东西向布置,使用中仅需按季节变化,定期调整安装倾斜角即可.若聚光比设计在 3 以下,可安装作全固定式集热器.

5.4.2 CPC 的热性能分析

复合抛物面聚光集热器的热性能分析方法,与槽形聚光集热器的分析基本相同.图 5-16 为 CPC 槽形聚光集热器物理模型与热网络图.假设接收器为全玻璃真空集热管,为简化分析,作如下假设:

① 真空集热管温度 T_r 和流体温度 T_f 在集热管横截面上均匀一致.

② 忽略真空集热管与聚光器反射镜面之间的对流与辐射换热.

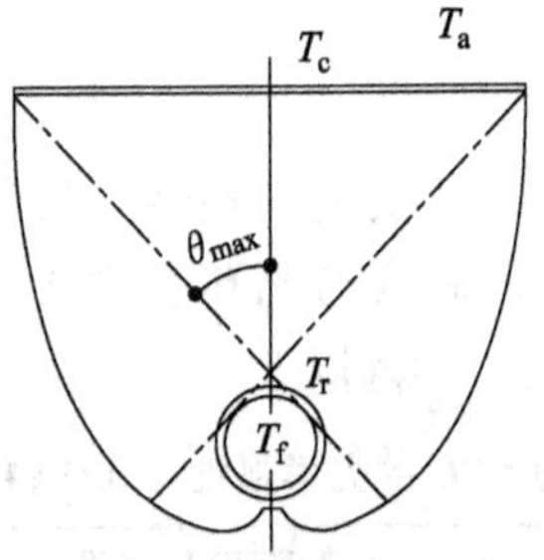

(a) 物理模型

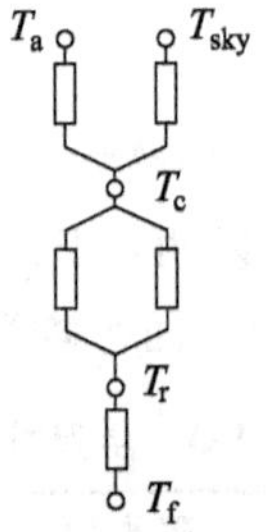

(b) 热网络图

图 5-16 CPC 槽形聚光集热器物理模型与热网络图

吸热体的能量平衡方程为

$$Q_{b,r}+Q_{d,r}=Q_u+Q_l \tag{5-74}$$

式中,$Q_{b,r}$ 为接收器直接吸收和经反射后吸收的直射太阳辐射能,为

$$Q_{b,r}=A_a\,G_b(\tau\alpha)_b\rho^{\bar{n}}(1+\rho^{2\bar{n}}\,\rho_r\,\rho_a) \tag{5-75}$$

$Q_{d,r}$ 为接收器吸收的散射太阳辐射能,为

$$Q_{d,r}=A_aG_d(\tau\alpha)_d\,\rho^{\bar{n}} \tag{5-76}$$

Q_l 为复合抛物面聚光集热器的热损失，为

$$Q_l = U_l A_r (T_r - T_a) \tag{5-77}$$

上面各式中，G_b 为投射在聚光器光孔平面上的直射太阳辐射；G_d 为投射在聚光器光孔平面上的散射太阳辐射；ρ，ρ_r，ρ_a 分别为镜面、接收器吸热体和盖板的反射比；$(\tau\alpha)_b$，$(\tau\alpha)_d$ 分别为直射辐射、散射辐射的透射率－吸收率乘积.

根据图 5-17(b)所示的热网络图，可求得式(5-77)中的热损失系数为

$$U_l = \left[\frac{1}{h_w + \sigma\varepsilon_c(T_c^4 - T_{sky}^4)/(T_r - T_a)} + \frac{1}{h_{r-c} + \sigma\varepsilon_s(T_r^4 - T_c^4)/(T_r - T_a)}\right]^{-1} \tag{5-78}$$

式中，ε_c 为盖板发射率；ε_s 为 CPC 槽的系统黑度；T_c 为盖板温度；h_{r-c} 为 CPC 槽内接收器吸热体和盖板之间的对流换热系数，可根据实际情况，按小空间自然对流换热处理.

同理，引入集热器效率因子和热迁移因子，复合抛物面聚光集热器的有效能可表示为

$$Q_u = F_R\{A_a[G_b(\tau\alpha)_b\rho^{\bar{n}}(1+\rho^{2\bar{n}}\rho_r\rho_a) + G_d(\tau\alpha)_d\rho^{\bar{n}}] - U_l\,A_r(T_{f,i} - T_a)\} \tag{5-79}$$

热迁移因子 F_R 的表达式为

$$F_R = \frac{\dot{m}C_p}{A_r U_l}(1 - e^{-A_r U_l F'/\dot{m}C_p}) \tag{5-80}$$

效率因子 F' 可以表示为

$$F' = \frac{1/U_l}{1/U_l + h_f + h_r} \tag{5-81}$$

式中，h_r 为真空管内外管之间的辐射换热系数，W/m² · ℃.

用聚光系统得到的有效能及投射到 CPC 集热器上的总太阳辐射，可以求得 CPC 集热器的瞬时效率为

$$\eta_c = \frac{Q_u}{(G_b + G_d)A_a} \tag{5-82}$$

若假设吸热体对直射辐射和散射辐射的吸收比都与太阳光线入射角无关，透明盖层的透射比也与太阳光线入射角无关，并假设全部热损失项都可以用 $U_l(T_r - T_a)$ 表示，则可以把式(5-82)简化为

$$\eta_c = \frac{Q_u}{G_a\,A_a} = \rho^{\bar{n}}\,\tau\alpha\gamma - \frac{U_l(T_r - T_a)}{CG_a} \tag{5-83}$$

式中，采集因子 γ 为

$$\gamma = \frac{G_b}{G_a} + \frac{1}{C}\frac{G_d}{G_a} \tag{5-84}$$

可以看出,式(5-83)中的光学效率 $\rho^{\bar{n}}\tau\alpha\gamma$ 不再是一个与运行条件无关的简单参数,它将随着直射分量与散射分量的比例而有所变化. 典型 CPC 集热器的光学效率数值范围在 0.6～0.7. 此数值低于非聚光的平板型集热器和真空管集热器. 因此,CPC 集热器在低温运行条件下效果较差,因为此时光学效率是重要的;而在较高温条件下运行时,CPC 集热器将因热损失减少而显示出优越性.

第 6 章

太阳能的热储存

6.1　概述

6.1.1　蓄能技术的类型

在日常生活和工农业生产中，能量的产生和需求在时间和数量上往往存在不同步现象，因此，在系统中设置蓄能装置就显得很有必要. 目前常采用能源转换的方式进行蓄能，即把要蓄存的能量转化为机械能、电磁能、化学能和热能等形式进行储存. 由此而来的蓄能技术分别称为机械能蓄能、电磁能蓄能、化学能蓄能和热能蓄能.

1）机械能蓄能

目前具有一定实用价值的机械能蓄存方式主要有飞轮蓄能、抽水蓄能、压缩空气蓄能等.

飞轮蓄能是将电能转化为飞轮动能的蓄能方式. 当电网电力充裕时，通过电动机使飞轮加速转动以动能形式蓄存电能；当电网需要电量时，飞轮减速拖动发电机发电释放出能量. 飞轮蓄能系统中的飞轮转子常选用强度较高的碳纤维材料制造，利用高温超导磁悬浮轴承使飞轮处于悬浮状态，整个系统需运行于真空环境下. 目前欧美和日本都已建造了飞轮蓄能示范装置.

抽水蓄能是利用水泵将多余电能转化为上水库中水的势能的蓄能方式. 抽水蓄能电站的水库分为上水库和下水库，在用电高峰期把上水库的水放下来发电输送出去；在用电低谷期利用电网上富余的电来把下水库的水抽到上水库里，这样就起到削峰填谷的作用. 目前我国已建造了多座抽水蓄能电站.

压缩空气蓄能是利用多余电能将空气压缩储存在地下洞穴，需要时再放出，经加热后通过燃气轮机发电机组发电，供给燃气轮机的能量是压缩空气的势能和用以加热空气的燃料化学能的总和. 1978 年联邦德国成功投运一个 290 MW 的压缩空气蓄能电站.

2）电磁能蓄能

电磁能蓄能主要包括电容器蓄能和超导电磁蓄能两种形式.电容器充、放电过程也是蓄能和释能的过程，电容器蓄能可为熔焊机、闪光灯等设备提供大功率的瞬时脉冲电流.超导电磁蓄能是用超导材料制成超导螺旋管，蓄能时，通过功率调节器将电能以磁场形式蓄存于超导螺旋管中；使用时，通过功率调节器的逆向输送将磁场能量转化为电能.

3）化学能蓄能

化学能蓄能主要包括化学燃料蓄能和电化学蓄能两种.化学燃料蓄能是指化学燃料本身就是一种含能体，因此将这些含能体储存起来就能达到蓄能的目的.电化学蓄能则包括蓄电池蓄能和燃料电池蓄能等形式，其原理可参阅相关文献，此处不再赘述.

4）热能蓄能

热能蓄能就是把暂时不需要的热量通过某种方式收集并蓄存起来，待需要时再提取使用的蓄能方式.热能蓄能主要包括显热储存、潜热储存和化学反应储存 3 种方式.

本章主要讨论太阳能的热储存.

6.1.2 太阳能热储存的必要性和发展现状

虽然太阳给人类提供了清洁、安全以及几乎取之不尽、用之不竭的能量，但是太阳能的使用又要受到诸如昼夜、季节、天气等因素的影响，因而具有显著的间断性和不均匀性，这种间断性和不均匀性会造成供需矛盾.以冬季太阳能采暖为例，在白天有太阳辐射时，只需少量供暖或不需要供暖，而在夜晚或阴雨天没有太阳辐射或太阳辐射极弱时，室内却需要大量供暖.所以为了使太阳能成为连续、均匀、稳定的能源，对太阳能进行储存已成为太阳能利用装置中不可或缺的部分.

太阳能热储存包括 3 层含义，一是将白天接收到的太阳能储存到晚间使用，二是将晴天接收到的太阳能储存到阴雨天气使用，三是将夏天接收到的太阳能储存到冬天使用.太阳能热储存的一般原理：太阳能集热器把所收集到的太阳辐射能转换成热能并加热传热介质，传热介质再经热交换器把热量传递给蓄热器内的蓄热介质，蓄热介质将热量储存起来.当需要时，利用传热介质经过热交换器把所储存的热量提取出来，输送给热负荷.

太阳能热储存的方法可分为显热储存、潜热储存和化学反应热储存等 3 种.其中显热储存也叫热容式蓄热，即利用蓄热介质温度变化时的吸、放热来蓄热.潜热储存也称为相变储热，就是利用蓄热介质发生相变时伴随的潜热效应来蓄热. 化学反应热储存就是通过可逆化学反应实现热量储存和释放过程的储热方式.

从上述 3 种太阳能热储存方式的技术成熟度来看，显热储存是发展最早、应用最广因而也是技术上最完善的储热方式，例如储水箱储热和岩石堆积床储热等已经在太阳能热水、采暖和空调系统中获得了广泛的应用. 潜热储存在短期储热方面也已有初步应用，但还存在一些技术上的困难，例如无机水合盐类的过冷、分层和老化，石蜡的机械强度差，比容积变化大和导热系数小等，虽然已经提出各种克服办法，并且个别的潜热储存材料已有商品出售，但是上述各项问题尚未得到妥善而彻底的解决. 化学反应热储存存在的困难则更多，解决的难度也更大，例如稳定性差、腐蚀性强、对容器的要求高等，因而还处于实验室研究阶段，只有少数示范性装置付诸实际运行，目前正对各种具有潜在应用价值的材料和反应进行系统地研究和筛选.

6.1.3 太阳能热储存的分类

太阳能热储存可以按储热时间长短、储热温度高低、储能密度大小等不同的方法进行分类.

1）按储热时间长短分类

① 短期储热——热储存时间在 16 个小时以内，其主要目的是为了调整一天内的热量供给与热负荷之间的不平衡.

② 中期储热——热储存时间一般为 3～7 天，其主要目的是为了满足阴雨天的热负荷需要.

③ 长期储热——热储存时间一般为 1～3 个月，其主要目的是为了调整几周或甚至跨季度的热量供给与热负荷之间的不平衡.

2）按储热温度高低分类

① 蓄冷——储热温度在 0 ℃以下，多用于空调制冷系统的冷量储存.

② 低温储热——储热温度小于 100 ℃，多用于建筑物的采暖、供应生活用热水或低温工农业生产用热(如干燥). 在显热储存系统中，常用水和岩石作为蓄热介质，而在潜热储存系统中，则多用无机水合盐和石蜡等有机化合物作为蓄热介质.

③ 中温储热——储热温度在 100～200 ℃之间，多用于吸收式制冷系统、蒸馏器、小功率水泵或低温差发电等. 常用沸点在 100～200 ℃之间的有机流体作为蓄热介质，也可利用岩石作为蓄热介质. 如仍用水作为蓄热介质，则需加压至 2～10 bar，这样对储热容器的耐压要求有所提高，因而成本也会显著增加.

④ 高温储热——储热温度在 200～1 000 ℃之间，多用于聚焦型太阳灶、蒸气锅炉或采用高性能汽轮机的太阳能热发电系统.由于储热温度较高，故其热力循环的效率也较中、低温储热高.一般多采用岩石或金属熔盐作为蓄热介质.

⑤ 极高温储热——储热温度＞1 000 ℃，多用于大装机容量太阳能热发电站或高温太阳炉.由于温度过高，目前只能采用如氧化铝等金属氧化物制成的耐火砖或液态金属作为蓄热介质.

图 6-1 所示为常用储热材料的工作温度范围.

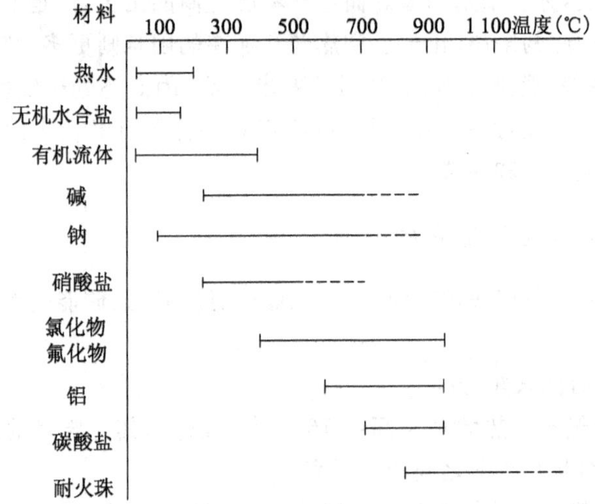

图 6-1　几种常用储热材料的工作温度范围

3）按蓄能密度大小分类

① 低能量密度储热——就储热方式而言，显热储存属于这一类；就储热材料而言，砖和岩石都属于这一类，因为两者储能密度分别只有 1 340 kJ・m^{-3}・K^{-1} 和 1 800 kJ・m^{-3}・K^{-1}.因此，当采用这类蓄热介质时，就不可避免地需用大量材料，从而使整个储热装置的体积和质量都较大.但是，这些材料的价格一般都比较低廉.所以，当不需要严格地限制储热装置的体积和质量时，使用这些材料在经济上是比较合算的.

② 高能量密度储热——就储热方式而言，潜热和可逆化学反应储热都属于这一类；就储热材料而言，无机水合盐、有机盐和金属熔盐等都属于这一类.此外，水和铸铁也都具有较大的储能密度，分别为 4 200 kJ・m^{-3}・K^{-1} 和 3 650 kJ・m^{-3}・K^{-1}.不过，有些储热材料的储能密度虽然较大，但价格昂贵（如部分金属熔盐），因此除有特殊需要外，一般不采用.

6.1.4 太阳能热储存的一般要求

总体上来讲，总是希望太阳能热储存系统具有蓄能密度尽可能大、蓄热时间尽可能长、取放热过程温度波动范围尽量小以及热损失小等特点.

1）对蓄热介质的要求

① 蓄能密度大——即单位质量或单位体积的储热量大. 对显热储存，要求蓄热介质的比热容和密度都尽可能大；对潜热储存，要求蓄热介质的相变潜热尽可能大；对化学反应热储存，则要求蓄热介质的反应热和反应分数尽可能大. 蓄能密度大可减小储热容器的体积，并降低整个储热装置的成本.

② 来源丰富、价格低廉——比如在显热储存系统中常用的水和岩石；在潜热储存系统中用得较多的无机水合盐和石蜡等.

③ 化学性质不活泼，无腐蚀性、无毒性、不易燃，安全性好——特别是在中、高温蓄热系统中，腐蚀现象更为严重，腐蚀现象不仅缩短了储热容器的使用寿命，还因为需要采取相应的防腐蚀措施而使成本大为提高，因此，无腐蚀性在选择储热材料时是一个相当重要的因素.

④ 储热和取热简单方便——例如，储热水箱和岩石堆积床的储热和取热过程都比较简单方便.

⑤ 能反复使用，性能长期稳定不变——例如，显热储存材料水和岩石在中、低温情况下可以经过多次反复使用而性能不发生改变；而岩石在高温下使用则容易碎裂，相变蓄热材料无机水合盐在反复使用的过程中会出现晶液分离现象.

2）对储热容器隔热措施的要求

特别是在中、高温条件下储热时，为了使所储存的热量在整个储热期间都能保持所需的热级，必须对储热容器采取严格的隔热措施. 所采用的隔热措施分别针对传导、对流和辐射 3 种传热方式：

① 传导——最简单的办法就是采用优质隔热砖或其他隔热材料，如果是静态储热装置，并且不会发生冲击、振动和沉积，采用耐火纤维（例如石英纤维）及其织品就会产生很好的隔热效果. 近年来开始采用更为完善的工艺，如将带有反射屏的多孔纤维薄壁（如以瓦棱纸板、尼龙布或塑料作为衬底的铝箔）置于真空中，效果良好.

② 对流——通常仍旧采用传统的双层薄壁中间抽成真空的杜瓦瓶原理，来消除由于对流所产生的热损失.

③ 辐射——储热温度越高，辐射热损失就占有越重要的份额. 通常采取在储热容器的内壁上安装以耐火纤维彼此隔开的多维反射屏（需经抛光）的措施，一般采用具有一定机械强度的多孔金属进行多层次的配置.

6.2 显热储存

6.2.1 显热储存的一般原理

显热储存是各种储热方式中原理最简单、技术最成熟、材料来源最丰富、成本最低廉的一种，因而也是实际应用和推广得最普遍的一种.

显热储存利用物质在温度升高（或降低）时吸收（或放出）热量的性质来实现储热的目的. 在一般情况下，物质体积元 dV 在温度升高（或降低）dT 时所吸收（或放出）的热量 dQ 可用式(6-1)表示

$$dQ=\rho(T,r)dV \cdot c(T)dT \tag{6-1}$$

式中，$\rho(T,r)$为物质的密度，一般来说是温度 T 和位置坐标 r 的函数；$c(T)$为物质的比热容，一般来说是温度的函数.

由于在太阳能热利用中所使用的显热储存材料大多是各向同性的均匀介质，且范围多在中、低温区域，此时 ρ 和 c 可视为常量. 因此，可将(6-1)式简化为

$$dQ=dm \cdot cdT \tag{6-2}$$

式中，$dm=\rho dV$，是物质体积元的质量.

对于质量 m 的物体，当温度由 T_1 变化至 T_2 时，其吸收（或放出）的热量 Q 可用下式计算

$$Q=\int_{T_1}^{T_2} mc\,dT = mc(T_2-T_1) \tag{6-3}$$

6.2.2 显热储存的常用材料

如上所述，显热储热体的储热量等于储热体的质量、比热容和所经历的温度变化三者的乘积. 但在一般情况下，可利用的温差与所使用的储热材料无关，而大多由系统确定. 因此，显热储热体的储热量主要取决于材料的比热容和密度两者的乘积. 在实际应用中，水的比热容最大为 4.2 kJ/(kg·℃)，而常用的固体比热容仅为 0.4～0.8 kJ/(kg·℃)，无机材料为 0.8 kJ/(kg·℃)，有机建筑材料为 1.3～1.7 kJ/(kg·℃). 至于材料的体积，除了材料的实体部分外，还与其本身的空隙率有关，对于不同材料，该值差异很大. 表 6-1 列出了常用显热储存材料的物性参数.

表 6-1　常用显热储存材料的物理性质

储热材料	密度 ρ/(kg/m³)	比热容 c/[kJ/(kg·℃)]	容积比热容 ρc/(kJ/m³·℃)	导热系数 λ/(W/m·℃)	备注
水	1 000	4.18	4 180	2.1	
防冻液(35%乙二醇水溶液)	1 058	3.60	3 810	0.18	
砾石	1 850	0.92	1 700	1.2～1.3	干燥
沙子	1 500	0.92	1 380	1.1～1.2	干燥
土	1 300	0.92	1 200	1.9	干燥
土	1 100	1.38	1 520	4.6	湿润
混凝土块	2 200	0.84	1 840	5.9	空心块
砖	1 800	0.84	1 340	2.0	
陶器	2 300	0.84	1 920	3.2	瓦
玻璃	2 500	0.75	1 880	2.8	透明盖板
铁	7 800	0.46	3 590	170	
铝	2 700	0.90	2 420	810	
松木	530	1.25	665	0.49	
硬纤维板	500	1.26	628	0.33	
塑料	1 200	1.26	1 510	0.84	
纸	1 000	0.84	837	0.42	

由于气体的比热容过小，一般不用作显热蓄热介质，所以显热储存通常采用液体和固体两类材料. 事实上，能够很好地满足太阳能热储存的一般要求以及显热储存特殊要求的材料并不多. 经过系统地研究、对比、试验和筛选后，目前比较一致的看法是：在中、低温(特别是热水、采暖和空调系统所适用的温度)范围内，液体材料中以水为最佳，而固体材料中则以砂石等最为适宜. 因为这些材料不仅比热容较大，来源丰富，价格低廉，而且都无毒性，也无腐蚀性.

6.2.3　显热储存的缺点

1) 蓄能密度小

由于一般显热蓄热介质的储能密度都较小，所以所需蓄热介质的质量和体积都较大，因而所用蓄热器的容积较大，所需隔热材料也较多. 即使蓄热介质本身的价格比较低廉，但整个储热系统的成本仍较高，且所占空间也较大，特别是对于高层建筑物和多层建筑物来说，经济性究竟如何，还需要进行综合考虑. 至于大规模和长时期(跨季度)储热，所需费用则更昂贵. 近年来，地下含水层和土壤储热的研究和试验日益受到重视,并已取得可喜的成果.

2) 输入和输出热量时的温度变化范围较大且热流不稳定

一方面,不易与用热器具的需求(恒温和恒定的热流)相吻合,往往需要采用调节和控制装置,增加了系统运行的复杂程度,也提高了系统的成本;另一方面,对系统的隔热措施要求比较高,不仅需要使用隔热性能良好的材料,还要增大所用隔热层的厚度,从而也提高了储热系统的成本.

6.2.4 液体显热储存

利用液体(特别是水)进行显热储存,是各种显热储存方式中理论和技术都最成熟、推广和应用最普遍的一种.一般要求液体显热储存介质除具有较大的比热容外,还要有较高的沸点和较低的蒸气压,前者是避免发生相变(变为气态),后者则是为减小对储热容器产生的压力.

1) 水

在低温液态显热介质中,水是一种比热容最大、便宜易得、性能优良的蓄热介质,因而也是最常使用的一种介质.其优点:

① 物理、化学和热力学性质很稳定.

② 传热及流动性能好.

③ 可以兼作蓄热介质和传热介质,在储热系统内可以免除热交换器.

④ 液-气平衡时的温度-压力关系十分适用于平板型太阳能集热器.

⑤ 来源丰富,价格低廉,无毒,使用安全.

当然,水也具有以下缺点:

① 作为一种电解腐蚀性物质,所产生的氧气易于锈蚀金属,且对于大部分气体(特别是氧气)来说都是溶剂,因而对容器和管道容易产生腐蚀.

② 凝固(结冰)时体积膨胀较大(达10%左右),易对容器和管道造成破坏.

③ 在中温以上(超过100 ℃后),其蒸气压会随绝对温度的升高而指数增大,故用水来储热,温度和压力都不能超过其临界点(374.0 ℃,2.2×10^7 Pa),如就成本而言,储热温度为300 ℃时的成本比储热温度为200 ℃时的成本要高出2.75倍.

利用水作为显热蓄热介质时,可以选用不锈钢、铝合金、钢筋水泥、铜、铁、木材以及塑料等各种材料制作蓄热水箱,其形状可以是圆柱形、球形或箱形等,但应注意所用材料的防腐蚀性和耐久性.例如选用水泥和木材作为储热容器材料时,就必须考虑其热膨胀性,以便防止因久用产生裂缝而漏水.

2) 其他液体蓄热介质

如上所述,水是中、低温太阳能系统中最常用的液体显热蓄热介质,其价廉而丰富，并具有许多好的储热性能.但是，温度在沸点以上时，水就需要加压.有一些液体也可用于100 ℃以上作为蓄热介质而不需要加压.例如一些有机化合物，其密度和比热容虽比水小并且易燃，但部分液体的储热温度不需要加压就可以超过100 ℃.一些比热容较大的普通有机液体的物理性质列于表6-2.由于这些液体都是易燃的，应用时必须有专门的防火措施.此外，有些液体黏度较大，使用时需要加大循环泵和管道的尺寸.

表6-2 液体显热储存材料的物理性质

液体储热材料	密度(20～25℃)/(kg/m^3)	比热容(20～25℃)/(kJ/kg·℃)	常压沸点/℃
乙醇	790	2.4	78
丙醇	800	2.5	97
丁醇	809	2.4	118
异丙醇	831	2.2	148
异丁醇	808	3.0	100
辛烷	704	2.4	126
水	1 000	4.2	100

6.2.5 固体显热储存

一般固体材料的密度都比水大，但考虑到固体材料的热容量小，并且固体颗粒之间存在空隙，所以以质量计，固体材料的蓄能密度只有水的1/4～1/10.尽管如此，在岩石、砂石等固体材料比较丰富而水资源又很匮乏的地区，利用固体材料进行显热储热，不仅成本低廉，也比较方便.固体显热储存通常与太阳能空气集热器配合使用，由于岩石、砂石等颗粒之间导热性能不良而容易引起温度分层，这种显热储存方式通常适用于空气供暖系统.

固体显热储存的主要优点：

① 在中、高温下利用岩石等储热不需加压，对容器的耐压性能没有特殊要求.

② 以空气作为传热介质，不会产生锈蚀.

③ 储热和取热时只需利用风机分别吹入热空气和冷空气，因此管路系统比较简单.

固体显热储存的主要不足之处：

① 固体本身不便输送，故必须另用传热介质，一般多用空气.

② 储热和取热时的气流方向恰好相反，故无法同时兼作储热和取热之用.

③ 较液体显热储存蓄能密度小，所需使用的容器体积大.

6.2.5.1 岩石储热

岩石是除水以外应用最广的蓄热介质.岩石成本低廉,容易取得.利用松散堆积的岩石或卵石的热容量进行储热的系统叫岩石堆积床(有时亦称为岩石储热箱).

1) 岩石堆积床的基本结构

图 6-2 为一个典型的岩石堆积床的结构示意图.岩石堆积床包括用于支撑床体的网孔结构以及使空气在两个方向上流动的空气分配叶片.容器一般由木材、混凝土或钢板制成.为了防止空气泄漏,床体应该密封,例如可用环氧树脂或其他热阻值适宜的化合物堵缝;顶盖则要用丁基橡胶或其他合适的材料密封,所用密封材料要经得起床体的最高储热温度.如果进行长期储热,则床体的外表面还必须有良好的保温措施,以便减少热损失.这种床体的特点是传热介质和蓄热介质直接接触换热,因此,岩石堆积床自身既是蓄热器又是换热器.

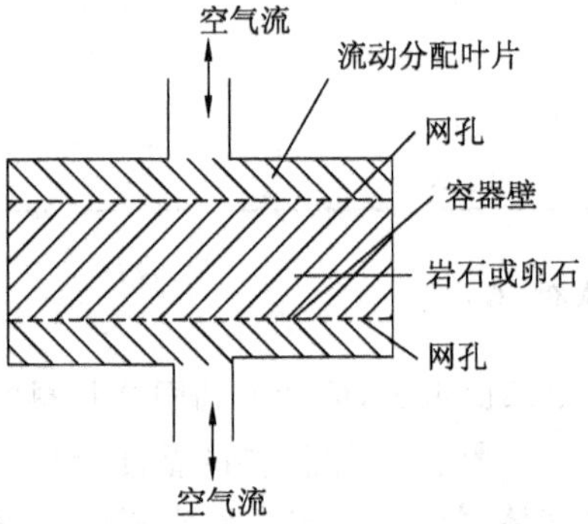

图 6-2 岩石堆积床的结构示意图

床体的形状以及岩石的大小对于堆积床的运行特性具有重要的影响.岩石堆积床的进、出口距离应尽可能短,而气流方向要尽量垂直于横截面.断面大、流速小,再加上行程短,故压降较低,从而所需风机的动力较小;反之,则所需风机的动力就较大.在一般情况下,床体的形状大多近似为扁平圆柱形.

岩石的颗粒越小,则传热面积越大,因而传热速率越高,这样既有利于储热,也有利于床体内部形成温度分层;但是岩石越小,则压降越大,空气流量越低,风机所消耗的动力也就越多.因此一方面要求岩石不应过小,以致压降过大,从而使空气流量大大降低;另一方面,也要求岩石不能过大,否则岩石内部加热不透,影响储热性能.

在一般情况下,岩石堆积床所用的岩石大多是直径为 1～4 cm 的卵石,且大小基本均匀;其空隙率(即岩石间空隙的容积与容器容积的比率)以 30%左右为宜.典型的堆积床传热表面积约为 80～200 m^2,而空气流动的通道长度(与床体高度大致相同)约为1.25～2.5 m.

设计较好的岩石堆积床,可以具有太阳能热利用所希望的两个特性:

① 空气与床体内固体之间的换热系数很高,这就有可能使得在储热和取热时,空气与固体之间的温差减至最小;

② 当无空气流动时,床体沿径向的热导率很低,故当利用岩石堆积床进行短期储热时,其外表面的隔热要求很低,可以大大降低成本.

2) 岩石堆积床的换热性能

从以上分析可见,空气与石块之间的传热速率及空气通过床体时引起的压降是岩石堆积床最重要的两个特性参数.

确定岩石颗粒大小的平均直径d(称为等效球直径)的经验公式为

$$d=(\frac{6}{\pi}\frac{V_0}{N})^{\frac{1}{3}} \tag{6-4}$$

式中,V_0为岩石颗粒的净体积,m^3;N为岩石颗粒数.

此外,岩石颗粒大小的平均直径d也可以利用下列经验公式求得

$$d=\frac{\mu(1-e)}{\rho v Re} \tag{6-5}$$

式中,μ为空气的粘滞系数,Pa·s;e为空隙率;ρ为岩石的密度,kg/m^3;v为空气在岩石空隙中的平均流速,m/s;Re为空气流动的雷诺数.

堆积床的体积传热系数h_v为

$$h_v=650\left(\frac{G}{d}\right)^{0.7} \tag{6-6}$$

式中,$G=\rho v$,为堆积床中空气的表面质量流速,$kg/(m^2 \cdot s)$.

堆积床的面积传热系数h为

$$h=(\frac{V}{A})h_v \tag{6-7}$$

式中,V为床体的容积,m^3;A为床体的横截面积,m^2.

从理论上讲,研究岩石堆积床的换热性能既可以使用解析方法,也可以使用数值近似方法.但是,由于床体内岩石的大小和形状不可能完全均匀一致,空气在岩石空隙间的流动情况极为复杂,故试图通过对进入床体后的空气温度随时间和空间变化的函数关系的求解得出解析解是非常困难的,甚至几乎是不可能的.因此,通常都采用数值近似方法.

6.2.5.2　其他固体材料储热

除了岩石之外,大多数固体储能材料(如金属氧化物等)的熔点都很高.这些材料能经受冷热的反复作用而不会碎裂,所以可作为中、高温蓄热介质.但金属

氧化物的比热容及热导率都比较低，储热和换热设备的体积将很大. 若将蓄热介质制成颗粒状，可增加换热面积. 可作为中、高温蓄热介质的有花岗岩、氧化镁、氧化铝、氧化硅及铸铁等. 这些材料的容积蓄热密度虽不如液体，但价格低廉，特别是氧化硅和花岗岩最便宜.

此外，还有一种以大地作为容器的储热装置：利用小池潭或在平地上开挖，用挖出的泥土在四周筑成围坝，并在围坝中间填满破碎的岩石，上部覆盖保温层或不透水层，如混凝土等. 这种储热装置的特点是以土壤作为容器，周围不必保温，费用较低，且岩石堆周围的土壤也参与储热，可以提高整个装置的储热能力；其通常也以空气作为传热介质，与空气集热器配合使用，表面应朝南倾斜约 30°，以便于排水. 这种以大地作为容器的储热装置具有结构简单、成本低廉、无水渗漏的危险等优点；缺点是只能适用于干燥地区，并且由于以空气为传热介质，其输送费用较高，故仅适宜于小规模的储热之用.

表 6-3 列出了几种固体储热材料的密度和比热容值. 在计算材料的储热密度时，密度与比热容的乘积是一个重要参数，有时称为容积比热容. 由表 6-3 可以看出，铸铁拥有相对较大的容积比热容，几乎接近水的水平.

表 6-3　固体显热储存材料的物理性质

kJ

固体储热材料	密度(50～100 ℃)/(kg/m³)	比热容(50～100℃)/(kJ/kg・℃)	容积比热容(50～100℃)/kJ/(m³・℃)
铝	2 700	0.88	2 376
硫酸铝	2 710	0.75	2 031
氧化铝	3 900	0.84	3 276
砖	1 698	0.84	1 426
氯化钙	2 510	0.67	1 682
干土	1 698	0.84	1 426
氧化镁	35 70	0.96	3 427
氯化钾	1 980	0.67	1 327
硫酸钾	2 660	0.92	2 447
碳酸钠	2 510	1.09	2 736
氯化钠	2 170	0.92	1 996
硫酸钠	2 700	0.92	2 484
铸铁	7 754	0.46	3 567
河卵石	2 245～2 566	0.71～0.92	1 594～2 361

为克服固体储热材料蓄能密度小的缺点，可将液体储热和固体储热结合，比如将岩石堆积床中的岩石改为由大量灌满了水的玻璃瓶罐堆积而成，这种储热方式兼备了水和岩石的储热优点，相比单纯的岩石堆积床，提高了容积储热密度.

6.3　相变储热(潜热储存)

6.3.1　潜热储存的一般原理

潜热储存是利用物质发生相变时需要吸收(或放出)大量相变潜热的性质来实现储热的，有时又称为相变储热或熔解热储存. 所谓相变潜热，就是单位质量物体发生相变时所吸收(或放出)的热量，其数值只与物质的种类有关，而与外界条件的影响关系极小.

质量为 m 的物体在相变时所吸收(或放出)的热量 Q 为

$$Q=m\lambda \tag{6-8}$$

式中，λ 为该物质的相变潜热，kJ/kg.

相变温度为 T_{m} 的材料，从温度 T_1 加热至温度 T_2，期间经历相变过程的总储热量 Q 为

$$Q=\int_{T_1}^{T_m} mc_1\,\mathrm{d}T+m\lambda+\int_{T_m}^{T_2} mc_2\,\mathrm{d}T \tag{6-9}$$

式中，c_1 为固态材料的比热容，kJ/(kg·℃)；c_2 为液态材料的比热容，kJ/(kg·℃).

通常，把物质由固态熔解成液态时所吸收的热量称为熔解潜热，而把物质由液态凝结成固态时所放出的热量称为凝固潜热. 同样，把物质由液态蒸发成气态时所吸收的热量称为蒸发潜热(或汽化潜热)，而把物质由气态冷凝成液态时所放出的热量称为冷凝潜热. 把物质由固态直接升华成气态时所吸收的热量称为升华潜热，而把物质由气态直接凝结成固态时所放出的热量叫凝固潜热.

在一般情况下，3 种潜热之间存在着下列关系：

熔解潜热＋汽化潜热＝升华潜热

并且，3 种潜热之间在数值上存在下列关系：

熔解潜热＜汽化潜热＜升华潜热

但是，由于物质汽化或升华时，体积变化过大，对容器的要求过高，所以实际使用的往往都是熔解(凝固)潜热. 此外，还可以利用某些固体(例如冰或其他晶体)的分子结构形态发生变化(亦称相变)时的潜热进行储热，这种相变潜热亦称

迁移热.

6.3.2 潜热储存的特点

一般来说,显热储存和潜热储存两者各有长短且相辅相成.并且,显热储存的主要缺点正好可以用潜热储存的主要优点来加以弥补.潜热储存的主要优点有:

1) 储能密度高.

一般物质在相变时所吸收(或放出)的潜热,约在几百~几千 kJ/kg 范围内.例如,冰的融解潜热为 335 kJ/kg,而水的比热容仅为 4.2 kJ/(kg·℃).在低温范围内,目前常用的相变材料的熔解潜热大多为几百 kJ/kg 的数量级.所以,如果储存相同的热量,所需相变材料的质量往往仅为水的 1/4~1/3 或岩石的 1/20~1/5,而所需相变材料的体积仅为水的 1/5~1/4 或岩石的 1/10~1/5.

表 6-4 对潜热储存材料与显热储存材料进行了比较,这里假设两种材料的储热量均为 10^6 kJ.

表 6-4 潜热储存材料与显热储存材料的比较(储热量均为 10^6 kJ)

材料	水	岩石	某相变材料
比热容/[kJ/(kg·℃)]	4.2	0.84	2.1
熔解潜热/(kJ/kg)			230
密度/(kg/m³)	1 000	2 260	1 600
质量/kg	14 000	75 000	4 350
体积/m³	14	33	3.7

2) 储热或取热时的温度波动幅度小.

一般相变材料在储热或取热时的温度波动幅度仅在 2~3℃的范围内,只有像石蜡这样的有机化合物类,储热和放热的温度变化范围才比较大,约为几十摄氏度.因而,只要选取合适的相变材料,其相变温度可与供热对象的要求基本一致,系统中除了需要调节热流量的装置以外,几乎不需要任何其他的温度调节或控制系统.这样,不仅使设计和施工大为简化,也能降低不少成本.

当然,潜热储存也不可避免地存在一些缺点:

① 当系统温度在熔点附近时,相变材料往往固、液二相并存,不宜泵送,故相变材料通常不能兼作传热介质.因此,在收集和储存以及释放热量的过程中,一般都需要两个独立的流体循环回路.

② 相变材料同时具有较大的热扩散系数和比热容往往是不可能的,因为在材料的导热系数 k、热扩散系数 a 和定压比热容 c_p 之间存在着下列关系

$$a=\frac{k}{c_{p}\rho} \tag{6-10}$$

对于相变储热材料来说，除要求它具有尽量大的熔解潜热外，还希望有尽可能大的比热容. 事实上，同时符合这两项要求的典型相变材料一般都只具有较低的导热系数和热扩散系数. 所以，通常需要设计和制作特殊的（因而也是昂贵的）热交换器.

3）为了保证相变材料的凝固速率（也即放热速率）与取热速率协调一致，通常也需要对热交换器进行特殊的设计.

4）对于分别用于供暖和空调的系统来说，两者的最佳放热温度并不相同，故一般需要采用两种不同的相变材料和两个分开的储热容器. 此外，如果相变材料的储热和放热温度与环境温度之间的差别较大，则还需要对储热容器采取特殊的保温措施.

5）相变材料（特别是无机盐水合物）常会发生过冷现象及晶液分离现象，所需添加的成核剂和增稠剂在经多次热力循环后可能受到破坏，相变材料对容器壁面的长期腐蚀会产生杂质等，这些都为系统的正常运行带来各种问题，要求分别给予特殊的考虑.

目前常用的潜热储存装置有胶囊型和管壳型两种结构，其典型结构如图 6-3 所示.

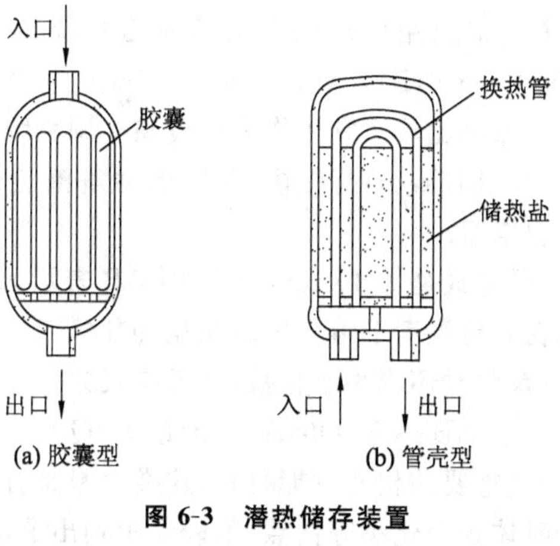

图 6-3　潜热储存装置

6.3.3　常用相变材料

用作潜热储存的相变材料，应具备下列特性：

① 具有合适的熔点温度，对于作为建筑供暖系统的储热材料，其熔点温度最好在 30℃左右；

② 具有较大的熔解潜热；

③ 在固态和液态中都具有较大的热导率、热扩散率和比热容；

④ 没有或只有微小的过冷现象；

⑤ 具有高度的化学稳定性，与容器壁面之间不发生化学反应；

⑥ 相变时体积变化很小，无论处于固态或液态，都能与容器壁面之间接触良好；

⑦ 具有较低的蒸气压；

⑧ 能快速结晶；

⑨ 不易燃和无毒性；

⑩ 价格低廉，来源丰富.

目前，大体上符合上述各项要求的相变储热材料，主要有无机盐的水合物（有时亦称无机盐化合物）、有机化合物和饱和盐水溶液.

6.3.3.1 无机盐水合物类储热

1）概述

无机相变蓄能材料主要包括无机盐类、无机盐水合物类、金属或合金类等. 其中金属与合金、一般无水无机盐的熔点都较高，属于高温相变材料. 虽然少数无水无机盐类的熔点较低，但往往价格过高，而且来源也不丰富，不利于广泛应用. 在中、低温利用领域中应用较广的是无机水合盐类，如 $Na_2SO_4 \cdot 10H_2O$，$CaCl_2 \cdot 6H_2O$，$Cu(NO_3)_2 \cdot 6H_2O$，$Mn(NO_3)_2 \cdot 6H_2O$，$LiNO_3 \cdot 3H_2O$ 等. 特别是在低温范围内，其熔点都比较适宜于作为供暖和空调系统的相变储热材料，储能密度大多在 120～300 kJ/kg 的范围内，与冰的融解潜热相差不多，并且价格比较便宜，来源也比较丰富.

无机水合盐的分子通式是 $AB \cdot nH_2O$，其中 AB 表示无机盐，n 是结晶水分子数. 水合盐吸热后在一定温度下熔化为水和盐，同时储存热量. 反应是可逆的，降至一定温度后热量释放并还原为水合盐，其反应式为

$$AB \cdot nH_2O \Leftrightarrow AB + nH_2O - Q \tag{6-11}$$

无机水合盐是一类重要的相变蓄能材料，这类材料具有大的溶解潜热、比较高的导热系数、相变时体积变化小等优点. 附表 3 中列出了常用无机盐水合物的热物理性质. 可见可供选择的无机盐水合物较多，故只需根据热负荷的温度和热量，选取适宜的无机盐水合物以及相应的数量，即可与需求基本上协调一致. 特别是，由于绝大多数无机盐水合物的熔点较低，如与平板型太阳能集热器配合使用，可以保证太阳能集热器始终在较高的效率下运行. 此外，对于利用温度基本恒定的工厂余热或废气进行储热，也十分方便.

2）无机盐水合物的缺点及解决办法

如上所述，利用无机盐水合物作为相变储热材料确实具有许多无可争议的优点. 但是，绝大多数无机盐水合物又不可避免地存在着一些缺点和问题，其主要缺点以及克服办法大致如下.

（1）难以泵送与热交换

和所有的相变材料一样，无机盐水合物在相变过程中固液共存，在熔点附近是很难泵送的，所以必不可少地需要采用与储热材料熔点差异较大的中间传热介质，这样就要求在储热材料和传热介质之间进行热交换，其结果一定会降低整个系统的热效率.

（2）晶液分离与增稠剂

对 $AB \cdot nH_2O$ 类型的无机盐水合物进行加热后，通常变成具有较少结晶水的另一种水合物 $AB \cdot mH_2O$（$m<n$）或无水盐，而无水盐或 $AB \cdot mH_2O$ 的全部或一部分就溶解在（$n-m$）mol 的结晶水中. 当在熔点以上（或甚至在更高的温度下）仍有部分盐类未溶解时，就发生“部分共熔”现象. 这时，未溶解的固体通常具有较大的密度，故沉淀于容器的底部.

当对部分共熔的无机盐水合物进行冷却并对混合物进行搅动时，就会毫无困难地重新结晶. 但当在封闭容器内进行冷却且对混合物不搅动时，则在容器底部的固体剩余物常被“冻入”，并被固态无机盐水合物的晶体所包围. 因此，就有部分固体沉淀物不能和它的结晶水重新结合，发生晶液分离现象. 这样，会使相变材料的储热能力减退. 经过多次热力循环后，相变材料的储热能力会持续减退以致完全消失.

为了减轻或防止晶液分离现象，通常采用下列几种措施：

① 对混合物进行适当地搅动或震动，但这种方法对于固定在建筑物内部（如墙壁或屋顶）的储热装置来说，显然并不适用，并且就节能的观点来看也不经济.

② 将无机盐水合物放入浅盘式容器中，使得在重力作用下由于密度不同而造成的晶液分离现象有所减轻或消除. 但是实践表明，浅盘的高度只能为几毫米，在实际应用中存在一定的困难和不便.

③ 在无机盐水合物中加入适当的增稠剂，以防止无水盐晶体的沉淀. 这样，就有可能使无水盐与其结晶水在熔点温度下重新结合. 通常使用的增稠剂多为硅胶衍生物.

（3）过冷与成核剂

对液态无机水合盐进行降温冷却时，在其重新结晶之前，可能会在熔点以下显著地过冷. 当熔解物冷却到一定温度（即不稳定过饱和的温度）以下时，便会自发地结晶. 但其真正的熔点和不稳定过饱和温度之间的差值可高达 30～40 ℃.

典型的水-冰例子是众所周知的，在过冷的洁净水自发地冻结以前，可以一直过冷到－40 ℃左右；十水硫酸钠的熔点虽是 32.4 ℃，但可一直过冷到－7 ℃方自发地结晶；六水氯化钙的熔点为 29.5 ℃，可过冷至 0 ℃附近才结晶. 图 6-4 给出的是某种无机水合盐的降温曲线，由曲线可明显看出该材料存在较严重的过冷现象.

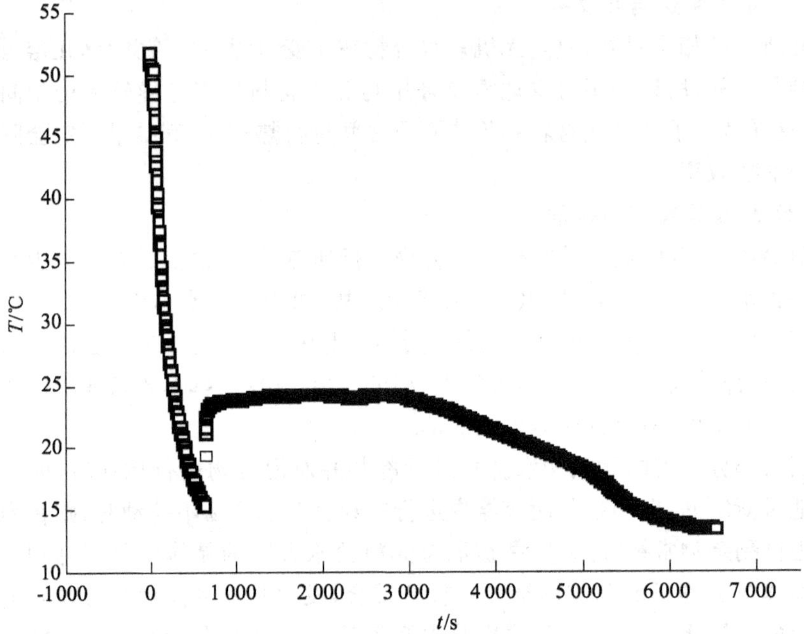

图 6-4　典型无机水合盐降温曲线

过冷现象是由于在熔解物中没有“晶种”，或者其温度和外界条件变化过于平缓而造成的. 当相变材料发生过冷时，其熔解热在确定的温度(即熔点温度)下并未释放出来，因此在实际应用中，一定要防止过冷现象的发生.

有很多种办法可以简单地防止过冷现象的发生，例如放入原来的物质作为结晶核诱发结晶，或搅动相变材料等. 但对实用储热系统来说，问题的关键在于，在把无机盐水合物永久性地密封在容器内时如何防止过冷现象的发生. 为了保证无机盐水合物的储热能力，必须在不打开容器的前提下防止过冷，并需在熔点温度或其上下几度范围内，实现可逆的熔解和凝固过程. 此外，为了保证系统的稳定性和持久性，还必须避免外界的干扰，诸如搅动和震动等. 在这些条件下，一般采用下列几种方法来防止过冷：

① “自成核剂”法. 引入形成熔解物的原始无机盐水合物的固态结晶体. 比如在容器内放入比实际需要量多的相变材料，以便在其吸热量最大的情况下，仍可有一小部分相变材料未能熔解，而这些过剩的晶体在冷却过程中便成为“晶

种”;或采用冷指法,即在蓄能器内保持部分冷区,处于冷区的无机盐水合物始终处于固态,这部分固态无机盐水合物在结晶时便可作为晶核.

② “异质成核剂”法.引入与无机盐水合物原始晶体属于异质同晶型或部分异质同晶型的材料.这种异质同晶型材料在结晶形式、晶格间距以及原子排列等方面都必须与无机盐水合物原始晶体大致相同,并且这些成核剂应不显著地影响无机盐水合物本身的性质,如在十水硫酸钠中引入3%~4%的硼砂作为异质成核剂.

③ 熔解物加热至略高于其熔点的方法.当熔解物的温度略高于熔点再行冷却时,一般可以立即发生结晶,并且这时晶体是从容器壁面或容器内异质材料的表面开始生成.对于这一现象可作如下的解释:假设在容器壁内或异质材料表面上存在着亚微观的裂缝,无机盐水合物的微小晶粒便沉淀在其中,而分界面处的表面张力使得无机盐水合物的熔点略高于其正常熔点.因此,当无机盐水合物的温度略高于其熔点后再冷却时,这些微小的晶粒便成为晶种而促进结晶过程的完成.

④ 其他方法.还可以利用超声波装置或在储热容器内放入一些翅片等成核装置来防止过冷现象的发生,但这些装置的成本都较高.

3) 常用无机盐水合物的特性

(1) 十水硫酸钠

$Na_2SO_4 \cdot 10H_2O$ 的熔点为 32.4 ℃,熔解热为 250.8 kJ/kg,单位容积蓄热量是温升为 20 ℃水的蓄热量的 4 倍多,是一种比较理想的太阳能供热采暖或余热利用系统蓄热材料.常用高吸水树脂、十二烷基苯磺酸钠作为 $Na_2SO_4 \cdot 10H_2O$ 的防相分离剂,用硼砂作为防过冷剂.

(2) 六水氯化钙

$CaCl_2 \cdot 6H_2O$ 熔点为 29.5 ℃,熔解热为 180 kJ/kg,属于一种低温型蓄热材料.由于它的熔点较低,接近于室温,且其溶液为中性,无腐蚀、无污染,所以适合温室、暖房、住宅及工厂的低温废热回收等方面.$CaCl_2 \cdot 6H_2O$ 同样存在严重的过冷现象,常用 BaS,$CaHPO_4 \cdot 12H_2O$,$CaSO_4$,$Ca(OH)_2$ 及某些碱土金属或过渡金属的醋酸盐作为防过冷剂;用二氧化硅、膨润土、聚乙烯醇等作防相分离剂.

(3) 三水醋酸钠

$CH_3COONa \cdot 3H_2O$ 的熔点为 58.2 ℃,属于中低温蓄热材料,其熔解热为 250.8 kJ/kg,若用于采暖系统,其熔点过高,此时可加入凝固点调整剂,如低熔点的水合盐类等,但通常会伴随熔解热的降低.和田隆博等采用醋酸钠、尿素与水以适当比例混合,既降低了相变温度,又可维持较高的相变潜热.三水醋酸钠的防过冷剂常用 $Zn(OAc)_2$, $Pb(OAc)_2$,$Na_2P_2O_7 \cdot 10H_2O$,$LiTiF_6$ 等;防相分离剂常用明胶、树胶、阴离子表面活性剂等.

(4) 十二水磷酸氢二钠

磷酸盐水合物通常只作为辅助蓄热材料使用,但 $Na_2HPO_4 \cdot 12H_2O$ 却可作为主蓄热材料,其熔点为 35 ℃,熔解热为 205 kJ/kg. $Na_2HPO_4 \cdot 12H_2O$ 的凝固开始温度通常为 21 ℃,可用 $CaCO_3$,$CaSO_4$,硼砂等作防过冷剂;用聚丙烯酰胺作防相分离剂.

目前,在美国已有 10 余家公司生产建筑物供暖系统储热用的相变材料,如十水硫酸钠、五水硫代硫酸钠和六水氯化钙等,所用容器有钢筒、铝箔层压盒以及聚乙烯管等.相变温度的范围自 20℃至 46℃,储热能力自 360 kJ 至 2 700 kJ,使用年限自 1 年至 10 年不等.此外,由于无机盐水合物的导热系数与混凝土的导热系数相当接近,故可将无机盐水合物灌注在多孔混凝土内,并用环氧树脂或其他表面涂层进行封装.这样制成的"热混凝块"具有使建筑物成为一个整体的特殊优越性.如重量百分比为 50%的六水氯化钙的混凝块试样,在 27 ℃时提供潜热储热.初看起来,这种材料似乎很有希望,但是老化试验表明,混凝土会鼓起并破裂,这显然是无机盐水合物与混凝土内的石灰发生化学反应的结果.其后又利用不含石灰的混凝土来克服这种缺陷,其中有些试样已经持续使用一年以上.不过,还没有对这种新材料进行过长期的试验,以便确定它们能否经受得住在实际应用中预期会发生的反复热力循环而保持储热性能不变.

6.3.3.2 有机化合物类储热

如果只根据材料的熔解热值来看,有机化合物都可以作为潜在的相变储热材料.但是,当把性能不稳定或价格过高的化合物排除在外后,可选的数目就大为减少了.对于作为建筑物供暖和空调系统的储热材料来说,饱和的碳氢化合物(石蜡)、结晶聚合物(塑料)和天然生成的有机酸等都是比较实用的.

表 6-5 给出几种有机化合物相变材料的熔点和熔解潜热.

表 6-5 几种有机化合物相变材料的熔点和熔解潜热

有机相变材料	熔点/℃	熔解潜热/(kJ/kg)
石蜡	74	230
蜂蜡	62	177
牛脂	76	198
蒽	96	105
萘	80	149
萘酚	95	163

其中，尤以石蜡最具代表性. 石蜡主要由直链烃混合而成，分子通式为C_nH_{2n+2}，其性质接近饱和碳氢化合物. 在常温下，n小于5的石蜡族为气体，n在5～15之间的为液体，n大于15的是固体. 纯石蜡价格较高，通常采用工业级石蜡作为相变蓄热材料. 工业级石蜡是多种碳氢化合物的混合体，没有固定的熔点，而是一个熔化温度范围. 目前石蜡得到了比较广泛及深入的研究和应用，其主要优点：

① 具有较宽的熔点范围，自$C_{16}H_{34}$至$C_{60}H_{122}$，其熔点温度的范围为20～90 ℃. 各种石蜡的熔点随其所含CH_2基数的多少而升降，故可通过增减石蜡中的CH_2基数来调节其熔点. 使用前，可以根据不同的需要，任意选取合适的种类，这一点在利用太阳能供暖和空调的系统中特别适宜.

② 物理和化学性能长期稳定，能反复熔解、结晶而不发生过冷或晶液分离现象，这一点使石蜡比一般的无机盐水合物具有更大的吸收力.

③ 来源丰富，价格便宜，无毒性且无腐蚀性.

当然，有机相变材料也存在一些缺点，一般来说，所有有机相变材料都具有下列3个方面的缺点：

① 导热系数很低. 例如石蜡的导热系数仅为0.7 W/(m · ℃)左右，与一般隔热材料的导热系数数量级相同，因此传热极慢，需用大型的热交换器才行.

② 易燃且易流动，安全性和稳固性都较差. 石蜡还有被氧化的可能，而且氧化后变色，产生臭味，含油量上升，这些都不利于用作储热材料.

③ 熔解和凝固时的体积变化较大. 如石蜡熔解时的体积增大可达11%～15%，因此需要对于容器以及整个储热系统进行特殊的设计.

近年来，有人试验把石蜡掺入混凝土，使石蜡形成团粒状的材料，并与水泥、砂子、骨料和水等混合在一起. 这样，一方面由于石蜡的高熔解潜热，可使这种混合材料比纯混凝土的储热能力提高75%；另一方面，由于混凝土的导热系数较高，又可保证这种混合材料传热较快，且具备较好的强度. 预计在混凝土内掺入30%～40%的石蜡后，可以提供最高的储热能力. 如果掺入的石蜡比例过高，则石蜡可能流出，影响强度. 虽然目前只进行过小样试验，但研究人员确信这种工艺有可能商品化. 如果实验证明这种材料是可以采纳的，则它照样可在堆积床中使用.

6.3.3.3 固-固相变材料

所谓固-固相变是指物质在相变前后都为固态，但其晶型发生了转变. 一般而言，固-固相变的潜热较小，体积变化也小. 其最大优点是相变后不生成液相，对容器的要求不高. 由于这种独特的优点，固-固相变材料越来越受到人们的重视.

目前发现的具有实用价值的固-固相变材料主要有3类:无机盐类(主要包括层状钙钛矿,$LiSO_4$,KHF_2,Na_2XO_4(X=Cr,Mo,W)等物质),多元醇类和有机高分子类,它们都是通过有序-无序转变而实现可逆地吸热、放热.

固-固相变材料主要应用在采暖系统中,与水合盐相比,具有不泄漏、收缩膨胀小、热效率高等优点.能耐3 000次以上的冷热循环(相当于使用寿命25年);把它们注入纺织物,可以制成保温性能好的服装;可用于制作保温时间比普通保温杯长的保温杯;含有这种相变材料的沥青路面或水泥路面可以防止结冰.总之,这种相变材料具有非常广阔的应用前景.

6.3.3.4 复合相变材料

从应用的实际情况来看,单一相变蓄能材料或多或少都存在一些缺点,不能满足需要.而材料的复合化可以将各种材料的优点集合在一起,制备复合相变材料是潜热蓄热材料的一种必然发展趋势,因此制备复合相变材料正成为蓄热技术领域的一个新热点.

比如潜热储存具有单位质量(体积)储热量大,在相变温度附近的温度范围内使用时,可保持在一定温度下进行吸热和放热,化学稳定性和安全性好等优点.但也具有在相变时,固、液两相界面处传热效果较差的缺点.所以,近年来有人正在研制一种新型的高性能复合储热材料,将高温熔融盐潜热储存材料复合到高温陶瓷显热储存材料中,例如,将LiCl-KCl,$Li_2CO_3 \cdot Na_2CO_3$-K_2CO_3,Li_2CO_3-K_2CO_3,LiF-NaF-MgF_2,LiF-NaF等熔融盐复合到Al_2O_3,MgO,SiC等多孔质陶瓷基体材料中去.如此形成的复合储热材料,既可兼备固相显热储存材料和相变潜热储存材料两者的长处,又可克服两者的不足,使之具备能快速放热、快速储热及储热密度高的特有性能.

再比如石蜡的导热系数低而使以石蜡为相变材料的蓄能系统传热速度慢,为解决这一问题,可将石蜡与膨胀石墨通过一定工艺进行复合,构成膨胀石墨/石蜡复合相变储热材料,利用石墨具有的高热导率来提高石蜡的导热能力.

6.4 化学储热

6.4.1 概述

前两节介绍的太阳能显热储存和太阳能潜热储存,都属于利用物理方法进行热储存.除了这两种物理方法外,还可以利用化学方法来实现太阳能热储存,这就是太阳能化学反应热储存.

所谓太阳能化学反应热储存,是通过可逆化学反应的反应热形式进行的,也即利用可逆的吸、放热化学反应来储存和释放由太阳能转换成的热能.

一个最简单的可逆吸放热化学反应例子为

$$AB+\Delta H \Leftrightarrow A+B \tag{6-12}$$

式中,AB 为化合物,A 和 B 为两个组分,ΔH 为反应热.这里,正反应是吸热反应(储存热量),逆反应是放热反应(释放热量).反应进行的方向由温度(转折温度 T_c)决定,当 $T>T_c$ 时,反应正向进行,即由化合物 AB 分解成 A 和 B 两个组分,需要吸收热量 ΔH;而当 $T<T_c$ 时,反应逆向进行,即由 A 和 B 两个组分化合成 AB,即可放出相同的热量 ΔH.这种利用可逆的吸、放热化学反应来储热和放热的方法称为化学反应热储存,简称为化学储热.

可逆化学反应的储热量 Q 与反应程度和反应热有关,可表示为

$$Q=\alpha_\tau m\Delta H \tag{6-13}$$

式中,α_τ 为反应分数;ΔH 为单位质量反应物的反应热,kJ/kg;m 为反应物的质量,kg.

通常化学反应过程的能量密度很高,因此,少量的材料就可以储存大量的热.可逆化学反应热储存的另一优点是反应物可在常温下保存,无须保温处理.

选择化学反应的标准是:

① 热力学的要求.ΔH 和 T_c 的值都必须适当,使温度范围和储能密度符合应用的要求.

② 可逆性.反应必须是可逆的,且不能有显著的附带反应.

③ 反应速率.正向和反向过程的反应速率都应足够快,以便满足对热量输入和输出的要求;同时,反应速率不能显著地随时间而改变.

④ 可控性.必须能够根据实际需要,随时使反应进行或停止.

⑤ 储存简易.反应物和产物都应能简易而廉价地加以储存.

⑥ 安全性.反应物和产物都不应由于其腐蚀性、毒性及易燃性等,对安全造成不可克服的危害.

⑦ 廉价和易得.所有的反应物和产物都必须容易获得,并且价格低廉.但是,对于价格的具体要求,只能针对具体的应用途径,通过详细地经济分析才能加以确定.

6.4.2 可供选择的化学反应及其分类

虽然可逆吸热化学反应的种类很多,但能同时满足上列各项标准要求的反应数目却十分有限.出于可控性的要求,下面将只考虑可以控制的反应方式.

在给定吸热反应的条件下，主要关心怎样才能防止由于逆反应的发生而使储存的能量有所减损. 一般来说，有 3 种方法可供使用：采用催化剂、将产物分离以及对反应进行热抑制，以下分别加以介绍.

1) 催化反应(化学热管)

此方法大多适用于气-气反应，例如：

$$2SO_3 = 2SO_2 + O_2$$

$$CH_3OH = CO + 2H_2$$

这类反应的特点是反应物和产物中都有气相存在，故其反应平衡温度具有一定的分布范围. 此外，在对逆反应无适当催化剂存在的情况下，产物之间不发生反应，因而受催化的吸热反应的产物将能长期储存. 由于从吸热反应器出来的产物可以通过管道输送到负荷所在地的放热反应器，而化合后的反应物又可以通过第二条管道输送回吸热反应器重新进行吸热反应，整个过程形成一个循环，故通常又称为化学热管.

图 6-5 表示利用气-气反应 $CH_3OH = CO + 2H_2$ 的化学反应热储存系统的简单流程，其中 CH_3OH 分解为 CO 和 H_2，CO 冷凝后以液态的形式储存起来，而 H_2 则被压缩后以气态的形式储存起来. 在放热反应器中添加催化剂，即可使 CO 和 H_2 重新化合而将热量放出，而放热反应的产物 CH_3OH 则在冷凝后加以储存.

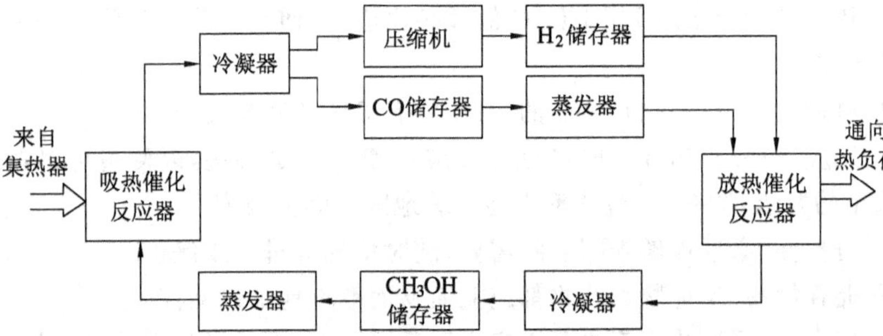

图 6-5 利用 $CH_3OH = CO + 2H_2$ 的化学反应热储存系统的简单流程

2) 产物分离反应(热分解反应)

这种反应适用温度范围较宽，是太阳能化学反应热储存中最常用的一类反应，例如碳酸盐、硫酸盐、金属氧化物和氢氧化物等. 通常可以通过把产物在空间位置上进行分离而防止逆反应的发生. 显然，单相反应(如气-气、液-液或固-固反应)的产物不容易分离，而复相反应(如固-气、液-气或固-液反应)的产物则比较容易分离，可以按照在反应器-热交换器组件内不同的相而进行分离. 一般对于固-液反应不感兴趣，因为此类反应熵值过小，反应焓值也过小，不能满足储能密度高的要求.对于太阳能储热来说,比较理想的热分解反应形式是反应物为固态,而产物则为固态和气态,这样产物易于分离.

尽管对于产物分离反应已经进行了大量研究,但是目前仍存在许多问题,大致可分为以下 3 方面.

① 以前的研究多集中于吸热分解反应,而对于放热化合反应则研究得很少,但这正是太阳能经过储热后能否重新利用的关键.此外,有关反应动力学的资料很不充分,尤其对于整个反应循环过程的综合研究更是相当缺乏.

② 经过若干次循环后,反应速率会逐渐降低.影响反应速率的关键因素,一个是所用介质颗粒的大小及其分布情况,另一个是反应期间介质体积的变化.目前所选取的热分解反应的介质,在反应过程中,其体积膨胀率为 100%～200%.如果体积膨胀受到容器的限制,而容器本身又具有足够强度的话,则会导致反应物增稠或结块,结果形成一道"熵壁"阻止内部分子参加反应,就好像一个势垒把微观粒子挡住一样,将会严重地影响反应速率.

③ 热分解反应后的产物如果含有气体,则因体积过大,储存时需要进行压缩或液化,造成了额外的能量损耗;如果产物不含气体,则一般又不易加以分离,这种矛盾情况需要妥善地加以处理.

3) 热抑制反应

从理论上讲,可以通过迅速散热的方式,把吸热反应的产物抑制在亚稳定状态.这时,产物的放热必须足够慢,使得有可能把产物的温度抑制到环境温度以下.但是,由于这种方法在技术上十分复杂,困难很大,所以直到目前为止尚无现实意义.

根据以上分析,目前正在研究的可逆吸热化学反应,大致如表 6-6 所列.

表 6-6　适用于中、低温的可逆吸热化学反应

反应种类	反应方式	反应方程	T_c/K
催化反应	气-气	$2NH_3$(气)→N_2(气)+$3H_2$(气)	466
		CH_3OH(气)→CO(气)+$2H_2$(气)	415
产物分离反应	固-气	$MgCl_2 \cdot xNH_3$(固)→$MgCl_2 \cdot yNH_3$(固)+$(x-y)NH_3$(气)	415～550
		$CaCl_2 \cdot xNH_3$(固)→$CaCl_2 \cdot yNH_3$(固)+$(x-y)NH_3$(气)	310～460
	液-气	H_2SO_4(稀)→H_2SO_4(浓)+H_2O(气)	<500
		$NaOH$(稀)→$NaOH$(浓)+H_2O(气)	<500
		$NH_4Cl \cdot 3NH_3$(液)→NH_4Cl(固)+$3NH_3$(气)	≈320

6.4.3 可逆化学反应储热的主要优缺点

1）主要优点

（1）储能密度高

无论是按储热材料的质量还是按储热材料的体积来计算，热化学反应的储能密度都要比显热或潜热储能密度高出 2～10 倍.

（2）可以在环境温度下储热

对于可逆吸热化学反应来说，无论发生反应时所需的温度多高，都可以在反应结束后把反应物和产物冷却到环境温度，亦即可以把反应热在环境温度下加以储存. 这样的好处很多，包括：

① 可以避免储热材料与容器材料之间的相互作用，增加系统的稳定性和持久性.

② 基本上不需要另加隔热措施，可以大大减少技术难度并降低成本.

③ 可以减少系统的总热损失，从而提高系统的热效率.

④ 避免了潜在的环境影响问题，如在地面上或地下储存大量高温储热材料所引起的小气候以及生态和土质的变化等.

当然，另一方面，在将产物冷却到环境温度的过程中，不可避免地要损失掉一部分显热. 但是，一则由于其储能密度高，即使存在这部分损失也还是值得的；二则在化学循环中还是有可能把这部分损失收回的.

（3）可以长期储热

由于能在环境温度下储存反应物和产物，故可实现几乎没有损耗或只有很少损耗的长期储热，特别是对于建筑物供暖和空调系统所需的季节性长期储热来说，这是一种很有希望的可能途径.

（4）可以输送

只要选取合适的化学反应，使得产物和反应物都易于移动（例如，两者都是可在管道中流动的气体），则在系统的布局上就能够做到更加合理和具有更大的灵活性，即集热器、储热器和用热器等都可以放置在最适宜的地点，这样在实际应用上就大为方便了.

（5）与能量相关的费用很低

就储热系统的总费用而言，一般可分为两部分：一部分与功率相关，主要指与反应器、热交换器及泵等有关的费用；另一部分与能量相关，主要指与原材料、储热容器以及保温措施等有关的费用. 热化学储热系统具有功率与能量两部分组件能够在位置上分开的特点，故两部分组件的大小可以独立地变更，并且与能量相关的费用一般很低.

2）主要缺点

（1）循环效率低

此处所谓循环效率，是指由储热器输出的能量与输入储热器的能量之比. 由于在完成一个完整的循环过程中，存在着若干个能量损失的环节，诸如热交换与气体压缩等，故循环效率较低.

（2）运转和维修要求高、费用大

由于热化学储热系统本身的复杂性，其运转和维修的要求较高，费用也较大.

6.5 太阳能热储存的经济性分析

以上先后介绍了太阳能显热储存、太阳能潜热储存和太阳能化学反应热储存. 太阳能热储存技术是一项复杂的技术，无论是从技术层面还是投资成本来看，太阳能热储存技术都是太阳能利用中的关键环节. 从现有的研究来看，显热储存研究比较成熟，已经发展到商业开发水平，但由于显热储能密度低、储热装置体积庞大，应用上有一定局限性. 化学反应储热虽然具有很多优点，但仍存在化学反应过程复杂、有时需催化剂、有一定的安全性要求、一次性投资较大及整体效率仍较低等困难，目前还处于小规模实验阶段，在大规模应用于之前仍有许多问题需要解决. 相变储热凭借其优越性吸引着人们对其进行大量的研究，发展势头强劲. 然而常规相变材料在实际应用过程中存在的种种问题，诸如无机相变材料的过冷和相分离现象以及有机相变材料的导热率低等问题，严重制约了相变储存技术在太阳能热储存中的应用. 此外，降低相变储热的应用成本亦是将相变储存技术大规模应用于太阳能热储存前必须解决的一个现实问题. 近年来，随着纳米复合相变储热材料、定形相变材料和功能热流体等新型相变材料的出现，令上述问题有望得到解决. 新型相变材料的出现，必将在很大程度上推动相变储存技术在太阳能热储存中的应用.

就太阳能热储存来说，理论分析和实验研究都表明，满足数天或更短时间内热负荷变化要求的短期太阳能热储存，在建筑物的采暖和空调系统中还是比较经济的. 例如，在被动式太阳房中利用砖、石、混凝土墙等构成的储热系统，实际上并不需要多少额外投资，因为在设计建筑物的墙体结构时，就已经把它们的费用计算在内了. 对储热水箱或岩石堆积床所作的经济分析也表明，短期太阳能热储存的成本与常规能源相比较还是具有竞争力的. 但是，利用常规的太阳能显热储存方式进行长期储热，则在经济上并不合算；此外，因为它的技术已日臻完善，所以仅仅依靠技术发展来大幅度改善其经济性的可能性是很小的.

目前，寻求经济而有效的长期储热方法是很有实际意义的课题. 在太阳能采暖和空调系统中，利用土壤、地下含水层以及太阳池等来实现跨季度的长期储热，在经济上是很有吸引力的. 当然，如果技术困难逐步得到克服，并且材料和系统的成本不断降低，则潜热储存和化学反应热储存等方式在长期储热方面可能具有更加广阔的发展前景.

在太阳能储热系统中，热能的储存应当与整个系统进行综合考虑. 太阳能热利用系统的主要部件包括太阳能集热器、储热装置、换热设备、用热设备、辅助能源加热设备和控制设备等. 太阳能集热器性能与温度有密切关系，因而使得整个系统的效率及运行情况都与温度有关. 例如，在太阳能热发电系统中，希望集热器具有较高的运行温度，否则热机效率必定不会很高，这样，储热装置就应使用中温或高温储热介质；而如果使用太阳能工业加热系统取得低温热水，那么以直接用水储热最为合理，若换用其他储热介质，再通过换热设备，在传热过程中将会损失一部分可应用的热能.

对于储热装置的设置，也应当考虑整个系统能量转换的全过程. 例如，对于太阳能制冷空调系统，既可以在太阳能集热器与制冷机之间储存热量，也可以在制冷机与风机盘管之间储存冷量，究竟如何设置应进行技术经济的综合考虑.

另外，储热装置的容量是必须考虑的另一个重要因素. 装置容量太大，必然会增加投资额和运转费用；当小容量足够用时，应尽量保持小容量，这样对快速提升温度也是有利的.

最后，要考虑也是比较重要的是储热装置的隔热性能. 隔热层厚度越大，热损失越少，但总成本会上升，所以应在节能和装置的经济性之间综合平衡决定隔热层的厚度.

第7章

太阳能热水系统

太阳能热利用包含的内容很多，只要是将太阳辐射转换成热直接利用，或再经过转换变成其他形式的能源加以利用的，都属于太阳能热利用的范畴. 其中太阳能供热水是目前太阳能热利用中唯一达到普及化的利用方式. 太阳能热水系统主要由太阳能集热系统和热水供应系统构成，包括太阳能集热器、贮水箱、循环管道、辅助加热器、控制系统、热交换器和水泵等设备和附件.

7.1　太阳能热水系统的分类

太阳能热水系统的分类方法很多，本书按照国际标准 ISO 9459 对太阳能热水系统提出的分类方法，即按照太阳能热水系统的 7 个特征进行分类，其中每个特征又都可分为 2～3 种类型，从而构成一个严谨的太阳能热水系统分类体系，如表 7-1 所示.

表 7-1　太阳能热水系统的分类

特征	类型		
	A	B	C
1	太阳能单独系统	太阳能预热系统	太阳能带辅助能源系统
2	直接系统	间接系统	
3	敞开系统	开口系统	封闭系统
4	充满系统	回流系统	排放系统
5	自然循环系统	强制循环系统	
6	循环系统	直流系统	
7	分体式系统	紧凑式系统	整体式系统

1）特征 1 表示系统中太阳能与其他能源的关系

① 太阳能单独系统——没有任何辅助能源的太阳能热水系统.

② 太阳能预热系统——在水进入任何其他类型的加热器之前，对水进行预热的太阳能热水系统.

③ 太阳能带辅助能源系统——联合使用太阳能和辅助能源，并可不依赖太阳能而提供所需热能的太阳能热水系统.

2）特征 2 表示集热器内传热介质是否为用户消费热水的情况.

① 直接系统——在太阳能集热器中直供热水给用户的太阳能热水系统，亦称为单循环系统或单回路系统.

② 间接系统——在太阳能集热器中加热某种传热工质，再使该传热工质通过换热器提供热水给用户的太阳能热水系统，亦称为双循环系统或双回路系统.

3）特征 3 表示系统传热介质与大气接触的情况

① 敞开系统——传热介质与大气有大面积接触的系统，其接触面主要在蓄热装置的敞开面.

② 开口系统——传热介质与大气的接触处仅限于补给箱和膨胀箱的自由表面或排气管开口的系统.

③ 封闭系统——传热介质与大气完全隔绝的系统.

4）特征 4 表示传热介质在集热器内的状况

① 充满系统——在集热器内始终充满传热介质的系统.

② 回流系统——作为正常工作循环的一部分，传热介质在泵停止运行时由集热器流入蓄热装置，而在泵重新开启时又流入集热器的系统.

③ 排放系统——为了防冻目的，水可从集热器排出而不再利用的系统.

5）特征 5 表示系统循环的种类

①自然循环系统——仅仅利用传热介质的密度变化来实现传热介质在集热器和蓄热装置（或换热器）之间进行循环的系统，亦称为热虹吸系统.

② 强制循环系统——利用泵迫使传热介质通过集热器进行循环的系统，亦称为强迫循环系统或机械循环系统.

6）特征 6 表示系统的运行方式

① 循环系统——运行期间，传热介质在集热器和蓄热装置（或换热器）之间进行循环的系统.

② 直流系统——有待加热的传热介质一次流过集热器后，进入蓄热装置（贮水箱）或进入使用辅助能源加热设备的系统，有时亦称为定温放水系统.

7）特征 7 表示系统中集热器与贮水箱的相对位置

① 分体式系统——贮水箱和集热器之间分开一定距离安装的系统.

② 紧凑式系统——将贮水箱直接安装在集热器相邻位置上的系统，通常亦称为紧凑式太阳能热水器.

③ 整体式系统——将集热器作为贮水箱的系统，通常亦称为闷晒式太阳能热水器.

同一套太阳能热水系统往往同时具备上述7个特征中的各一种类型.譬如，在建筑中使用的一套典型的太阳能热水系统,可以同时是太阳能带辅助能源系统、间接系统、封闭系统、充满系统、强制循环系统和分体式系统.

除了按系统的特征进行分类之外,还有其他一些常用的分类方法,现列出其中两种.

(1) 按太阳能集热器的类型进行分类

太阳能热水系统常用的集热器有平板集热器和真空管集热器两大类.按照集热器的类型,系统可分为：

① 平板太阳能热水系统——采用平板集热器的太阳能热水系统.

② 真空管太阳能热水系统——采用真空管集热器的太阳能热水系统.

(2) 按贮水箱的容积进行分类

根据用户对热水供应的需求,确定贮水箱的容积.按照贮水箱的容积,系统可分为：

① 家用太阳能热水系统——贮水箱容积小于 0.6 m^3 的太阳能热水系统.

② 公用太阳能热水系统——贮水箱容积大于等于 0.6 m^3 的太阳能热水系统.

7.2　太阳能热水系统的性能分析

7.2.1　自然循环系统

7.2.1.1　工作原理

自然循环太阳能热水系统是依靠集热器和贮水箱中水的温差,形成系统的热虹吸压头,使水在系统中循环,如图7-1所示.

系统运行过程中,水在集热器中吸收太阳辐射能被加热,温度升高,密度降低,加热后的水在密度差产生的浮升力的推动下在集热器内逐步上升,从集热器的上循环管进入贮水箱的上部,与此同时,贮水箱底部的冷水由下循环管流入集热器的底部,经过不断的循环加热,贮水箱中的水最终达到某一平衡温度.

取用热水时,有两种方法,即顶水法和落水法.

顶水法系统中含有补水箱,用热水时,由补水箱向贮水箱底部补充冷水,将贮水箱上层热水顶出使用,其水位由补水箱内的浮球阀控制,如图7-1(a)所示.顶水法的优点是充分利用水箱上层水温度高的特点,使用者一开始就可以取到热水;缺点是从贮水箱底部进入的冷水会与贮水箱内的热水掺混,减少可利用的热水.

落水法系统中无补水箱，热水依靠本身重力从贮水箱底部落下使用，如图7-1(b)所示. 落水法的优点是没有冷热水的掺混；缺点是必须将贮水箱底部及管路中温度较低的热水放掉后才可取到热水.

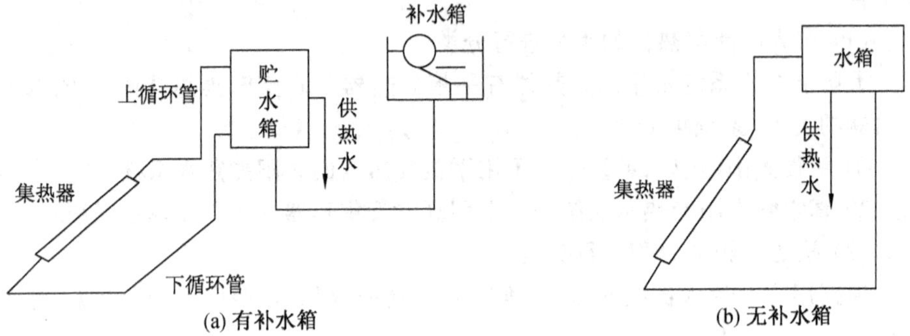

图 7-1 自然循环太阳能热水系统(直接系统)示意图

自然循环系统的优点是结构简单，运行安全可靠，成本较低；缺点是为了维持系统的自循环动力，贮水箱必须置于集热器的上方，并保持一定的高度差.

自然循环系统主要适用于家用太阳能热水器和中小型太阳能热水系统.

7.2.1.2 系统分析

以直接系统为例，水在集热器和贮水箱之间的循环动力仅由水的密度变化引起.

系统的自然循环瞬时流量取决于各瞬间的热虹吸压头，而决定热虹吸压头的系统各部分温度都在随时间的变化而变化. 为简化分析，作出以下基本假设：

① 集热器及贮水箱内的水温均为线性分布，其平均温度分别为 t_m 和 t_n.

② 集热器的热容量很小，可以忽略不计.

③ 上、下循环管的热容量和热损失均很小，可以忽略不计.

④ 贮水箱中水的平均温度与贮水箱箱体的平均温度相等.

根据第 3 章的内容，集热器的能量平衡方程可写为

$$\dot{m}C_p(t_{f,o}-t_{f,i})=A_c F'[G(\tau\alpha)_e-U_l(t_m-t_a)] \tag{7-1}$$

贮水箱的能量平衡方程为

$$\dot{m}C_p(t_{f,o}-t_{f,i})=Q_{l,S}+(mC_p)_s\frac{dt_n}{d\tau} \tag{7-2}$$

式中，$Q_{l,S}=(UA)_s(t_n-t_a)$，表示贮水箱的热损失，W；$(UA)_s$ 为贮水箱的热损系数和箱体表面积的乘积，W/K；$(mC_p)_s$ 为贮水箱热容量，J/K.

由实际测量可知，一天中的大部分时间内，集热器和贮水箱中水的平均温度非常接近，可假定 $t_m=t_n$，因此可用 t_m 代表系统中水的平均温度.

将式(7-1)代入(7-2)，整理后可得

$$(mC_p)_s\frac{dt_m}{d\tau}=F'A_cG(\tau\alpha)_e-[F'U_l A_c+(UA)_s](t_m-t_a) \tag{7-3}$$

式(7-3)中，太阳辐照度 G 和环境温度 t_a 均为时间的函数，其表达式分别为

$$G=G_{max}(\tau\alpha)_e\cos\omega \tag{7-4}$$

式中，G_{max} 为一天中太阳辐照度的最大值.

$$t_a=\frac{1}{2}\left[t_{a,max}+t_{a,min}+(t_{a,max}-t_{a,min})\sin\frac{2\pi(\tau-\tau_p)}{24}\right] \tag{7-5}$$

式中，$t_{a,max}$，$t_{a,min}$ 分别为一天中的最高、最低环境温度；τ_p 为最高环境温度出现的时间.

将式(7-4)、式(7-5)代入式(7-3)，即可以对 t_m 求解. 由于在准稳态状况下，每一瞬时系统的热虹吸压头 h_T 与流动阻力损失压头 h_f 相平衡，即 $h_T=h_f$，所以解出 t_m 后，可进一步计算系统的流量. 热虹吸压头 h_T 可根据系统的温度分布来确定，如图 7-2 所示.

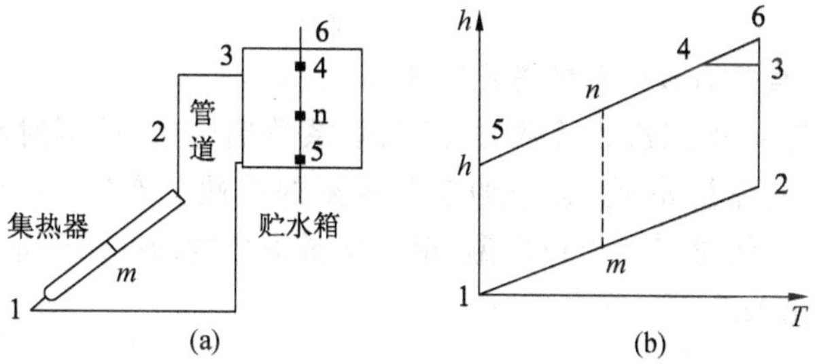

图 7-2 自然循环系统中的温度分布

h_T 即为图 7-2(b)中 1,2,3,4,5 所围的面积，因此 h_T 有

$$h_T=\int h\,d\gamma=\frac{1}{2}(\gamma_1-\gamma_2)f(h) \tag{7-6}$$

式中，h 为系统中某处的高度，m；γ 为水的密度，kg/m^3；$f(h)$ 为位置函数，可表示为

$$f(h)=2(h_3-h_1)-(h_2-h_1)-\frac{(h_4-h_5)^2}{(h_6-h_5)} \tag{7-7}$$

式中，h_1，h_2，h_3，h_4，h_5 和 h_6 分别为系统中各点相对于基准面的高度，$h_3=h_4$.

假定在集热器的运行温度范围内，水的密度 γ 与温度 t 的关系可用二次曲线来表示，即 $\gamma=At^2+Bt+C$，其中 A,B,C 均为已知常数，则式(7-6)可写为

$$h_T=\frac{t_{f,i}-t_{f,o}}{2}(2At_m+B)f(h) \tag{7-8}$$

实验表明,一天之中大部分时间内,自然循环系统中各部分的水流都处于层流流动状态.因此,管路的阻力水压头损失可以采用水力学中计算管路阻力的方法进行计算.

系统的总阻力水压头损失等于管路沿程阻力和局部阻力之总和,有

$$h_f=\gamma\zeta\frac{L}{D}\times\frac{v^2}{2g}+\gamma K\frac{v^2}{2g} \tag{7-9}$$

式中,ζ 为管路沿程阻力系数,$\zeta=64/Re=64v/(\nu D)$;v 为水的流速,对圆管而言,$v=\dot{m}/(\gamma\pi D^2/4)$,m/s;$K$ 为局部阻力系数,可由有关手册查得;ν 为水的运动黏度系数,m^2/s.

因此,

$$h_f=\frac{128\nu L\dot{m}}{\pi gD^2}+\frac{8K\dot{m}^2}{\gamma g\pi^2D^4} \tag{7-10}$$

根据 $h_T=h_f$,综合式(7-10)、式(7-8)和式(7-1)可得

$$\dot{m}^3+\frac{16\nu L\gamma\pi}{K}\dot{m}^2+\frac{\gamma g\pi^2D^4}{16KC_p}A_c F'[G(\tau\alpha)_e-U_l(t_m-t_a)](2At_m+B)f(h)=0 \tag{7-11}$$

式中,D 为管道直径,m;L 为管路的长度,m.

式(7-11)为 $\dot{m}$ 的三次方代数方程,当各系数确定后,即可对流量 $\dot{m}$ 进行求解.在解得系统的流量 $\dot{m}$ 值,以及假定的水温的线性分布即$(t_{f,i}+t_{f,o})=2t_m$ 之后,可求得集热器的进口和出口水温,最后求得集热器的有用能量收益和瞬时效率随时间的变化关系.

7.2.1.3 系统参数

在自然循环太阳能热水系统中,集热器的出口水温取决于集热器的进口水温及系统的水流量,而集热器的进口水温又与系统的水流量有关,系统的水流量又与系统的温度分布有关.因此,系统的水流量与系统的温度分布相互关联、相互影响,并且是直接受太阳辐照作用的随机过程.所以,设计自然循环太阳能热水系统,必须结合一天中太阳辐照量的变化以及系统运行的动态过程,寻求系统各主要部件之间的合理配置,使系统运行在良好的工作状态.

1) 贮水箱和集热器之间的高度差

在设计自然循环系统时,首先要考虑的参数就是贮水箱和集热器之间合理的高度差,保证系统具有一定的热虹吸压头.增加贮水箱和集热器之间的高度差,实际上就是增大系统的热虹吸压头,从而增大系统的水循环流量.

对不同高差的自然循环系统的计算机模拟结果表明，在系统开始运行后约1～2 h内，高差大的系统平均效率比高差小的系统平均效率高些.因为在系统刚开始运行的这段时间内，集热器的进口水温较低，高差大的系统流量较大，集热器工作温度较低，集热器的热迁移因子 F_R 增大，系统平均效率较高.但与此同时，大流量将加剧贮水箱内层与层之间的对流，扰乱温度分层，致使贮水箱底部的水温升高较快，集热器效率随之降低.此外，加大高差，上循环管路的长度增加，散热面积增加，随着时间的推移，其不利因素将占主导地位，高差大的系统平均效率将逐渐降低.所以当一天运行结束时，高差最大的系统平均效率最低.

另一方面，为了防止系统夜间产生倒流逆循环，又必须保证一定的高差.这是因为当出现晴朗的夜空时，天空温度明显低于环境温度，夜间集热器将与天空产生辐射换热.对于平板集热器，由于热损失系数比较大，这种辐射换热的结果可使集热器内部的流体冷却，直至其温度低于环境温度，这个微弱的温差是形成系统内流体倒流逆循环的动力.当集热器中被冷却后的流体因热虹吸压头倒流入下循环管时，环境对它加热，促成了这种倒流逆循环进行下去，从而引起散热损失.

研究表明，贮水箱底面到集热器出口处的高差 h_2（如图7-3所示）以及上循环管进贮水箱的入口处至贮水箱底面之间的距离 h_1 的数值，均影响系统夜间倒流逆循环流量和热损失量.增大 h_1 和降低 h_2 均会使逆循环流量增大，所以若采用小的高差 h_2，则必须降低 h_1 的值.

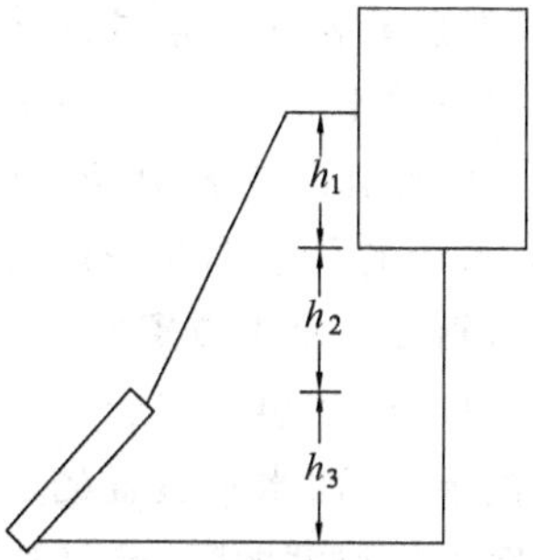

图7-3　自然循环系统中的几个高差

从总体上讲，高差的变化对系统的日效率无明显影响.因此，在进行系统设计时，应在合理布置的前提下，尽可能降低高差，以便于施工并合乎经济和安全的原则.但同时又必须考虑尽可能减少系统在夜间因高差不够导致逆循环倒流所产生的热损失，进行综合地比较选择.

2）系统管路的配置

在进行自然循环系统的布置设计时，应尽可能使贮水箱与集热器之间布局紧凑，甚至连成一个整体.这样不仅可以减少管路长度，减少管路热损失和热容量，而且可以降低系统的造价.

为了保证系统的循环流量，需要根据系统的实际布置，选择合适的管路直径.通常根据高温差、小流量、“一次”循环的原则.也就是维持在一天内贮水箱中的水只通过集热器一次或一次多一点的原则，来选择系统循环管路的管径.此时，系统的日效率和每天循环多次的低温差、大流量系统的日效率大致相等.

3）系统的连接口布置

正确的连接口位置是保证系统效率的必要条件，一般应遵循以下原则：

① 上循环管入口应与下循环管出口成对角线布置.

② 下循环管出口应在贮水箱最低位置.

③ 上循环管入口应视贮水箱的容积而定，宜设置在离贮水箱顶 5～20 cm 处不等，但必须在水面以下.

④ 补给水入口开在贮水箱侧壁比开在箱底有利.

⑤ 贮水箱顶部应有排气管，与大气相连通.

⑥ 取热水管出口与上循环管入口的开口对称但位置应稍低，若取热水管出口太低，则出口以上部分热水由于顶不出而不能加以利用.

4）换热器与贮水箱

在双回路的自然循环系统中，换热器通常是蛇形盘管或带联箱的管簇，浸没在贮水箱的下部；换热器也可以做成同心套筒，套在贮水箱的外部. 设计系统的换热器时，必须综合考虑自然循环回路中的流动压头及该流动状态下的传热效果，且不能忽略换热器本身的热容量. 根据经验，换热器的最佳换热面积与集热器采光面积的比值约为 0.4～0.6.

已有的计算结果表明，容积相同而高径比不同的贮水箱，当系统作无负荷运行时，对系统的日效率几乎没有影响. 若贮水箱中设置电加热器，则细高竖直放置的贮水箱要比水平放置的贮水箱有更好的热性能，这是因为对于细高竖直的贮水箱，可将电加热器置于贮水箱的上部，因此对底部导热量小，不致影响贮水箱底部的温度. 而水平放置的贮水箱，电加热器离贮水箱底部较近，电加热器会使贮水箱底部温度增高，导致系统效率降低.

7.2.2 强制循环系统

7.2.2.1 工作原理

强制循环太阳能热水系统是在集热器和贮水箱之间的管路上设置水泵，作为系统中水的循环动力，水在流经集热器时，不断带走集热器收集的太阳辐射能，并储存在贮水箱内，其原理如图 7-4 所示.

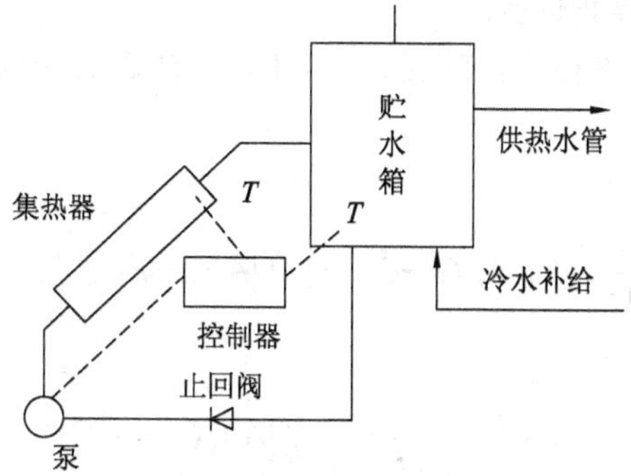

图 7-4　强制循环系统(直接系统)示意图

用热水时，同样有两种取热水的方法：顶水法和落水法. 在强制循环条件下，由于贮水箱内的水得到充分的混合，没有明显的温度分层，所以顶水法和落水法一开始都可以取到热水. 顶水法与落水法相比，其优点是热水在压力下的喷淋可提高使用者的舒适度，而且不必考虑向贮水箱补水的问题；缺点也是从贮水箱底部进入的冷水会与贮水箱内的热水掺混. 落水法的优点是没有冷热水的掺混，但缺点是热水靠重力落下影响使用者的舒适度，而且必须每天考虑向贮水箱补水的问题.

强制循环系统可适用于大、中、小型各种规模的太阳能热水系统.

7.2.2.2　系统分析

强制循环太阳能热水系统，又分直接系统和间接系统两种.

1) 直接系统

直接系统管路中不设置换热器，水在水泵驱动下经过集热器直接进入贮水箱，因此贮水箱内的水得到充分混合，可以假设贮水箱内的水温为某一个均匀温度 t_s. 当系统作无负荷循环集热时，贮水箱的能量平衡方程为

$$(mC_p)_s \frac{dt_s}{d\tau} = (Q_u)_s - (UA)_s (t_s - t_a) \tag{7-12}$$

集热器的能量平衡方程为

$$(Q_u)_c = F_R A_c G(\tau\alpha)_e - F_R A_c U_l (t_s - t_a) \tag{7-13}$$

系统控制器的工作可以用一个控制函数来表示为

$$(Q_u)_c = F(\dot{m}C_p)_c (t_{f,o} - t_s) \tag{7-14}$$

式中，F 为控制函数.

在强制循环系统中，通常系统流量 $\dot{m}$ 为恒定值. 假定 Δ 为设定温差. 当 $(t_{f,o} - t_s) \geqslant \Delta$ 时，$F=1$，表示控制器闭合，水泵工作；当 $(t_{f,o} - t_s) < \Delta$ 时，$F=0$，表

示控制器断开，水泵停止运行.

假设管路的热损失很小，可以忽略不计，则有$(Q_u)_s=(Q_u)_c$. 将式(7-13)代入(7-12)，有

$F=1$ 时，

$$(mC_p)_s\frac{dt_s}{d\tau}=F_R A_c G(\tau\alpha)_e-[(UA)_s+F_R A_c U_l](t_s-t_a) \tag{7-15}$$

$F=0$ 时，

$$(mC_p)_s\frac{dt_s}{d\tau}=-(UA)_s(t_s-t_a) \tag{7-16}$$

式(7-15)和式(7-16)分别表示系统中水泵工作和不工作两种情况下，贮水箱内温度 t_s随时间的变化关系. 若已知太阳辐照度 G 和环境温度 t_a随时间变化的关系式，即可采用数值积分的方法求得一天中贮水箱内水的温度 t_s的变化情况. 计算结果表明，由于强制循环太阳能热水系统中破坏了贮水箱内的温度分层，系统的年平均效率比自然循环太阳能热水系统低 3%～5%.

2) 间接系统

间接系统循环管路中设置换热器，如图 7-5 所示. 常用的分析方法是将集热器和换热器合并，视为一个新的集热器.

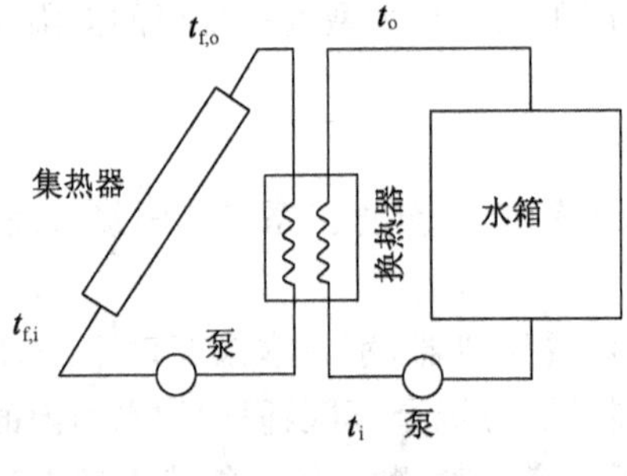

图 7-5 强制循环系统(间接系统)示意图

换热器的能量平衡方程是

$$(Q_u)_c=Q_{HX}=(\dot{m}C_p)_{min}\,\varepsilon(t_o-t_i) \tag{7-17}$$

式中，$(\dot{m}C_p)_{min}$为换热器两侧换热流体中热容流率较小者的值；t_o 为换热器的热流体出口温度，即贮水箱的流体进口温度；t_i 为换热器的冷流体进口温度，即贮水箱的流体出口温度；ε 为换热器的有效度，对逆流式换热器而言，有

$$\varepsilon=\frac{1-e^{-NTU(1-C^*)}}{1-C^*e^{-NTU(1-C^*)}} \tag{7-18}$$

式中，NTU 为传热单元数，定义为

$$NTU=\frac{(UA)_{HX}}{(\dot{m}C_p)_{min}} \tag{7-19}$$

式中，$(UA)_{HX}$为换热器的传热系数和换热表面积的乘积.

式(7-18)中 C^* 为换热器两侧换热流体中热容流率较小值与较大值之比，即

$$C^*=\frac{(\dot{m}C_p)_{min}}{(\dot{m}C_p)_{max}} \tag{7-20}$$

由集热器和换热器合并后的新集热器，能量平衡方程为

$$(Q_u)'_c=A_c\,F'_R[G(\tau\alpha)_e-U_l(t_i-t_a)] \tag{7-21}$$

式中，F'_R为集热器和换热器组合而成的新集热器的热迁移因子，量纲为一.

由于间接系统中增加了换热器，因传热温差的存在使系统效率有所降低，为描述换热器对集热器性能的削弱程度，引入换热器因子 F_{HX}，定义为有换热器时集热器的有用能量收益与没有换热器且集热器的流体进口温度等于贮水箱温度时的有用能量收益之比.

换热器因子 F_{HX}的数学表示式为

$$F_{HX}=\frac{(Q_u)'_c}{(Q_u)_c}=\frac{F'_R}{F_R}=\frac{1}{1+\left[\frac{F_R\,U_l\,A_c}{(\dot{m}C_p)_c}\right]\left[\frac{(\dot{m}C_p)_c}{\varepsilon(\dot{m}C_p)_{min}}-1\right]} \tag{7-22}$$

由于系统中换热器的存在降低了系统的有用能量收益，为使系统保持原有的有用能量收益，需额外补偿的能量为

$$\Delta Q_u=(1-F_{HX})Q_u \tag{7-23}$$

或需要增加的集热面积为

$$\Delta A_c=\left(\frac{1}{F_{HX}}-1\right)A_c \tag{7-24}$$

根据技术经济分析，求得换热器的最佳换热面积为

$$(A_{HX})_{opt}=A_c\,\frac{ZF_RU_l}{U_{HX}}\ln[1+B+\sqrt{B(2+B)}] \tag{7-25}$$

其中，$Z=\dfrac{(\dot{m}C_p)_c}{(1-C^*)F_R\,U_l\,A_c}$，$B=\dfrac{C_c\,U_{HX}}{2F_RC_{HX}U_l\,Z^2}$；

式中，U_{HX}为换热器传热系数；C_c 为单位面积集热器的费用；C_{HX}为单位换热面积换热器和相应管路的费用.

设计时，将$(A_{HX})_{opt}$代入式(7-19)，并利用式(7-22)计算出集热器和换热器组合而成的新集热器的热迁移因子 F'_R，然后再利用式(7-15)和式(7-16)计算有换热器的强制循环太阳能热水系统的性能.

为计算方便，将 F_{HX}与 $\varepsilon(\dot{m}C_p)_{min}/(\dot{m}C_p)_c$ 和$(\dot{m}C_p)_c/(F_RU_LA_c)$的关系用图 7-6 表示.

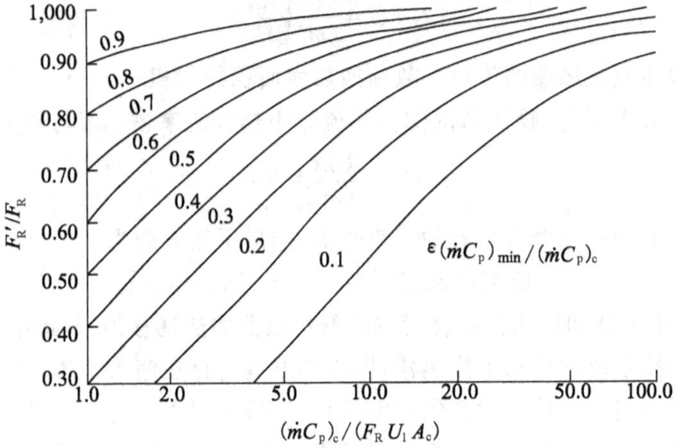

图 7-6　换热器因子 F_{HX}

7.2.2.3　集热器组的流量分配

大、中型太阳能热水系统往往是由多个集热器或集热模块以一定的连接方式组合在一起，系统的设计与性能计算，都以假设单个集热器或者集热模块中流体流量均匀为前提，否则，流量小的集热器，因其工作温度较高而使热损失增大，从而导致其整个系统的日效率降低. 因此，为确保系统的热性能，要求流经每个集热器或集热模块的流量应尽量均匀，这一点对大型强制循环太阳能热水系统尤为重要.

图 7-7 为强制循环运行条件下，12 台平板集热器并联组成的太阳能热水系统集热器吸热板上的温度分布曲线，可以看出，在大流量条件下，从中心集热器到边缘集热器之间的最大温度差高达 22 ℃. 如果将集热器的连接方式改为并串联组合，则可以得到较为均匀的流量分配及温度分布，如图 7-8 所示. 因此，在设计大型强制循环太阳能热水系统时，必须从流量分配的角度考虑系统中集热器阵列的连接方式.

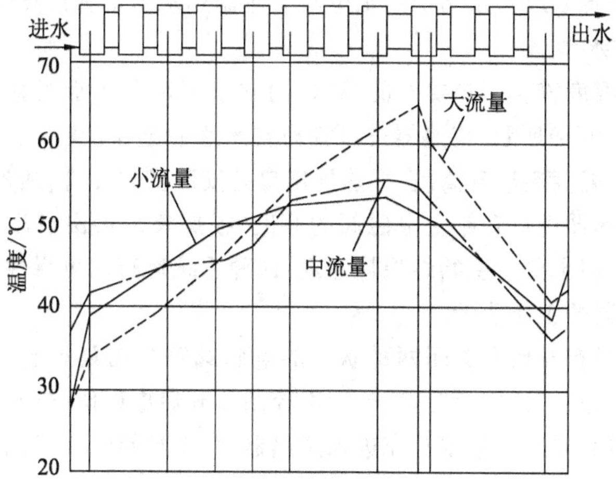

图 7-7 并联系统在不同流量时测得的集热器吸热板温度分布

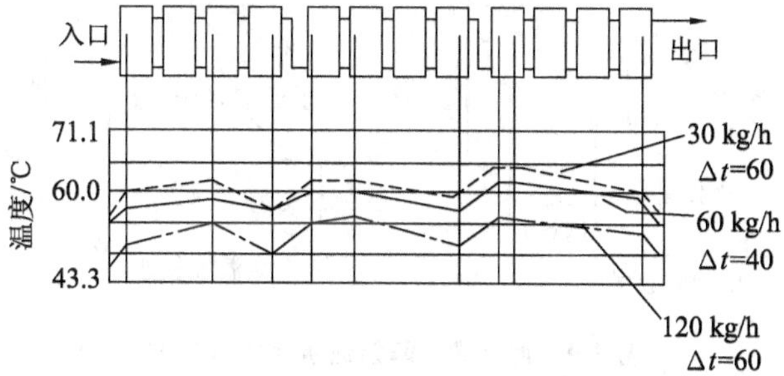

图 7-8 并串联组合系统的集热器吸热板温度分布

7.2.3 直流式太阳能热水系统

7.2.3.1 工作原理

直流式太阳能热水系统是使水一次通过集热器加热后便进入贮水箱或用水点的非循环热水系统. 直流式系统通常有热虹吸型及定温放水型两种.

1) 热虹吸型

热虹吸型直流系统由集热器、贮水箱、补给水箱和连接管路组成，如图 7-9(a)所示. 其工作原理是，当有太阳照射时，集热器中的水温度升高，回路中产生热虹吸压头，热水不断从上升管流入贮水箱，补水箱中的冷水经下降管补入集热器，形成自然循环. 当无太阳照射时，集热器、上升管和下降管中均充满水且温度一致，故不流动. 这种热虹吸型直流热水系统的流量具有自调节功能，但热水温度不能调节，并且要求补水箱中的水位与集热器热水出口管最高位置一致.

2) 定温放水型

为了得到温度符合用户要求的热水，通常采用定温放水型直流式太阳能热水系统，如图 7-9(b)所示. 集热器进口管与自来水管连接. 集热器内的水受太阳辐射能加热后，温度逐渐升高. 在集热器出口处安装测温元件，通过温度控制器，控制安装在集热器进口管路上电磁阀的开度，根据集热器出口温度来调节集热器进口水流量，使出口水温始终保持恒定. 这种系统运行的可靠性取决于变流量电磁阀和控制器的工作质量.

也可以将只有开启和关闭两种状态的电磁阀安装在集热器出口处. 当集热器出口温度达到某一设定值时，通过温度控制器开启电磁阀，热水从集热器出口流入贮水箱，与此同时自来水补充进入集热器，直至集热器出口温度低于设定值时，关闭电磁阀.

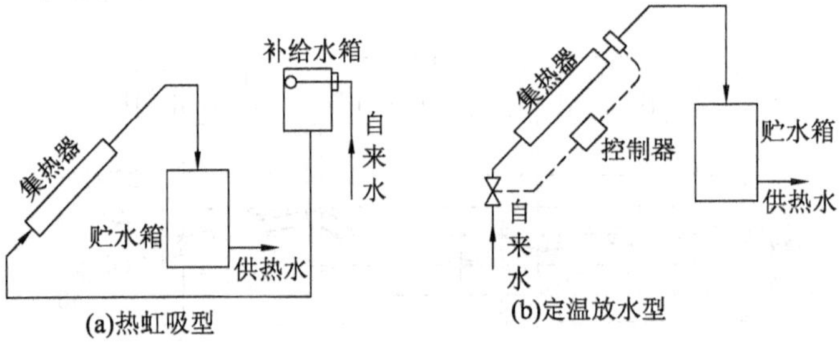

图 7-9　直流式太阳能热水系统示意图

直流式太阳能热水系统有许多优点：

① 不需要设置水泵.

② 贮水箱可以放置在室内.

③ 每天只要有见晴的时间，就可以得到可用热水，且与循环系统相比可以较早地得到可用热水.

④ 集热器容易实现冬季排空防冻设计.

⑤ 避免了冷热水在贮水箱中的掺混.

直流式系统的主要缺点是系统运行的可靠性依赖于温度控制器和电磁阀的质量.

7.2.3.2　系统分析

直流式太阳能热水系统中的贮水箱仅具有盛积从集热器排放出来的热水的功能. 若贮水箱保温良好，其热损失可以忽略不计，则系统的日平均效率仅取决于集热器的瞬时效率.

集热器的瞬时有用能量收益方程为

$$Q_u = A_c F_R[G(\tau\alpha)_e - U_l(t_i - t_a)] = \dot{m}C_p(t_o - t_i) \tag{7-26}$$

在定温放水直流系统中,集热器的进出口温度 t_i,t_o 均为定值,$\dot{m}$ 的大小取决于集热器的热性能以及集热器的进出口水的温差,并随一天中太阳辐照度和环境温度的变化而有不同的数值.

由式(7-26)可以得出系统的瞬时流量为

$$\dot{m} = \frac{A_c F_R[G(\tau\alpha)_e - U_l(t_i - t_a)]}{C_p(t_o - t_i)} \tag{7-27}$$

将第三章中的式(3-73)代入式(7-27),整理后可得

$$\dot{m} = \frac{F'U_l A_c}{C_p \ln\left[1 - \dfrac{U_l(t_o - t_i)}{G(\tau\alpha)_e - U_l(t_i - t_a)}\right]} \tag{7-28}$$

这样,不同时刻集热器的瞬时效率为

$$\eta = \frac{\dot{m}C_p \Delta t_c}{A_c G} \tag{7-29}$$

式中,Δt_c 为在 $\Delta\tau$ 时间间隔内,集热器的进出口水的温差.

从开始至某时刻 τ 的系统平均效率为

$$\eta_{ST} = \frac{(\sum \dot{m}\Delta\tau)C_p \Delta t_c}{A_c(\sum G\Delta\tau)} \tag{7-30}$$

理论计算和实验结果表明,直流式太阳能热水系统和自然循环太阳能热水系统相比,当采用相同的集热器和相同的系统保温设计的情况下,且在直流式系统的设定供水温度等于同类集热器组成的自然循环系统一天运行的终止温度时,两者的日平均效率几乎相等.实际上,直流式系统是一种贮水箱与集热器的进口冷水管分开的系统,其工作过程类似于贮水箱中温度分层良好的自然循环系统一天流体一次循环的过程.

7.3　太阳能热水系统的技术要求

太阳能热水系统及其选用的部件产品必须符合国家相关产品标准的规定,必须有产品合格证和安装使用说明书;应有国家授权质量检验机构出具的性能参数检测报告和证书.在设计时,宜优先采用通过产品认证的太阳能热水系统及部件产品.

太阳能热水系统应满足安全、适用、经济、美观的原则,并应便于安装、清洁、

维护和局部更换.

7.3.1 系统形式

完整的太阳能热水系统包括两部分，一部分是太阳能集热系统，相当于常规生活热水系统的热源部分；另一部分是热水配水系统，其将热水送到各用水点，形式与常规生活热水系统基本相同.贮水箱是这两部分的结合点.

7.3.1.1 太阳能集热系统

1）集中系统

集中系统中，太阳能集热系统的集热器面积由系统所供应的全部用户共享.贮水方式可以是集中贮水，也可以是分户贮水；可以是集中辅助热源，也可以是分户辅助热源.其可同时为多栋建筑物或单栋多、高层建筑物集中供应热水，适宜用在公共建筑或多层公寓住宅中，如旅馆、医院、学校等民用建筑.

集中系统中的太阳能集热系统宜采用贮水箱和集热器分离的形式，系统循环宜选用机械循环方式，加热宜优先选用间接系统.

集中集热太阳能热水系统在设计时需注意以下问题：

① 集热器的设置.对于集中集热的太阳能热水系统，由于所需设置的太阳能集热器面积较大，设计中将其合理布局并与建筑物有机结合最为重要.太阳能集热器面积应根据热水用量、建筑物可能允许安装的面积以及场地可安置面积、当地的气候条件、供水水温等因素综合考虑.集热器应满足每日日照时数不少于4小时的要求.

② 贮水箱的设置.采用集中集热、集中贮水的太阳能热水系统，贮水箱的容积相对较大，设计时应根据建筑物的性质、功能以及建筑规划、建筑物平面布局条件合理地确定贮水箱的位置.

贮水箱的容量一般等于每日的热水用量.集中贮水的贮水箱可设置在屋顶顶层、阁楼间、地下室、车库、设备间或为贮水箱特别设计的设备间内，需按要求进行保温处理.有条件时，贮水箱宜靠近太阳能集热器，以减少连接管线中的热损耗.贮水箱所在的位置应具有相应的排水、防水措施，其周围应留有足够的安装、检修空间，各方向净空不宜小于600 mm.

③ 合理、有序地安排各种管道、管线在建筑中的空间位置，既要做到有组织布局、安全隐蔽，又要便于维护、检修.

④ 辅助热源的选用及安置的位置.根据建设地点的实际条件，太阳能热水系统的具体需求、经济性等因素确定辅助热源的种类及供给方式.辅助热源宜靠近贮水箱.

⑤ 供热水终端需装有计量装置.

2）分散系统

分散集热太阳能热水系统是目前较为常见的太阳能热水系统，适宜用在独立住宅、低层联排住宅中，也可用在多层公寓住宅中.系统的特点是太阳能集热器分户设置，贮水箱、管道、辅助热源等辅助设施都按需要分户设置.

分散集热太阳能热水系统中集热器分散布置、分户使用，由于每户所需的集热器面积不大，因此可在建筑中布置的位置较多，也较灵活.在设计时需注意以下问题：

① 集热器的放置位置应与整体建筑风格相协调，使其成为建筑物的有机组成部分.

② 满足集热器有不少于4小时的日照时数的要求，避免周围环境景观及建筑自身对集热器的遮挡.

③ 集热器的锚固应牢固可靠.

④ 贮水箱可灵活设置，但贮水箱的位置宜与太阳能集热器位置靠近，以减少管道中的热损耗.

⑤ 有组织、有秩序地安排众多管道、管线在建筑中的空间位置，做到布置有序、安全隐蔽又便于维护、检修.

7.3.1.2 热水配水系统

热水配水系统的供热水方式、供热水量、水温等应符合《建筑给水排水设计规范》(GB50015)的要求.供应生活热水的水质卫生标准应符合国家现行标准《生活饮用水卫生标准》(GB5749)的要求.

1）集中系统

集中系统的热水配水系统形式应按《建筑给水排水设计规范》的相关规定和用户的具体要求选择确定，设计时应注意以下几个问题：

① 系统循环管道宜采用同程布置方式，并设循环泵，采用机械循环.

② 当给水管道的水压变化较大且用水点要求水压稳定时，宜采用开式系统或采取稳压措施；对水质要求较高和不宜设置高位水箱的建筑，宜采用闭式系统.

③ 热水配水系统应保证干管和立管中的热水循环；对要求随时取得不低于规定温度热水的建筑物，应保证支管中的热水循环，或有保证支管中热水温度的措施.

④ 当卫生设备设有冷热水混合器或混合龙头时，冷、热水供应系统在配水点处应有相近的水压.

⑤ 热水配水系统应具有计量供水功能，应在入户供热水管路上装设热水表.

2）分散系统

分散系统的热水配水系统形式应按《建筑给水排水设计规范》的相关规定和用户的具体要求选择确定，设计时应注意以下几个问题：

① 系统循环可根据具体条件选用机械循环或自然循环，宜优先选用机械循环.

② 当给水管道的水压变化较大且用水点要求水压稳定时，宜采用开式系统或采取稳压措施；对水质要求较高和设置高位水箱有困难的建筑，宜采用闭式系统.

③ 对要求随时取得不低于规定温度热水的建筑物，应有保证支管中热水温度的措施.

④ 当卫生设备设有冷热水混合器或混合龙头时，冷、热水供应系统在配水点处应有相近的水压.

⑤ 分散系统的热水配水系统可根据具体情况确定是否需要设置热水计量装置.

7.3.2 系统性能

太阳能热水系统的性能包括热性能、安全性能、耐久性能.

7.3.2.1 热性能

1）系统的供水温度

太阳能热水系统的供水水温应按《建筑给水排水设计规范》中的相关规定执行.

在日太阳辐照量为17 MJ/m^2，日平均环境温度在15～30 ℃范围内，环境风速≤4 m/s，集热开始时，贮热水箱内水温在20 ℃条件下，集热结束时，太阳能热水系统贮热水箱内水的温度应大于等于45 ℃.

应保证安全的供水水温，设置恒温混合阀等装置限制供水温度不致超过规范的要求.

2）系统的热性能

在日太阳辐照量为17 MJ/m^2，日平均环境温度在15～30℃范围内，环境风速≤4 m/s，集热开始时，贮热水箱内水温在20 ℃条件下，集热结束时，太阳能热水系统的日有用得热量应大于等于7.8 MJ/m^2；且平均热损系数应小于3 W/(m^2·℃).

7.3.2.2　安全性能

太阳能热水系统的安全性能是系统最重要的技术指标，在《民用建筑太阳能热水系统应用技术规范》中，涉及系统安全性的条文全部是强制性条款.

1）水压

太阳能热水系统的供水压力，应符合《建筑给水排水设计规范》的相关要求.应能满足卫生器具要求的最低工作压力.

2）耐压

太阳能热水系统应具备一定的承压能力，应能承受系统设计所规定的工作压力，并通过水压试验的检验.试验压力应符合设计要求，设计未注明时，试验压力应为系统顶点的工作压力加 0.1 MPa，同时系统顶点的试验压力应不小于 0.3 MPa.

3）过热保护

太阳能热水系统应设置过热保护，能在高太阳辐照而且有用能量消耗较少的条件下正常运行.

太阳能热水系统在通过某一部件排放一定量蒸气或热水作为过热保护时，不应由于排放蒸气或热水而对用户构成危险.在按照国家标准进行过热保护试验时，应无蒸气从任何阀门及连接处排放出来.

太阳能热水系统的过热保护依赖于电控或冷水等措施时，其产品使用说明书中应有清楚的标注说明.对于因特殊要求向用户提供热水温度超过 60 ℃的太阳能热水系统，其产品使用说明书中应有提示用户防止烫伤的说明.

4）电气安全

太阳能热水系统中配置的电器设备，其电气安全性应符合 GB 4706.1，GB 4706.12，GB/T14536 和 GB 8877 以及 NY/T 513 规定的要求.

太阳能热水系统中所使用的电器设备应有过电流保护、接地和断电等安全措施.

5）其他安全装置

太阳能热水系统中应设置安全泄压阀和膨胀罐/箱等安全装置.太阳集热器组中每个可以关闭的回路应至少安装一个安全阀.

7.3.2.3　耐久性能

1）使用寿命

太阳能热水系统的正常使用寿命应在 10 年以上.

2）耐冻

太阳能热水系统应具有防冻功能.

当太阳集热器不能满足系统安装地点的抗冻要求时，对于直接系统，应能在需要时将系统中的水或系统室外部分的水排回专用的贮水箱，手动或自控完成均可，但用于排水的自动温控系统本身应具有防冻功能. 对于机械循环系统，也可采用定温循环防冻的措施.

当太阳集热器可以满足系统安装地点的抗冻要求时，可采用使循环管路中的水回流，或设置自控温电热带等方式防冻.

对于间接系统，在系统中使用防冻传热介质进行防冻时，传热介质的凝固点应低于系统使用期内的最低环境温度.

3）抗风

太阳能热水系统安装在室外的部分应有可靠的防风措施，应能经受不低于当地历史最大风力的负载. 应按该风力荷载的标准值，根据规范计算抗风负载并设计抗风措施.

4）抗冰雹

太阳能热水系统应能抗击冰雹和其他与冰雹质量相同的下落重物的撞击，应能通过国家标准规定的耐撞击试验而无破损现象.

5）雷电保护

新建建筑太阳能热水系统的设计应符合国家标准《建筑物防雷设计规范》(GB 50057)中的有关规定. 如太阳能热水系统不处于建筑物上避雷系统的保护中，应按《建筑物防雷设计规范》的有关规定增设避雷措施. 既有建筑上安装太阳能热水系统，应按《建筑物防雷设计规范》的有关规定增设避雷措施.

6）淋雨

太阳能热水系统应有抵抗雨水冲刷而不被浸入的能力，按国家标准的规定完成淋雨试验后，不允许有雨水浸入太阳能热水系统的集热器、水箱、通气口和排水口等.

7）防热冲击

太阳能热水系统应能耐受系统内部突然的冷热水交换，以及外部环境导致的突然热冲击. 在按国家标准规定完成内、外热冲击试验后，应无裂纹、变形、毁坏、水凝结或浸水现象发生.

8）防过热

太阳能热水系统应设置过热保护装置，以保证系统在过热状态下的安全性，防止系统被损坏. 封闭式系统应安装安全阀或其他过热保护措施，系统部件和安全阀之间不允许安装任何阀门；间接系统使用防冻液时，防冻液的沸点应高于集热器的最高闷晒温度，防冻液不应因高温条件而变质.

9）防倒流

太阳能热水系统的集热部分应有防倒流措施. 如集热部分是采用自然循环，

贮热水箱底部应高于集热器顶部；如集热部分是机械循环，应设置止回阀或其他防倒流装置.

10）抗震

太阳能热水系统安装在室外的部分应考虑抗震设计要求.

7.4 太阳能热水系统的节能效益分析

太阳能热水系统的节能效益分析，按评估依据和评估时期分为两类：太阳能热水系统节能效益的预评估和太阳能热水系统节能效益的长期监测评估.

太阳能热水系统节能效益的预评估是在系统设计完成后，根据太阳能热水系统形式、集热器面积和集热器性能参数、设计的集热器倾角及当地的气象条件，在系统寿命期内的节能效益分析.

太阳能热水系统的长期监测，是指太阳能热水系统建成投入运行后，对于系统的运行进行监测，通过分析监测数据，得到实际的节能效益.

太阳能热水系统节能效益的分析评定指标包括：

① 太阳能热水系统的年节能量.

② 太阳能热水系统的节能费用——简单年节能费用和在寿命期内的总节省费用.

③ 太阳能热水系统增加的初投资回收年限（增投资回收期）——静态回收期和动态回收期.

④ 太阳能热水系统的环保效益——二氧化碳减排量等.

7.4.1 太阳能热水系统节能效益的预评估

7.4.1.1 太阳能热水系统的年节能量预评估

系统设计完成后，根据相关设计参数，可计算出系统提供的有用能量，即

$$\Delta Q_{\mathrm{save}}=A_{\mathrm{c}}\,J_{\mathrm{T}}(1-\eta_{\mathrm{c}})\,\eta_{\mathrm{cd}} \tag{7-31}$$

式中，ΔQ_{save}为太阳能热水系统提供的有用能量，MJ；J_{T} 为太阳集热器采光表面上的年总太阳能辐照量，$\mathrm{MJ/m^2}$；η_{cd}为太阳集热器的年平均集热效率；η_{c} 为管路和水箱的热损失率.

太阳能热水系统的节能量是相对于常规能源加热系统的节能量，因此，系统的节能量应折算成一次能源. 系统的节能量计算与辅助热源系统所使用的常规能源形式和设备的工作效率有关，应在考虑辅助热源系统工作效率的影响因素后，将太阳能集热系统提供的有用得热量折算成系统的节能量.

1）以电为辅助热源

应先将节能量先换算为 kW·h 的单位，再按系统建设当年我国的单位供电煤耗直接折算成标准煤，即为太阳能热水系统的节能量

$$\Delta Q_s = \frac{29.308 Ce \Delta Q_{save}}{3\,600 \eta_s} \tag{7-32}$$

式中，ΔQ_s 为太阳能热水系统的年节能量，MJ；η_s 为辅助热源系统的效率；Ce 为系统建设当年我国单位供电煤耗，g/kW·h.

2）以其他一次能源为辅助热源

以天然气等其他形式的一次能源为辅助热源的，太阳能热水系统年节能量可按下式计算

$$\Delta Q_s = \frac{\Delta Q_{save}}{\eta_s} \tag{7-33}$$

需要说明的是，由于我国目前的电费计价体系已包括全部发电成本，因此在进行节能费用预评估时，无论是以电还是其他一次能源作为辅助热源，年节能费用均应按式(7-33)计算.

7.4.1.2 太阳能热水系统的节能费用预评估

太阳能热水系统的节能费用预评估指标包括用于静态回收期计算的简单年节能费用，及用于动态回收期计算的寿命期内的总节省费用.

1）简单年节能费用

估算简单年节能费用的目的是，让系统的使用者了解太阳能热水系统投入运行后所能节省的常规能源消耗量；在建设项目运作初期，让投资者了解太阳能热水系统的静态回收期，确定投资规模.

简单年节能费用的计算公式为

$$W_j = C_c \Delta Q_s \tag{7-34}$$

式中，W_j 为太阳能热水系统的简单年节能费用，元；C_c 为系统设计当年的常规能源热价，元/MJ；

2）寿命期内太阳能热水系统的总节省费用

寿命期内太阳能热水系统的总节省费用为考虑系统的维修费用、年燃料价格上涨等影响因素，系统在寿命期内能够节省的资金总额. 可用于系统动态回收期的计算，从而让系统的投资者更为准确地了解系统的增初投资可以在多少年后被补偿回收.

寿命期内总节省费用的计算公式为

$$SAV = PI(\Delta Q_s C_c - A_d C_m) - A_d \tag{7-35}$$

式中，SAV 为系统寿命期内总节省费用，元；PI 为折现系数；A_d 为太阳能热水系统总增投资，元；C_m 为每年用于与太阳能热水系统有关的维修费用（包括太阳能集热器维护、集热系统管道维护和保温等费用）占总增投资的百分率，一般取 1%.

$$PI=\frac{1}{d-e}\left[1-\left(\frac{1+e}{1+d}\right)^{n}\right]\quad (d\neq e) \tag{7-36}$$

$$PI=\frac{n}{1+d}\quad (d=e) \tag{7-37}$$

式中，d 为年市场折现率，可取银行贷款利率；e 为年燃料价格上涨率；n 为经济分析年限，从系统开始运行算起，集热系统寿命一般为 10～15 年.

7.4.1.3　太阳能热水系统增投资回收期的预评估

由于太阳能热水系统中一般都需设置常规能源水加热装置. 因此，太阳能热水系统的初投资要高于常规热水系统，其投资组成如图 7-10 所示. 图中的虚线部分是太阳能热水系统的增加投资，即太阳集热系统的投资部分. 一个设计合理的太阳能热水系统，应能在寿命期内用节省的总费用补偿增加的初投资，完成补偿的总累积年份即为增加投资的回收年限或增加投资回收期.

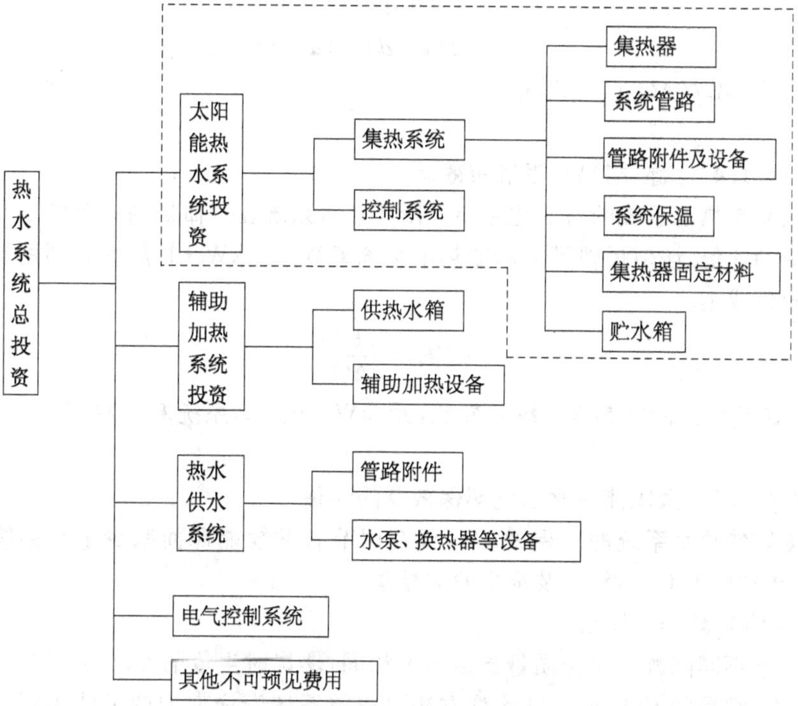

图 7-10　太阳能热水系统的投资组成

增加投资回收期有两种算法，即静态回收期计算法和动态回收期计算法. 两种算法的差别在于静态回收期没有考虑资金折现系数的影响，但计算简便；而动态回收年限考虑了折现系数的影响，更加准确.

1）静态回收期计算法

静态回收期常用于概念设计阶段，计算时不考虑银行贷款利率、常规能源价格上涨率等因素的影响.

$$Y_t = W_z / W_j \tag{7-38}$$

式中，Y_t 为太阳能热水系统的静态回收期；W_z 为太阳能热水系统与常规热水系统相比增加的初投资；W_j 为太阳能热水系统的简单年节能费用.

2）动态回收期计算法

当太阳能热水系统运行 m 年后节省的总资金与系统的增加初投资相等时，$SAV=0$，即

$$PI(\Delta Q_s C_c - A_d C_m) = A_d \tag{7-39}$$

此时的总累计年份 m 即为系统的动态回收期 N_e.

$$N_e = \frac{\ln[1 - PI(d-e)]}{\ln\left(\frac{1+e}{1+d}\right)} \quad (d \neq e) \tag{7-40}$$

$$N_e = PI(1+d) \quad (d=e) \tag{7-41}$$

式中，$PI = A_d / (\Delta Q_s C_c - A_d C_m)$.

7.4.1.4 太阳能热水系统费效比

太阳能热水系统的费效比是指太阳能热水系统在寿命期内的节能量与系统增投资的比值. 该值反映了太阳能热水系统每节省 1 kW · h 热水终端用能所需要的投资成本.

$$RCE = \frac{3.6 A_d}{n \Delta Q_s} \tag{7-42}$$

式中，RCE 为太阳能热水系统费效比，元/kW · h；n 为系统寿命期，年.

7.4.1.5 太阳能热水系统环保效益的评估

太阳能热水系统的环保效益体现在因节省常规能源而减少了污染物的排放，主要指标为 CO_2，SO_2 及烟尘的减排量.

1）CO_2 减排量评估

由于不同能源的单位质量含碳量不相同，燃烧时生成的 CO_2 数量也各不相同. 所以，常用的 CO_2 减排量计算方法是先将系统寿命期内的节能量折算成标准煤的质量，然后根据系统所使用的辅助能源，乘以该种能源所对应的碳排放因

子，将标准煤中碳的含量折算成该种能源的含碳量后，再计算该太阳能热水系统的二氧化碳减排量. 即

$$Coal=\frac{n\Delta Q_s}{29.308} \tag{7-43}$$

$$Q_{CO_2}=\frac{Coal\times F_{CO_2}\times 44}{12} \tag{7-44}$$

式中，$Coal$ 为寿命期内系统节约标准煤的质量，kg；Q_{CO_2} 为系统寿命期内二氧化碳减排量，kg；F_{CO_2} 为碳排放因子，见表 7-2.

表 7-2 碳排放因子

辅助能源	煤	石油	天然气	电
碳排放因子/(kg 碳/kg 标准煤)	0.726	0.543	0.404	0.866

2）SO_2 减排量评估

SO_2 减排量的评估计算参照环保部门的计算方法进行，即

生活源 SO_2 排放量＝生活及其他煤炭消费量×含硫率×0.8×2　(7-45)

当实际使用的煤炭含硫率未知时，可按每节省 1 公斤标准煤减排 0.02 kg 的 SO_2 计算，即

$$Q_{SO_2}=0.02Coal \tag{7-46}$$

式中，Q_{SO_2} 为系统寿命期内 SO_2 减排量，kg.

3）烟尘减排量评估

烟尘减排量与烟尘的产生量、除尘设备的去除率有关，而烟尘的产生量又与燃烧方式、燃料的种类等有关. 烟尘排放量用式(7-47)计算

$$Q_{ycp}=E_{fs}(1-\eta) \tag{7-47}$$

式中，Q_{ycp} 为烟尘排放量，kg；E_{fs} 为烟尘产生量，kg；η 为除尘设备的去除率，其与除尘方式有关，如不能确定除尘方式，可按 78%计算.

当烟尘产生量未知时，可按每节省 1 kg 标准煤减排 0.01 kg 烟尘计算，即

$$Q_{ycp}=0.01Coal \tag{7-48}$$

7.4.2 太阳能热水系统节能效益的长期监测

太阳能热水系统的长期监测是为了评估系统的运行是否达到设计要求. 通过对监测数据的分析，评估太阳能热水系统运行的实际效果.

7.4.2.1 太阳能热水系统节能效益的监测

1）太阳能热水系统监测评价指标

太阳能热水系统监测评价指标包括太阳能保证率和太阳能集热系统效率.

① 太阳能保证率即为太阳能热水系统中由太阳能部分提供的能量占系统总负荷的百分率.

$$f=\frac{Q_s}{Q_R} \tag{7-49}$$

式中，f 为太阳能保证率，%；Q_s 为实测太阳能集热系统提供的热量，MJ；Q_R 为实测热水系统需要提供的热量，MJ.

② 太阳能集热系统的效率为在一定的集热器面积条件下，集热器得到的有用太阳能量占可用太阳能量的比值. 该值反映了集热器吸收太阳辐射能的性能、系统管道保温效果和贮热水箱的保温效果等.

$$\eta=\frac{Q_s}{AH_t}\times 100\% \tag{7-50}$$

式中，η 为集热系统效率，%；A 为集热器面积，m^2；H_t 为集热器表面上的太阳辐照量，MJ/m^2.

7.4.2.2 太阳能热水系统的节能收益

将当年的节能量乘以当年的常规能源价格减去当年的维护费用，即为当年的节能收益.

$$C_s=\Delta Q_s C_c-C_m \tag{7-51}$$

式中，C_s 为年节能收益，元.

第 8 章
太阳能热水系统设计

8.1　概述

太阳能热水系统主要由太阳能集热系统、换热蓄热装置、辅助能源系统、控制系统、泵、连接管道和热水供应系统构成.其中,太阳能集热器系统和辅助能源系统是系统能源供应部分,换热蓄热装置是能源储存部分,热水供应系统是能源利用部分.

太阳能热水系统设计包含以下内容:

① 确定系统运行方式。

② 太阳集热器选型。

③ 太阳集热器面积确定。

④ 贮水箱设计。

⑤ 辅助热源选择与系统设计。

⑥ 系统布局、太阳集热器倾角与前后排间距确定。

⑦ 泵、管路附件选型与管路系统设计。

⑧ 电气控制系统设计。

⑨ 管路与设备的保温与防冻。

⑩ 系统安全防护(防雷/防雨/防漏电/防腐蚀/抗风雪等)。

为使设计出的太阳能热水系统能很好地满足用户的需求,在进行太阳能热水系统设计前,应调查用户的基本情况,包括以下几点:

① 环境条件——月均日辐照量、地处纬度、日照时间、环境温度、风速、是否安装在风口、雷击状况等.

② 用水条件——热水用途、用水量(总用水量/天)、用水方式(用水时间和用水次数)、用水温度、用水位置(水位落差)、用水流量等.

③ 场地情况——场地面积、场地形状、建筑物承载能力、遮挡情况等.

④ 水电情况——水压、电压、供应情况、冷水温度等.

⑤ 辅助能源情况：是否要求配置辅助能源、配置辅助能源的种类（电、燃油、燃气、蒸气、暖气、热泵等），如果使用原有的辅助能源设备，应了解设备的型号、类别、供热方式等.

⑥ 管理方式：是否专人管理、是否要求全自动控制、是否要求自动计量计费等.

8.2 热水系统负荷计算

组成太阳能热水系统的两个子系统——太阳能集热系统和热水供应系统在选型时所依据的系统负荷是不一样的. 太阳能集热系统是根据月平均日用热水量来选取太阳集热器的面积的；而热水供应系统则是根据最高日用水量来确定系统设备和管路. 本节主要介绍与热水供应系统有关的负荷，与太阳能集热系统相关的负荷和参数计算在下节介绍.

8.2.1 系统日耗热量、热水量的计算

住宅和公共建筑内生活热水用水定额应根据水温、卫生设备完善程度、热水供应时间、当地气候条件、生活习惯和水资源情况等确定. 不同类别建筑物的用水要求在《建筑给水排水设计规范》中有明确规定.

全日供热水的建筑物，其集中热水供应系统的日耗热量由式(8-1)计算

$$Q_d = q_r c\rho(t_r - t_l)m/86400 \tag{8-1}$$

式中，Q_d 为日耗热量，W；q_r 为热水用水定额，L/(人·天)；c 为水的比热容，$c=4.187$ kJ/(kg·℃)；ρ 为热水密度，kg/L；t_r 为热水温度，$t_r=60$ ℃；t_l 为冷水温度. 应以当地最冷月平均水温计算，按附表 4 选用，℃；m 为用水计算单位（人数或床位数）.

全日供热水的建筑物，其集中热水供应系统的热水量由式(8-2)计算

$$q_{rd} = \frac{86\,400 Q_d}{c\rho(t_r' - t_l')} \tag{8-2}$$

$$q_{rd} = q_r m \tag{8-3}$$

式中，q_{rd} 为设计日热水量，L/d；t_r' 为设计热水温度，℃；t_l' 为设计冷水温度，按附表 4 选用，℃.

8.2.2 设计小时耗热量、热水量的计算

8.2.2.1 设计小时耗热量的计算

1）设有集中热水供应系统的居住小区

设有集中热水供应系统居住小区的设计小时耗热量按下列情况分别计算.

① 当小区的公共建筑(如餐馆、娱乐设施等)的最大用水时段与住宅的最大用水时段一致时,应按两者的设计小时耗热量叠加计算.

② 当小区内有与住宅的最大用水时段相同的公共建筑(如餐馆等)和最大用水时段不相同的公共建筑(如办公用房等)时,设计小时耗热量应按住宅与前者的设计小时耗热量加后者的平均小时耗热量计算.

2）全日供应热水的建筑物

全日供应热水的建筑物,如宿舍(Ⅰ,Ⅱ类)、住宅、别墅、酒店式公寓、招待所、培训中心、旅馆与宾馆的客房(不含员工)、医院住院部、养老院、幼儿园、托儿所(有住宿)等,其集中热水供应系统的设计小时耗热量按式(8-4)计算

$$Q_h = K_h \frac{mq_r\ c\rho(t_r - t_l)}{3\ 600T} \tag{8-4}$$

式中,Q_h 为设计小时耗热量,W;T 为每天使用时间,按附表 5 选用,h;K_h 为小时变化数,见表 8-1.

表 8-1　热水小时变化系数 K_h 值

类别	住宅	别墅	酒店式公寓	宿舍(Ⅰ,Ⅱ类)	招待所、普通旅馆	宾馆	医院、疗养院	幼儿园托儿所	养老院
热水用水定额/(L/人)	60～100	70～110	80～100	70～100	25～50 40～60 50～80 60～100	120～160	60～100 70～130 110～200 100～160	20～40	50～70
使用人(床)数	≤100～≥6 000	≤100～≥6 000	≤150～≥1 200	≤150～≥1 200	≤150～≥1 200	≤150～≥1 200	≤50～≥1 000	≤50～≥1 000	≤50～≥1 000
K_h	4.80～2.75	4.21～2.47	4.00～2.58	4.80～3.20	3.84～3.00	3.33～2.60	3.63～2.56	4.80～3.20	3.20～2.74

注:① 小时变化数应根据用水定额及使用人数取值,当热水用水定额高、使用人数多时取低值,反之取高值;使用人数小于等于下限值及大于等于上限值的,K_h就取下限值或上限值,其他情况下可采用内插法取值.

② 设有全日集中热水供应系统的办公楼、公共浴室等表中未列出的其他类别建筑,K_h可按给水的小时变化数选取.

3）定时供应热水的建筑物

定时供应热水的建筑物，如住宅、旅馆、医院及工业企业生活间、公共浴室、宿舍（Ⅲ，Ⅳ类）、剧院化妆间、体育场（馆）运动员休息室等，其集中热水供应系统的设计小时耗热量应按式(8-5)计算

$$Q_h = \sum \frac{q_h(t_r - t_l)n_0\, bc\rho}{3\ 600} \tag{8-5}$$

式中，q_h 为卫生器具的小时用水定额，按附表 7 选用；t_r 为热水温度，按附表 8 选用，℃；n_0 为同类型卫生器具数；b 为卫生器具的同时使用百分数，住宅、旅馆、医院、疗养院病房的卫生间内浴盆或淋浴器可按 70%～100%计，其他器具不计，但定时连续供水应大于等于 2 小时；工业企业生活间、公共浴室、学校、剧院、体育场（馆）等的公共浴室内的淋浴器和洗脸盆均按 100%计，住宅一户带多个卫生间时，可只按一个卫生间计算.

4）其他建筑

具有多个不同使用热水部门的单一建筑或具有多种使用功能的综合性建筑，当其热水由同一热水供应系统供应时，设计小时耗热量可按同一时间内出现用水高峰的主要用水部门的设计小时耗热量加其他用水部门的平均小时耗热量计算.

8.2.2.2 设计小时热水量计算

$$q_{r,h} = \frac{Q_h}{1.163(t_r' - t_l')\rho} \tag{8-6}$$

式中，$q_{r,h}$为设计小时热水量，L/h.

8.3 太阳能集热系统设计

太阳能集热系统主要包含太阳集热器、贮水箱、管路及管路附件、泵和控制系统等. 太阳集热器是太阳能热水系统的核心部件，其性能优劣直接影响太阳能热水系统的性能.

8.3.1 系统选型

太阳能集热系统选型时主要考虑以下因素：

① 太阳能集热器类型.

② 系统运行方式. 自然循环或强制循环，闭式系统或开式系统.

③ 换热方式. 直接系统或间接系统.

④ 备份热源. 电加热器、燃油锅炉、燃气锅炉、燃煤锅炉、生物质锅炉、热泵等.

⑤ 管材和水箱材质.

8.3.1.1　太阳能集热器的选择

以目前的技术而言,平板集热器和真空管集热器均可在全国范围内的各类工程中使用,但应综合考虑当地的太阳能资源条件、环境温度、水质条件、经济条件、维护管理、使用寿命、建筑一体化的要求等多方面因素,选用适宜的集热器. 一般而言:

① 在不结冰地区全年使用或虽是结冰地区,但仅在春、夏、秋季不结冰的时候使用时,可选择平板集热器.

② 结冰地区全年使用,不需要承压运行的,除高寒地区外,均可选用全玻璃真空管集热器.

③ 高寒地区全年使用的,可选择热管集热器,也可选择各种金属流道式真空管集热器,做成双回路系统.

太阳能集热器的选型可参考表 8-2 进行.

表 8-2　太阳能集热器选型

相关要素		集热器类型		
		平板集热器	全玻璃真空管	热管真空管
建筑气候分区	严寒地区	○	—	●
	寒冷地区	○	●	●
	夏热地区	○	●	●
	温和地区	●	●	●
承压能力	开式系统	●	●	●
	闭式系统	●	—	●
换热方式	直接系统	●	●	●
	间接系统	●	—	●
与建筑结合		●	○	●
系统可靠性		高	低	高
系统投资		中	中	高

注:表中"●"为可选用;"○"为有条件选用;"—"为不宜选用.

8.3.1.2　系统运行方式的选择

太阳能热水系统在选择运行方式上应根据用户基本条件、用户使用需求及集热器与储热水箱的相对安装位置、与建筑的适配性等因素综合考虑，具体可参考表 8-3 进行.

表 8-3 太阳能热水系统选型

建筑物类型		居住建筑			公共建筑		
		低层	多层	高层	宾馆	医院	公共浴室
集热与供热水范围	集中集热—集中供热	●	●	●	●	●	●
	集中集热—分散供热	●	●	○	—	—	—
	分散集热—集中供热	●	○	○	—	—	—
系统运行方式	自然循环	●	●	—	●	●	●
	强制循环	●	●	●	●	●	●
	直流系统	—	●	●	●	●	●
换热方式	直接系统	●	●	●	●	—	●
	间接系统	●	●	●	●	●	●
辅助能源安装位置	内置加热系统	●	●	—	—	—	—
	外置加热系统	—	●	●	●	●	●
辅助能源控制方式	全日自动启动系统	●	●	●	●	—	—
	定时自动启动系统	●	●	●	—	●	●
	按需手动启动系统	●	—	—	—	●	●

注：表中“●”为可选用；“○”为有条件选用；“—”为不宜选用.

8.3.2 太阳能集热面积的确定

太阳集热器的面积是太阳能热水系统中的一个重要参数，它与系统的太阳能保证率和项目的经济性紧密相关. 太阳能集热器面积有总面积和采光面积两种定义，总面积参与计算确定需要使用的太阳能集热器数量、太阳能集热系统的总占地面积和定位；采光面积则用于判断某一太阳能集热器产品的热性能是否合格. 国家标准规定的太阳能集热器产品热性能的合格指标是基于采光面积提出的，但在贮热水箱容量≥600 L 的太阳能集热系统中，则必须注意要采用基于集热器总面积的集热器效率方程.

8.3.2.1　直接式太阳能热水系统集热器总面积的确定

直接式太阳能热水系统的集热器总面积 A_c 可根据系统的日平均用水量和用水温度按下式计算.

$$A_c=\frac{Q_w c\rho(t_{end}-t_l)f}{J_T\eta_{cd}(1-\eta_L)} \tag{8-7}$$

式(8-7)中相关参数按以下方法确定：

① Q_w为日平均用热水量，该值的大小与生活水平、生活习惯和气候条件等因素紧密相关.在缺乏实际数据的情况下，可以根据当地情况取规范规定的最高日用水定额的下限值的某一百分数作为太阳能集热系统的计算依据.

② t_{end}为贮水箱内水的终止设计温度.按《建筑给水排水设计规范》的规定或附表 8 选取.

③ t_l为冷水计算温度，按《建筑给水排水设计规范》的规定或附表 4 选取.

④ f 为系统的太阳能保证率.太阳能保证率 f 是确定系统所需太阳集热器总面积的一个关键因素，也是影响太阳能热水系统经济性能的重要参数.实际选用的太阳能保证率 f 与系统使用期内的太阳辐照、气候条件、系统热性能、用户使用热水的规律和特点、热水负荷、系统成本和投资者的预期投资规模等因素有关.

在进行系统设计时，f 值的确定需通过效益分析来选取，其确定方法可分为以下 3 种.

a. 经验法.通常用于工程的方案设计阶段，结合当地的太阳辐射情况，确定使用季节内太阳能热水系统的太阳能保证率.表 8-4 为按我国太阳辐照资源区划给出的各区太阳能保证率的选择范围，可供设计时参考使用.参照该表选取 f 值时，对于全年使用的太阳能热水系统可取中间值；对预期投资规模较小，偏重于在春、夏、秋季使用，并且不希望在夏季产生的热水有太多过剩的系统，可以取偏小值；对预期投资规模较大，偏重于在冬季使用，希望在冬季能得到充足的太阳能热水，而在夏季又能做到综合利用，不致造成太阳能热水有过多浪费的系统，则可取偏大值.

表 8-4　不同地区太阳能保证率的选值范围

资源区划	年太阳辐照量/[MJ/(m² · a)]	太阳能保证率
资源丰富区	≥6 700	≥60%
资源较富区	5 400～6 700	50%～60%
资源一般区	4 200～5 400	40%～50%
资源贫乏区	<4 200	≤40%

b. 半经验法. 半经验法是在对大量系统进行计算机模拟的基础上得出的一些通用的图表或半经验公式. 贝克曼的 f-图法是其中具有代表性的一种,它是一种建立在月平均气象资料上的方法,有相关的计算程序可供利用.

c. 计算机模拟法. 计算机模拟法是最详细也是最准确的方法. 通过对太阳能热水系统的全年逐时模拟,可以对太阳能集热系统和其他设备进行优化设计. 这种方法需要逐时的气象数据,目前最具有代表性的程序为美国威斯康星大学麦迪逊分校开发的 TRNSYS 软件以及瑞士太阳能研究所下属 Vela Solaris AG 公司开发的 Polysun 软件.

⑤ J_T为当地集热器总面积上的年平均日或月平均日太阳辐照量. J_T的大小不但与当地的气象参数有关,还与集热器的安装方位及安装倾角有关. 就气象参数而言,全年使用的太阳能热水系统在计算时采用全年平均气象参数;侧重于春、夏、秋季使用的太阳能热水系统,在计算时采用春分或秋分所在月的月平均气象参数;侧重于冬季使用的太阳能热水系统在计算时采用 12 月的月平均气象参数.

⑥ η_{cd}为集热器年或月平均集热效率. 集热器年或月平均集热效率 η_{cd} 主要通过实际测试确定. 根据测试结果绘出集热器集热效率曲线. 在利用集热器集热效率曲线确定集热器效率时,横坐标归一化温差计算式 $T_i^* = (t_{f,i} - t_a)/G_T$ 中,t_a取当地的年平均环境空气温度;$G_T = J_T/(3\ 600 \times S_y)$,$S_y$ 为当地年平均日照小时数;系统不同,集热器工质进口温度 $t_{f,i}$的计算方法不同,当系统为单水箱系统时,有

$$t_{f,i} = \frac{t_1}{3} + \frac{2t_{end}}{3} - 5 \tag{8-8}$$

当系统为双水箱或多水箱系统时,有

$$t_{f,i} = \frac{t_1}{3} + \frac{2f(t_{end} - t_1)}{3} - 5 \tag{8-9}$$

当缺乏以上相关检测数据时,η_{cd}可以按经验在 0.25~0.50 取值. 环境温度较高时,集热器热水进出口平均温度或系统热水设计用水温度较低时取上限;反之取下限.

⑦ η_L为管路及贮水箱热损失率. 管路与贮水箱的热损失与管路和贮水箱中的热水温度、保温状况、风速以及空气温度等因素有关. 管路单位表面积的热损失可以按式(8-10)计算.

$$q_1 = \frac{\pi(t - t_a)}{\frac{1}{2\pi}\ln\frac{D_o}{D_i} + \frac{1}{h_w D_o}} \tag{8-10}$$

式中,D_i,D_o 为管道保温层内、外径,m;t 为设备及管道外壁温度,对于金属设备

及管道，可取介质温度，℃；h_w 为表面与空气的对流换热系数，W/(m^2・℃).

贮水箱的单位表面积的热损失可按式(8-11)计算.

$$q=\frac{t-t_a}{\frac{\delta}{k}+\frac{1}{h_w}} \tag{8-11}$$

式中，k 为保温材料的导热系数，W/(m・℃)；δ 为保温层厚度，m.

根据式(8-10)、式(8-11)计算得到的热损失加和后与太阳能热水系统的得热量($J_T\ \eta_{cd}$)的比值即为管路及贮水箱的热损失率 η_L. 无法进行精确计算时，可按经验在 0.20～0.30 之间取值. 环境温度较低，热水温度较高，保温较差时取上限，反之取下限.

8.3.2.2　间接式系统太阳能集热器总面积的确定

在用水量及热水设计温度相同的条件下，间接系统比直接系统的集热器运行温度高，造成集热器效率降低，因此对于间接系统，需通过增加集热面积的方法进行补偿.

间接系统的集热器总面积可按式(8-12)计算.

$$A_{IN}=A_c(1+\frac{F_R\ U_l\ A_c}{U_{HX}\ A_{HX}}) \tag{8-12}$$

式中，A_{IN}为间接系统集热器总面积，m^2；$F_R\ U_L$ 为集热器总热损系数，W/(m^2・℃)，根据集热器产品的实际测试结果而定，也可按经验取值，平板型集热器取 4～6，真空管集热器取 1～2；U_{HX}为换热器传热系数，W/(m^2・℃)；A_{HX}为间接系统换热器换热面积，m^2.

8.3.3　太阳能集热器的定位

集热器所接收到的太阳辐射能除与安装地点的太阳能资源有关外，还与集热器的定位密切相关. 太阳能集热器的定位包括集热器的安装方位角、倾角以及前后排间距.

8.3.3.1　集热器的安装方位和倾角

太阳能集热器安装位置的选择，应根据建筑物类型、使用要求、安装条件等因素综合确定.

① 太阳能集热器可安装在屋顶、阳台或朝南方向外墙等建筑围护结构上.

② 太阳能集热器可设置在南向、南偏东、南偏西或朝东、朝西建筑坡屋面上，坡屋面上的集热器宜采用顺坡嵌入设置或顺坡架空设置.

③ 太阳能集热器可设置在墙面上，在高纬度地区，集热器可设置在建筑的朝

南、南偏东、南偏西或朝东、朝西的墙面上，或直接构成建筑墙面；在低纬度地区，集热器可设置在建筑南偏东、南偏西或朝东、朝西墙面上，或直接构成建筑墙面.

安装位置确定后，还应考虑集热器安装倾角和方位对太阳辐射能量收集的影响.

① 为了使太阳能集热器得到最大的太阳辐射量，北半球地区，太阳能集热器宜朝向正南，并使当地正午的太阳光线与集热器的采光面垂直. 条件受限时，可根据建筑物的实际情况进行调整，但不应超出南偏东 30°或南偏西 30°的范围.

② 考虑到早晨气温低，易有雾，光照不好，而下午气温高，一般光照较好，因此也可将集热器正南偏西 5°放置，使集热器在下午得到更多的太阳辐射能.

③ 太阳能集热器的安装倾角 β 的大小和安装地的纬度角 φ 及太阳赤纬角 δ 有关，如图 8-1 所示.

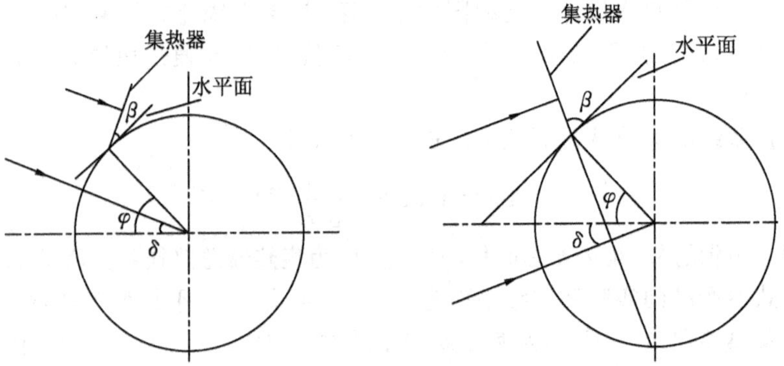

图 8-1　集热器的安装器倾角

从图 8-1 可以得出：当太阳光线与集热器的采光面垂直时，集热器倾角 β 与当地纬度角 φ 以及太阳赤纬角 δ 有如下关系：

$$\beta=\varphi-\delta \tag{8-13}$$

① 全年使用时，可认为全年的平均赤纬角 δ 为 0°，$\beta=\varphi-\delta=\varphi$；

② 当侧重于夏季使用时，可认为该期间的平均赤纬角为 10°，$\beta=\varphi-\delta=\varphi-10°$；

③ 当侧重于冬季使用时，可认为该期间的平均赤纬角为 −10°，$\beta=\varphi-\delta=\varphi+10°$.

8.3.3.2　集热器的前后排间距

太阳能集热器的遮挡分两种：一种是集热器周围的建筑物、树木等环境因素造成的遮挡；另一类是平行安装的集热器阵列，前排对后排的遮挡. 对环境因素造成的集热器遮挡，应在集热器设计时予以考虑，这里不对其进行分析.

通常，判别相互不遮挡的原则有以下 3 点：

① 全年运行的系统，要求在春分/秋分日(此日赤纬角＝0°)中午前后 6 h 不遮挡；

② 主要在春、夏、秋 3 季运行的系统，要求在春分/秋分日(此日赤纬角＝0°)中午前后 8 h 不遮挡；

③ 主要在冬季运行的系统，要求在冬至日(此日赤纬角＝23.45°)的中午前后 4 h 不遮挡.

从图 8-2 可以看出，符合不遮挡要求的集热器安装最小间距为

$$S=\frac{H}{\tan a} \tag{8-14}$$

式中，S 为集热器满足不遮挡条件最小安装距离，m；H 为前排集热器最高点与后排集热器最低点的垂直高差，m.

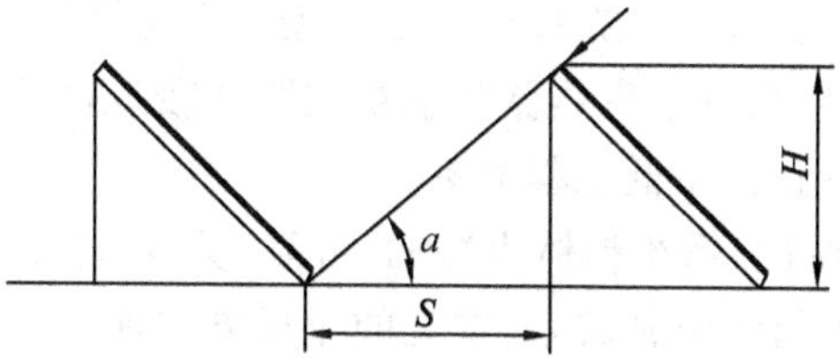

图 8-2　集热器前后排遮挡示意图

入射角与太阳高度角和方位角有关，所以

$$S=H\cot\alpha\cos\gamma_0 \tag{8-15}$$

式中，α 为计算时刻的太阳高度角；γ_0 为计算时刻太阳光线在水平面上的投影线与集热器表面法线在水平面的投影线之间的夹角. 当集热器表面法线偏离南向时，应比较中午前后的两个计算时刻的夹角最小值，按式(8-16)计算.

$$\gamma_0=\min[abs(\gamma_s+\gamma),abs(\gamma_s-\gamma)] \tag{8-16}$$

式中，abs 表示括号中计算结果的绝对值；min 表示取括号中两值中的最小值.

计算时刻的选择应遵循以下原则：

① 全年运行的系统，应选春分/秋分日的 9:00 或 15:00.

② 主要在春、夏、秋 3 季运行的系统，应选春分/秋分日的 8:00 或 16:00.

③ 主要在冬季运行的系统，应选冬至日的 10:00 或 14:00.

④ 太阳能集热器安装方位为南偏东的，选上午时刻；安装方位为南偏西的，选下午时刻.

8.3.4 集热器的布局与连接

8.3.4.1 集热器的布局

太阳能集热器的集热面积及集热器在建筑物上的安装位置确定后，集热器与水箱在建筑物上的布局是首先要考虑的问题. 布局形式的选择，主要应根据现场地形确定，并考虑以下几点：

① 水箱承重. 在系统布局中，首先需要考虑水箱的位置. 因为水箱是太阳能热水系统中最重的负载，水箱的放置位置应考虑该位置的承载能力能否满足水箱装满水后的承重需求.

② 集热器摆放. 应尽量使集热器集中在一片位置摆放，这样便于布局，系统比较整齐、紧凑，管路距离也比较短.

③ 系统各部分的距离. 系统布局应尽量使集热器距水箱的距离、水箱距用热水点的距离、冷水供水点距集热器和水箱的距离较近，以减少管路过长造成的热损失，并减少安装用料，降低工程成本.

④ 协调性与方便性. 系统整体应协调、可靠、美观，施工和维护管理应方便.

按照集热器与水箱的位置关系，常见的布局方式如图 8-3 所示.

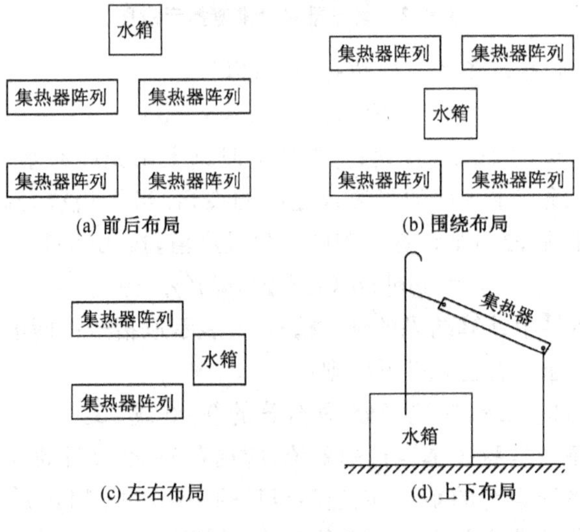

图 8-3 集热器的布局

① 前后布局. 一般情况下，集热器在前面，水箱在后面，以避免水箱遮光. 但当前面有较高的遮光物时，可将水箱放在前面，集热器后置，加大集热器与前面高遮挡物的距离.

② 左右布局.水箱可以在左边,也可以在右边,主要根据承重、管路长短等因素确定.

③ 围绕布局.水箱在中间,集热器围绕水箱前后左右排列.这种布局可以很方便地共用一个水箱做成几个并联的自然循环系统.

④ 上下布局.水箱和集热器上下放置.

8.3.4.2　集热器的连接

太阳能热水系统一般由多块集热器先连接成一个集热器组,集热器组之间再通过一定的方式连接构成一个太阳能集热器系统,集热器的连接方式对系统中各个集热器的流量分配和换热均有影响.

集热器的连接方式主要有串联、并联和混联 3 种,如图 8-4 所示.

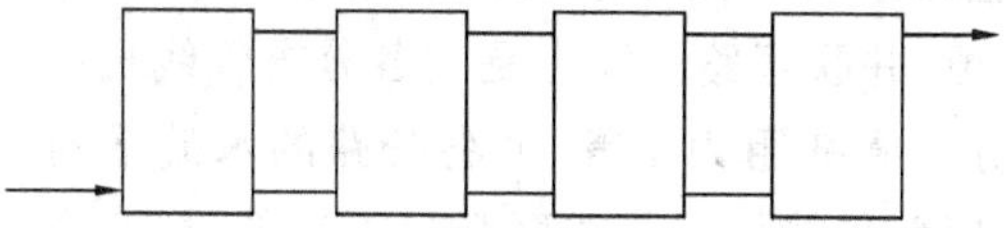

(a) 并联

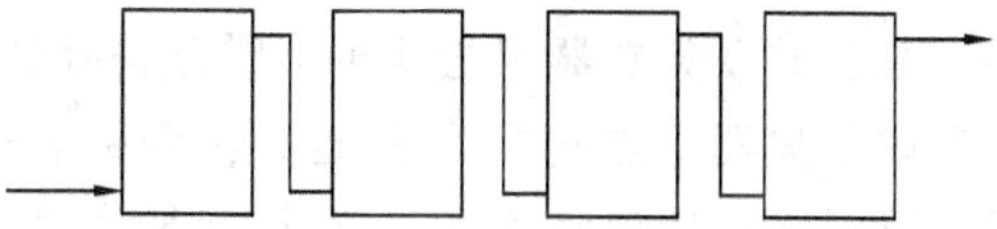

(b) 串联

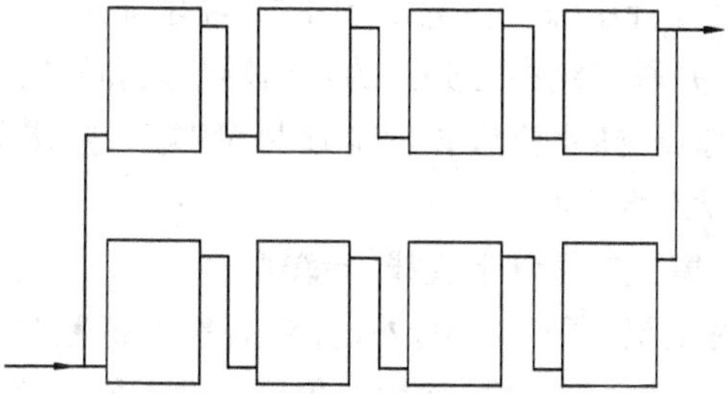

(c) 混联（串-并）

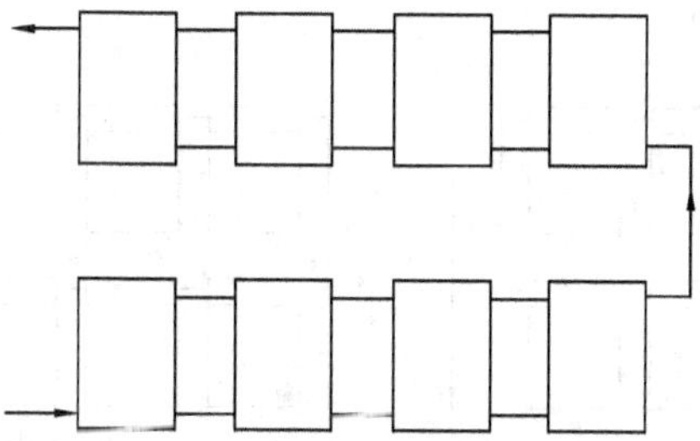

(d) 混联（并-串）

图 8-4　太阳能集热器的连接方式

1）串联

一台集热器出口与另一台集热器的进口相连接.自然循环系统中应尽量少采用串联管路；在强制循环系统中，由于水流动力较大，采用串联管路，可保证各个集热器的流量相等.串联管路的缺点是流动阻力较大.根据工程经验，热管真空管集热器串联时，集热器的联箱总长度不宜超过 20 m；全玻璃真空管东西向放置的集热器，在同一斜面上多层布置时，串联的集热器的联箱总长度不宜超过 6 m.

2）并联

一台集热器的进、出口与另一台集热器的进、出口相连接.并联的集热器管路总水流等于各分路水流之和，其总阻力小于各个分阻力.并联连接方式的系统流动阻力较小，适宜用于自然循环系统，但并联的组数不宜过多，否则会造成集热器之间流量不平衡.并联管路的缺点是当各分支管线长度、管件的种类数量等不同时，会造成各分支管线阻力不等，使各分路的水流不同，从而影响系统的热性能.根据经验，平板型集热器每排并联数目不宜超过 16 个.

3）混联

若干个集热器并联，各并联集热器组之间再串联，这种混联称并-串联；或若干个集热器串联，各串联集热器组之间再并联，这种混联称串-并联.在太阳能热水系统中，根据实际情况混合使用串联和并联，可取得最优化的循环效果.

混联系统在管路设计中需要注意以下几条“经验原则”.

① “等程”原则：并联系统中各分路的集热器个数和管路长度要相等.

② “一短三大”原则：热水集管长度应该尽量“短”，热水集管要“大”半径转弯，“大”坡度爬升，“大”管径集热.

③ “直缓”原则.集管应尽量走直线，转缓弯.

除集热器连接对系统运行有影响外，管路的集管布置对系统效率也有较大影响.系统的集管布置有很多方式，常用的集管布置有同程管路系统和异程管路系统两种，如图 8-5 所示.

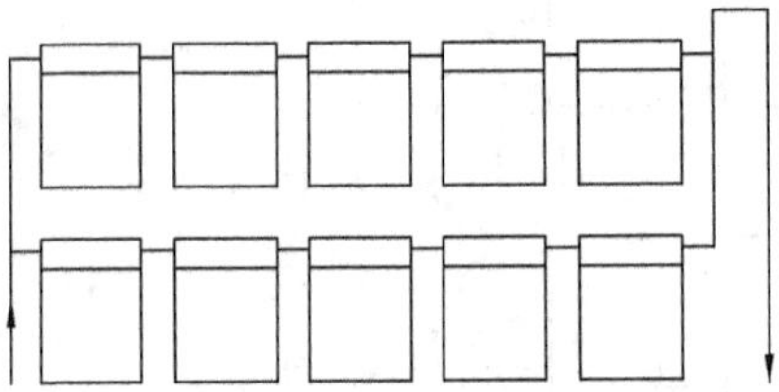
(a) 同程管路系统

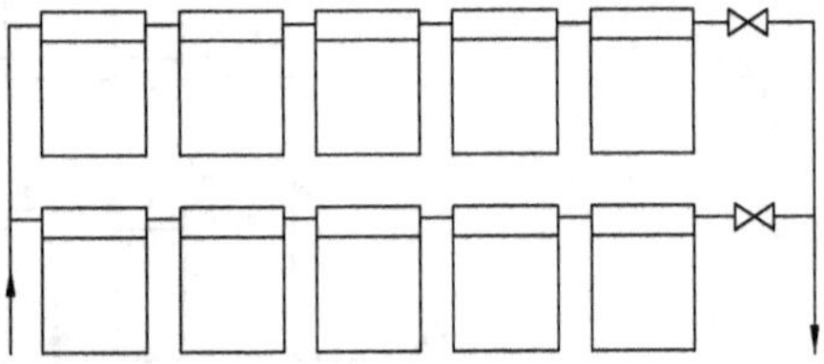
(b) 异程管路系统

图 8-5　集热器组的连接方式

同程管路系统有利于系统流量的均匀分配，保证系统的高效运行，因此各集热器之间的连接推荐采用同程管路系统. 但同程管路系统会增加集管长度，增加系统阻力和投资. 当不得不采用异程管路系统时，应在每个集热器的支路上安装平衡阀或其他调节阀门进行流量调节.

8.3.5 集热器的流量

太阳能集热系统流量选取与太阳能集热器种类有关，一般由太阳能集热器生产厂家给出或根据表 8-5 选取. 太阳能集热器单位面积流量乘以系统集热总面积就可得到系统总流量设计值.

表 8-5 太阳能系统流量的推荐选用值

系统类型		太阳能集热器单位面积流量/[$m^3/(h \cdot m^2)$]
小型热水系统	平板集热器	0.072
	全玻璃真空管	0.036～0.072
大型集中供热系统(集热器面积>100 m^2)		0.021～0.06
小型分户太阳能供热采暖系统		0.024～0.036
板式换热器间接式太阳能供热系统		0.009～0.012

8.4 贮水箱的设计

贮水箱是影响太阳能系统性能的重要因素之一. 贮水箱的容积与集热器规模、用户用水要求等因素有关. 太阳能热水系统中的水箱除了与太阳能集热系统配套的贮水箱外，有时热水供应系统还配有供热水箱.

8.4.1 贮水箱的分类

贮水箱按箱体分方形和圆形水箱；按加工方式分现场制作和工厂制作(成品)水箱；按结构分装配式和焊接式水箱；按材质分碳钢、不锈钢和玻璃钢水箱；按防腐层分热镀锌、搪瓷和内喷涂水箱等.

贮水箱的结构形状应根据其容量大小、结构的合理性、现场放置的位置、水箱制作的难易等因素来确定，应选择体面比最小的形状. 这样既能减小散热面积，还可节省水箱制作的材料.

① 圆球形状的水箱体面比最小，但制作困难. 因此贮水箱的形状一般都选择圆柱形或方形.

② 对于圆柱形水箱，当高度等于直径时，表面积最小. 如果圆柱形水箱高度过高，一般将水箱卧放. 要求水箱承压的系统，圆柱形水箱的两个端盖应采用球形端盖，材料厚度应加厚，制作完成后，应按要求做耐压试验.

③ 对于方形水箱，当长、宽、高相等时，体面比最小. 方形水箱不承压，不易设计得太高. 在高度相同的条件下，长度与宽度相等时，体面比最小. 方形水箱可以现场制作，运输方便；但承压能力差，需要在水箱内部或外部加拉筋，只能用于不承压的系统中.

8.4.2 贮水箱容积的确定

太阳能热水系统贮水箱的容积一般根据太阳能集热器总面积选配，对应每平方米太阳能集热器总面积，需要的贮水箱容积为 40～100 L，通常推荐采用每平米太阳能集热器总面积配 75 L 贮水箱容积.

对于以下太阳能热水系统，供热水系统中宜设置供热水箱，即系统采用双水箱或多水箱方式：

① 太阳能保证率较低的大型热水系统；

② 全天 24 h 热水供应系统；

③ 以燃气、燃油和生物质锅炉为辅助热源的热水系统.

采用双水箱系统时，与太阳能集热器相连的贮水箱按每平方米集热器总面积对应 75 L 贮水箱容积选取，与供热末端相连的供热水箱可按《建筑给排水设计规范》选用，对于工业企业或淋浴室，供热水箱储热量不低于 60 min 设计小时耗热量；对于其他建筑物，不低于 90 min 设计小时耗热量.

当采用双水箱时，贮水箱一般作为预热水箱，供热水箱一般作为辅助加热水箱，辅助热源设置在供热水箱中.

8.4.3 贮水箱的开孔

贮水箱同时连接太阳能集热系统和热水供应系统，贮水箱上各开口的位置直接影响系统运行的可靠性和系统的效率. 一般而言，贮水箱上应设置如下开口.

① 检修人孔：大于 3 m^3 的贮水箱应留检修人孔，以备检修时用. 人孔的尺寸不应小于 400×400 mm^2，圆形人孔的直径不应小于 400 mm.

② 通气孔：常压水箱应留有通气孔，以避免形成负压，使水箱受损，并使下水通畅.

③ 排污口：排污口应设在水箱最低的位置，以利于排污. 排污口的尺寸不应小于 25 mm.

④ 溢流口：开式常压系统的水箱应设有溢流口，应不小于进水口，且最小不应小于 25 mm.

⑤ 用热水口：

a. 对于承压水箱，用热水口应位于水箱的顶部；

b. 对于顶水使用的开式水箱，用热水口应位于水箱的中上部，且不能低于上循环口；

c. 对于落水使用的开式水箱，用热水口应位于水箱的底部，但应不低于排污口；

d. 对于底部带有电加热管的水箱，用热水口应高于电加热管的位置，以确保电加热管始终浸没在水中，防止电加热管无水干烧.

用热水口的尺寸应根据热水流量大小来确定，一般承压系统用热水口流速不应大于 1 m/s；常压系统不应大于 0.5 m/s.

⑥ 上、下循环口：

a. 下循环口位于水箱的底部，但应不低于排污口，不高于用热水口.

b. 上循环口位于水箱的中上部，不高于用热水口. 对于顶水使用的承压水箱，上循环口应在水箱的中下部，但无论何种系统，上循环口都应高于下循环口.

上、下循环口宜采用对角布置，其开口尺寸也应根据单位时间的流量大小来确定，其流速一般不应大于 1 m/s.

⑦ 其他开口：

有些系统还需预留测量水温、水位、压力的开口. 带有辅助加热的系统还需留有辅助加热系统所需要的各种开口，设计者应根据系统要求合理设计.

需要注意的是，考虑到箱壁强度，贮水箱上的最大开口直径不得大于 200 mm，凡经设计计算管径大于 200 mm 的，应设置两个或两个以上的开口.

此外，对于不同的系统，贮水箱进出水管的布置应注意以下两个问题.

a. 为很好地利用水箱内水的温度分层效应，对于顶水使用的系统，下循环管在水箱内的开口方向应水平或向下；上循环管在水箱内的开口方向应水平或向上；冷水补水进口的开口方向应水平或向下. 但对自然循环系统，由于下循环口兼有下循环管的自动排气功能，其在水箱内的开口方向应水平，不能向下，否则将造成下循环管无法自动排气而使系统无法自动循环.

b. 对于落水使用的循环系统，将上循环管口向下开口，有时甚至将上循环口向下延伸至水箱的下部，有意使水箱混流，以减轻水箱的温度分层. 对于直流式定温放水系统，设计时也将从集热器进入水箱的热水管延伸至水箱的下部，以达到混合水箱水温的作用.

8.4.4 间接式系统换热器选型

间接式太阳能热水系统通过换热器加热贮水箱中的水.根据换热方式不同,间接式太阳能热水系统换热方式主要有以下几种:

① 管式换热器,包括盘管和翅片管换热器.

② 夹套式换热器.

③ 板式换热器.

水箱结构如图 8-6 所示.中小型太阳能热水系统通常采用容积式或半容积式水加热器;大型系统多采用独立于水箱的板式换热器或半即热式水加热器、快速式水加热器等.

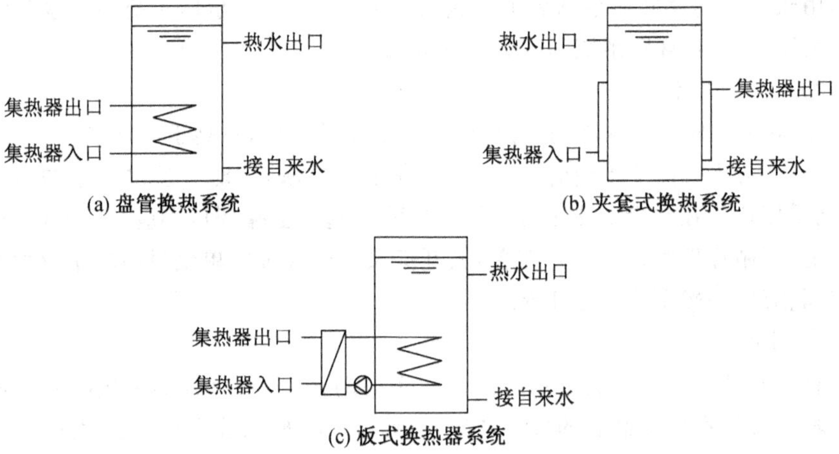

图 8-6 间接式热水系统水箱结构示意图

太阳能热水系统换热器的面积可按式(8-17)计算.

$$A_{HX}=\frac{C_r\,Q_z}{\varepsilon U_{HX}\,\Delta t_j} \tag{8-17}$$

$$Q_z=\frac{kfQ_w\,c\rho(t_{end}-t_l)}{3\,600S_y} \tag{8-18}$$

上两式中,A_{HX}为换热面积,m^2;Q_z 为太阳能集热系统提供的热量,W;ε 为换热器结垢修正系数,一般取值 0.6~0.8;Δt_j 为换热器设计计算温差,一般取值 5~10 ℃,平板集热器温差取低值,真空管集热器温差取高值,板式换热器取低值;k 为太阳辐照度时变化数,无具体资料时取 1.5~1.8;C_r 为热水系统的热损失系数,一般取值 0.6~0.8.

换热器的传热系数 U_{HX} 在没有换热器产品技术参数时,可按表 8-6 选用.

表 8-6　太阳能热水系统换热器的传热系数

换热器类型	盘管换热器	水套式换热器	板式换热器
传热系数/[W/(m² · ℃)]	320～410	150～300	1 000～3 500

8.5　辅助热源

为保证太阳能热水系统可靠供应热水，系统应设置其他辅助能源加热设备. 太阳能热水系统常用的辅助热源的种类主要有城市热网的蒸气或热水、电、燃气或燃油、热泵等.

辅助热源的选型按照太阳能热水系统最恶劣工况选用，不考虑太阳能提供的份额，依据热水供应负荷计算. 辅助热源应在设计时间内向系统提供热水所需供热量.

8.5.1　辅助加热量的计算

辅助热源一般通过水加热设备的形式向系统提供热量，辅助热源提供的辅助加热量即为水加热器的供热量. 常见的水加热器种类可以分为容积式水加热器、半容积式水加热器及半即热式、快速式水加热器.

辅助热源的设计小时供热量应根据日热水用量小时变化曲线、加热方式及加热设备的工作方式经积分曲线计算确定，或根据《建筑给水排水设计规范》推荐的公式，依据系统设计小时耗热量等参数进行计算. 无条件时，可按下列原则确定：

① 容积式水加热器或贮热容积与其相当的水加热器、热水机组，按式(8-19)计算.

$$Q_g = Q_h - 1.163\rho \frac{\eta V_r}{T}(t_r - t_l) \tag{8-19}$$

式中，Q_g 为容积式水加热器的设计小时供热量，W. η 为有效贮热容积系数，容积式水加热器取 0.7～0.8；导流型容积式水加热器取 0.8～0.9；第一循环系统为自然循环时，卧式贮水罐取 0.8～0.85，立式贮水罐取 0.85～0.9；第一循环系统为强制循环时，卧、立式贮水罐取 1.0. V_r 为总贮热容积，L；单水箱系统取水箱容积的 40%，双水箱系统取供热水箱容积. T 为设计小时耗热量持续时间，h，取 2～4.

需说明的是，当 Q_g 计算值小于平均小时耗热量时，Q_g 应取平均小时耗热量.

② 半容积式水加热器或贮热容积与其相当的水加热器、燃油(气)热水机组的设计小时供热量应按设计小时耗热量计算.

③ 半即热式、快速式水加热器及其他无贮热容积的水加热设备的设计小时供热量按设计秒流量计算.

8.5.2 容积式和半容积式水加热器

① 以蒸气为热媒的水加热设备,蒸气耗量按式(8-20)计算.

$$G=3.6k\frac{Q_g}{h''-h'} \tag{8-20}$$

式中,G 为蒸气耗量,kg/h;k 为热媒管道热损附加系数,$k=1.05\sim1.10$;h''为饱和蒸气的热焓,kJ/kg;h'为凝结水的焓,kJ/kg;

② 以热水为热媒的水加热器设备,热媒耗量按式(8-21)计算

$$G=\frac{k\rho Q_g}{1.163(t_{mc}-t_{mz})} \tag{8-21}$$

式中,t_{mc},t_{mz}分别为热媒水的初温和终温,℃.

8.5.3 常压燃油、燃气热水锅炉/热水器

常压燃油、燃气热水锅炉/热水器通过燃料的燃烧,直接加热通过其炉管内的水,其燃油、燃气耗量按式(8-22)计算.

$$G=3.6k\frac{Q_g}{Q\eta} \tag{8-22}$$

式中,Q 为燃料热值,kJ/kg 或 kJ/m³,无具体数据时可按表 8-7 选取;η 为水加热设备的热效率,无具体数据时可按表 8-7 选取.

表 8-7 燃料热值及加热装置热效率

燃料种类	热值	加热设备热效率
轻柴油	41.8～44 MJ/kg	约 0.85
重油	38.5～46.1 MJ/kg	
天然气	34.4～35.6 MJ/m³ 标准	局部加热设备为 0.65～0.75;热水机组为 0.85
城市煤气	14.65 MJ/m³ 标准	局部加热设备为 0.65～0.75;热水机组为 0.85
液化石油气	46.06 MJ/m³ 标准	局部加热设备为 0.65～0.75;热水机组为 0.85

8.5.4 电加热水锅炉/电加热器

电加热器耗电量按式(8-23)计算.

$$W=\frac{Q_h}{1\,000\eta} \tag{8-23}$$

式中，W 为耗电量，kW；η 为水加热设备的热效率，按 0.95～0.97 选取.

8.5.5 热泵

按流经热泵蒸发器的低品位热源的介质不同，可以将热泵分为空气源热泵和水源热泵.

空气源热泵以室外大气作为低品位热源，COP 值一般在 3 左右，环境温度较低时蒸发器结霜严重，主要用于长江流域及长江以南地区. 水源热泵是以地表水或地下水作为低品位热源的热泵，COP 值一般在 5 左右. 水源热泵受室外气候条件的影响较小，应用范围较空气源热泵广.

8.6 管网设计

8.6.1 管网的水力计算

8.6.1.1 管路直径

供水管网管路直径的确定可以根据用水对象不同，依据《建筑给水排水设计规范》的要求确定.

太阳能集热系统管路直径应根据管路的设计流量选用，管道内热水流速宜按表 8-8 选用. 自然循环太阳能集热系统应尽量避免产生较大的流动阻力，管道直径可根据表 8-9 的经验值选用.

表 8-8 热水管道流速推荐值

公称直径 DN/mm	流速/(m/s)
15～20	≤0.8
25～40	≤1.0
≥50	≤1.2

表 8-9 自然循环管道直径推荐值

集热面积/m^2	公称直径 DN/mm
10～15	25
16～20	32
21～30	40

8.6.1.2 管道阻力计算

管道内流体的流动阻力分为两类：一是流体与管道壁面摩擦产生的沿程阻力；二是管道连接处的管件(变径、三通)、阀门、水表等管路附件产生的局部阻力.

① 管道的沿程阻力可按下式计算，管道的计算内径应考虑结垢和腐蚀引起

管道截面缩小的因素.

$$i=105C_h^{-1.85}\ d_i^{-4.87}\ q_g^{1.85} \tag{8-24}$$

式中，i 为管道单位长度水头损失，kPa/m；d_i 为管道计算内径，m；q_g 为热水设计流量，m^3/s. 太阳能集热系统设计流量依据表 8-5 有关原则选用；C_h 为海登-威廉系数，各种塑料管、内衬(涂)塑管取 140，铜管、不锈钢管取 130，内衬水泥、树脂的铸铁管取 130，普通钢管、铸铁管取 100.

② 热水管道的配水管的局部水头损失，宜按管道的连接方式，采用管(配)件当量长度法计算. 其局部阻力损失折算管道长度可依据《建筑给水徘水设计规范》选用. 当管道的管(配)件当量长度资料不足时，可依据下列管件的连接状况，按管网的沿程水头损失的百分数取值.

a. 管(配)件内径与管道内径一致，采用三通分水时，取 25%～30%；采用分水器时，取 15%～20%.

b. 管(配)件内径略大于管道内径，采用三通分水时，取 50%～60%，采用分水器时，取 30%～35%.

c. 管(配)件内径略小于管道内径，管(配)件的插口插入管口内连接，采用三通分水时，取 70%～80%；采用分水器时，取 35%～40%.

③ 热水管道上附件的局部阻力可参照以下计算.

a. 管道过滤器的局部水头损失，宜取 0.01 MPa.

b. 管道倒流防止器的局部水头损失，宜取 0.025～0.04 MPa.

c. 水表的水头损失，应按选用产品所给定的压力损失值计算. 在未确定具体产品时，可按下列情况取用：住宅的入户管上的水表，宜取 0.01 MPa；建筑物或小区引入管上的水表，宜取 0.03 MPa.

d. 比例式减压阀的水头损失，阀后动水压宜按阀后静水压的 80%～90%确定.

④ 热水供应系统的回水管管径应通过计算确定，初步设计时，可参照表 8-10确定.

表 8-10　热水回水管径

热水供水管管径/mm	热水回水管管径/mm	热水供水管管径/mm	热水回水管管径/mm
20～25	20	80	40
32	20	100	50
40	25	125	65
50	32	150	80
65	40	200	100

8.6.2　水泵的选型

太阳能热水系统水泵主要有供集热系统循环用的循环泵和热水供应系统的循环泵.

8.6.2.1　热水供应系统循环泵

热水供应系统循环泵的选型应根据用水终端设施特点参考《建筑给水排水设计规范》选用.

① 循环水泵流量:初步设计阶段按设计小时流量的25%估算.

② 循环水泵扬程按式(8-25)计算.

$$H_b=1.1(H_1+H_2+H_3) \tag{8-25}$$

$$H_1=R(L+L') \tag{8-26}$$

式中,H_b为循环水泵扬程,kPa;H_1为热水管网的水头损失,kPa;H_2为末端设备水头损失,kPa;H_3为首端设备(换热器等)内部水头损失,kPa,贮水箱的内部阻力一般可忽略不计;L为贮水箱至末端设备最不利点的供水管长度,m;L'为末端设备最不利点至贮水箱的回水管长度,m;R为单位长度的水头损失,kPa/m,可按0.1～0.15 kPa/m估算,介质为防冻液时,与以水为介质的系统相比阻力要增加20%～30%.

8.6.2.2　太阳能集热系统循环泵

① 强制循环太阳能集热系统循环泵的流量按表8-5推荐值选用.

② 太阳能集热系统为充满系统,循环水泵扬程按式(8-27)计算:

$$H_b'=1.1(H_1'+H_2'+H_3') \tag{8-27}$$

式中,H_b'为集热系统循环水泵扬程,kPa;H_1'为太阳能集热器与水箱间的供、回水管路水头损失,kPa;H_2'为太阳能集热器水头损失,kPa;H_3'为太阳能集热系统中储热水箱、换热器等水头损失,kPa.

③ 太阳能集热系统为非充满系统,如回流或排空系统,循环水泵扬程按式(8-28)计算.

$$H_b'=1.1\max[(H_1'+H_2'+H_3'),H_4'] \tag{8-28}$$

式中,H_4'为水泵克服水箱水面到集热器最高点高差所需扬程,kPa.

当集热系统采用防冻液作为工质时,需要根据所采用的防冻液特性进行修正.最为常见的防冻液为25%～30%的乙二醇水溶液,25%的乙二醇水溶液在5℃时管道阻力修正系数为1.22,30%的乙二醇水溶液在5℃时管道阻力修正系数为1.257.

8.6.3 管材和附件

8.6.3.1 管材

1）太阳能热水系统采用的管材和管件应符合现行产品标准的要求.管道的工作压力和工作温度不得大于产品标准标定的允许工作压力和工作温度.

2）热水管道应选用耐腐蚀、安装连接方便可靠、符合饮用水卫生要求的管材.可采用薄壁铜管、薄壁不锈钢管、塑料热水管、塑料和金属复合热水管等.住宅入户管敷设在垫层内时可采用聚丙烯(PP-R)管、聚丁烯管(PB)、交联聚乙烯(PEX)管等软管.

当采用塑料热水管或塑料和金属复合热水管材时,除需符合产品标准外,还应符合下列要求：

① 管道的工作压力应按相应温度下的允许工作压力选择.

② 管件宜采用和管道相同的材质.

③ 定时供热水的系统因其水温周期性变化大,不宜采用对温度变化较敏感的塑料管.

④ 设备机房内的管道不应采用塑料热水管.

3）太阳能热水供应系统的管道,应采取补偿管道温度伸缩的措施.

4）当在系统中采用不同材质的管材时,应注意防止不同电动势材料连接可能引起的电化学腐蚀.

5）太阳能集热系统管道可采用钢管、薄壁不锈钢、塑料热水管、塑料和金属复合热水管等.在以乙二醇为防冻液主要成分的防冻液系统中,由于乙二醇会与锌发生不良反应,不应采用镀锌钢管.

8.6.3.2 附件

太阳能热水系统的管道和设备上应设置下列附件.

1）排气装置

上行下给式系统的配水干管最高处及向上抬高的管段应设自动排气阀,阀下设检修用阀门.下行上给式系统可利用最高配水点放气,当入户支管上有分户计量表时,应在各供水立管顶设自动排气阀.集热系统中充注防冻液时,集热系统管路和设备应采用手动排气装置,不宜使用自动排气阀.

2）泄水装置

在热水管道系统的最低点及向下凹的管段应设泄水装置或利用最低配水点泄水.

3）自动温度调节装置

水加热设备的热媒管道上均应安装温度自动调节装置；容积式、半容积式水加热器内被加热水的温度波动浮动应≤±5℃；半即热式、快速式水加热器内被加热水的温度波动浮动应≤±3℃.

4）温度计

① 水加热设备、贮水箱和冷热水混合器上应装温度计.

② 水加热器的热水供回水干管上应装温度计.

③ 温度计的刻度范围应为工作温度范围的2倍.

④ 温度计安装的位置应方便读取数据.

5）压力表

① 密闭系统中的水加热器、贮水箱、锅炉、分汽缸、分水器、集水器、压力容器设备均应装设压力表.

② 热水加压泵、循环水泵的出水管上(必要时含吸水管)，应装设压力表.

③ 压力表的精度不应低于2.5级，即允许误差为表刻度极限值的1.5%.

④ 压力表盘刻度极限值宜为工作压力的2倍，表盘直径不应小于100 mm.

⑤ 装设位置应便于操作人员观察与清洗，且应避免其受辐射热、冻结或振动的不利影响.

⑥ 用于水蒸气介质的压力表，在压力表与设备之间应装存水弯管.

6）安全阀

① 闭式热水供应系统中，应设置压力式膨胀罐、安全阀、泄压阀，并符合下列要求：

a. 日用热水量≤30 m^3 的热水供应系统可采用安全阀等泄压的措施；

b. 日用热水量>30 m^3 的热水供应系统应设置压力式膨胀罐.

② 承压热水锅炉应设安全阀，并由制造厂配套提供.

③ 开式热水供应系统的热水锅炉和水加热器可不装安全阀(劳动部门有要求者除外).

④ 水加热器宜采用微启式弹簧安全阀，安全阀应设防止随意调整螺丝的装置.

⑤ 安全阀的开启压力一般取热水系统工作压力的1.1倍，但不得大于水加热器本体的设计压力.

⑥ 安全阀的直径应比计算值放大1级；实际工程应用中，对于水加热器用的安全阀，其阀座内径可比水加热器热水出水管管径小1号.

⑦ 安全阀应直立安装在水加热器或水箱的顶部.

⑧ 安全阀装设位置，应便于检修；其排出口应设导管将排泄的热水引至安

全地点.

⑨ 安全阀与设备之间不得装取水管、引气管或阀门.

7）膨胀罐

膨胀罐是闭式太阳能系统中的关键部件之一. 膨胀罐用于补偿闭式太阳能系统因温度变化或介质状态变化而造成的系统内介质容积变化. 膨胀罐用于平衡系统压力，保证介质工作在设计压力范围内，避免安全阀开启导致介质排出.

常用的膨胀罐有隔膜式压力膨胀罐和胶囊式压力膨胀罐. 膨胀罐应设置在水加热器和止回阀之间的冷水进水管上或热水回水管的分支管上. 膨胀罐前应设置一定容积的冷水容器以防止膨胀的热水直接进入膨胀罐对隔膜或胶囊造成破坏，膨胀罐的容积应在常规计算的基础上扩大至少 10%，以考虑热媒可能沸腾所需要的容积.

膨胀罐容积计算涉及太阳能集热系统介质膨胀量. 介质膨胀量与太阳能集热系统防过热措施有关. 目前，闭式太阳能系统防过热措施主要有以下几种：

① 系统含有防过热散热装置，该系统膨胀量主要是介质因温度变化产生的体积变化，系统膨胀量的计算式为

$$V_u = V_c e k \tag{8-29}$$

式中，V_u 为系统膨胀量，L；V_c 为太阳能集热系统工质容积，L；e 为工质膨胀系数，根据工质物性和温差计算，水可取 0.045，水/乙二醇溶液取 0.07；k 为安全系数，通常取 1.1.

② 系统工作压力较高，一般为 0.8～1 MPa，工质汽化温度高于系统水泵停止运行后平衡温度，从而保证系统工质维持在液态. 该类系统的膨胀量按式(8-29)计算.

③ 其他闭式系统. 系统水箱温度达到温度上限后，水泵停止工作，集热器进入闷晒状态，集热器内部分或全部介质为气态，当集热器散热与吸热达到平衡时，其温度为集热器最高工作温度. 该类系统的膨胀量包括介质因温度变化导致体积变化和集热器进入滞止状态时气态介质所占的容积，按式(8-30)计算.

$$V_u = (V_c e + V_p) k \tag{8-30}$$

式中，V_p 为集热器工质容量，L.

8）膨胀管

有下列条件者可考虑设膨胀管.

① 有可能设置膨胀水箱的热水系统.

② 当建筑物顶层设有中水供水箱、专用消防供水箱等非生活饮用水水箱时，可将膨胀管引入其中. 但引入管应从水箱盖板以上接入，入口朝下，且入口与水箱溢水位之间留有≥50 cm 的间隙.

③ 膨胀管上严禁设阀门.

④ 采用多台水加热器时,可分台设膨胀管,也可从供水干管上设共用膨胀管.

⑤ 膨胀管有可能冻结时,应采取保温措施.

⑥ 膨胀管的最小管径,宜按表 8-11 确定.

表 8-11　膨胀管管径

水加热器的传热面积/m^2	膨胀管的最小管径/mm
<10	25
10～15	32
15～20	40
>20	50

9）疏水器

① 下列情况下设置疏水器：

a. 用蒸气作热媒间接加热的水加热器、开水器的凝结水回水管上应每台单独设疏水器.但能确保凝结水出水温度不大于 80 ℃的设备,可以不装疏水器.

b. 蒸气管向下凹处的下部、蒸气立管底部应设疏水器,以及时排掉管中积存的凝结水.

② 疏水器前应设过滤器以确保其正常工作.

③ 疏水器处一般不装旁通阀,但在下列情况下应在疏水器后装止回阀：

a. 疏水器后有背压或凝结水管有抬高时；

b. 不同压力的凝结水接在一根母管上时.

④ 疏水器宜靠近用气设备并便于维修的地方装设.

⑤ 疏水器后的少量凝结水直接排放时,应将泄水管引至排水沟等有排水设施的地方.

⑥ 疏水器一般可选用浮动式或热动力式疏水器.

⑦ 疏水器管径不可按凝结水管径来确定,应按其最大排水量、进出口最大压差、附加系数 3 项因素选择计算.

最大排水量 Q 用式(8-31)计算.

$$Q=K_0G \tag{8-31}$$

式中,G 为换热设备的最大凝结水量,kg/h;K_0 为附加系数,见表 8-12.

表 8-12　附加系数 K_0

名称	K_0		名称	K_0	
	压差 $\triangle P\leqslant 0.2$ MPa	压差 $\triangle P>0.2$ MPa		压差 $\triangle P\leqslant 0.2$ MPa	压差 $\triangle P>0.2$ MPa
上开口浮筒式疏水器	3.0	4.0	浮球式疏水器	2.5	3.0
下开口浮筒式疏水器	2.0	2.5	喷嘴式疏水器	3.0	3.2
恒温式疏水器	3.5	4.0	热动力式疏水器	3.0	4.0

疏水器进出口压差 Δp 按式(8-32)计算

$$\Delta p=p_1-p_2 \tag{8-32}$$

式中，p_1 为疏水器前压力，MPa，对于水加热器等换热设备，$p_1=0.7p_z$（p_z 为进入设备的蒸气压力）；p_2 为疏水器后压力，MPa，当疏水器后凝结水管不抬高，自流坡向开式水箱时，$p_2=0$，当疏水器后凝结水管道较长，又需抬高接入闭式凝结水箱时，p_2 按式(8-33)计算.

$$p_2=\Delta h+0.01H+p_3 \tag{8-33}$$

式中，Δh 为疏水器后至凝结水箱之间的管道压力损失，MPa；H 为疏水器后回水管的抬高高度，m；p_3 为凝结水箱内压力，MPa.

⑧ 仅作排除管中冷凝积水用的疏水器可选用 DN 15 mm，DN 20 mm 的疏水器.

10）分水器、集水器、分汽缸

① 多个热水、多个蒸气管道系统或多个较大热水、蒸气用户均宜设置分水器、分汽缸，凡设分水器、分汽缸的热水、蒸气系统的回水管上宜设集水器.

② 分水器、分汽缸、集水器宜设置在热交换间、锅炉房等设备用房内，以方便维修和操作.

③ 分水器等的筒体直径应大于 2 倍最大接入管直径，其长度及总体设计应符合压力容器设计的有关规定.

11）阀门

热水供应系统的管道，应根据使用要求及维修条件，在下列管段上装设阀门：

① 配水立管和回水立管上.

② 居住建筑和公共建筑中从立管接出的支管上.

③ 配水点超过 5 个的支管上.

④ 加热设备、贮水器、自动温度调节器和疏水器等的进、出水管上.

⑤ 配水干管上根据运行管理和检修要求应设置适当数量的阀门.

12）止回阀

热水供应系统的管道在下列管段上，应设止回阀：

① 水加热器、贮水器的冷水供水管上.

② 机械循环系统的第二循环回水管上.

③ 加热水箱与冷水补充水箱的连接管上.

④ 混合器的冷、热水供水管上.

⑤ 有背压的疏水器后面的管道上.

⑥ 循环水泵的出水管上.

8.6.4　集热系统管路设计要求

集热系统的管路设计应符合下列要求：

① 集热器循环管路应有 0.3%～0.5%的坡度.

② 在自然循环系统中，应使循环管路朝贮水箱方向有向上坡度，不允许有反坡.

③ 在有水回流的防冻系统中，管路的坡度应使系统中的水自动回流，不应积存.

④ 在循环管路中，易发生气塞的位置应设有排气阀；当用防冻液作为传热工质时，宜使用手动排气阀. 需要排空和防冻回流的系统应设有吸气阀；在系统各回路及系统要防冻排空部分的管路的最低点及易积存的位置应设有排空阀，以保证系统排空.

⑤ 在强制循环系统的管路上，宜设有防止传热工质夜间倒流散热的单向阀.

⑥ 间接系统的循环管路上应设膨胀箱. 闭式间接系统的循环管路上同时还应设有压力安全阀和压力表，不应设有单向阀和其他可关闭的阀门；

⑦ 当集热器阵列为多排或多层集热器组并联时，每排或每层集热器组的进出口管道，应设辅助阀门.

8.7　保温

太阳能热水系统的水加热设备，贮水箱，热水箱，热水供水干、立管，机械循环的回水干、立管，自然循环回水干、立管等，均应保温.

8.7.1　保温层厚度计算

保温层的厚度可按式(8-34)计算.

$$\delta=3.14\frac{D_{\circ}^{1.2}k^{1.35}t^{1.75}}{q^{1.5}} \tag{8-34}$$

式中，δ 为保温层厚度，mm；$D_{\circ}$ 为管道或圆柱设备的外径，mm；k 为保温材料的热导率，kJ/(h·m·℃)；t 为未保温的管道或圆柱设备外表面温度，℃；q 为保温后的允许热损失，可按表 8-13 选用，kJ/(h·m).

表 8-13　保温后允许热损失值

管道直径 DN/mm	流体温度/℃					备注
	60	100	150	200	250	
15	46.1					
20	63.8					
25	83.7					
32	100.5					
40	104.7					
50	121.4	251.2	335.0	367.8		
70	150.7					流体温度 60℃值适用于热水管道。
80	175.5					
100	226.1	355.9	460.55	544.3		
125	263.8					
150	322.4	439.6	565.2	690.8	816.4	
200	385.2	502.4	669.9	816.4	983.9	
设备面		418.7	544.3	628.1	753.6	

8.7.2　保温材料的选择

太阳能热水系统常用的保温材料有岩棉、玻璃棉、聚氨酯、橡塑泡棉等材料.保温材料应选择价廉、保温性能好、易于施工、耐用的材料，具体选用时有以下要求：

① 热导率低、价格低.

② 容重小、多孔性材料.

③ 保温后不易变形并具有一定的抗压强度.

④ 保温材料不宜采用有机物和易燃物，以免生虫、腐烂、生菌、引鼠或发生火灾.

⑤ 宜采用吸湿性小、存水性弱、对管壁无腐蚀作用的材料.

⑥ 保温材料应采用非燃和难燃材料,必须符合《建筑设计防火规范》等规定的防火要求.电加热器等的保温,必须采用非燃材料.

常用的保温结构由防腐层(一般刷防腐漆)、保温层、防潮层(包油毡、油纸或刷沥青)和保护层组成.一般金属保护层应采用 0.3～0.8 mm 厚度的镀锌薄钢板或防锈铝板制成,接缝处必须搭接以防雨水进入;玻璃布保护层一般在室内使用;石棉水泥类抹面保护层不得在室外使用.

保温层厚度可参照表 8-14.水加热器、热水分集水器等设备采用岩棉制品、硬聚氨酯发泡塑料等保温时,保温层厚度可为 35 mm.未设循环的供水支管,当支管长度 $L \geqslant 3 \sim 10$ m 时,宜采用自动调控的电伴热保温措施,支管内水温可按 45 ℃设计.

表 8-14　热水供、回水管,热媒水管保温层厚度

管径 DN/mm	热水供、回水管				一次热媒水	
	15,20	25～50	65～100	>100	≤50	>50
保温层厚度/mm	20	30	40	50	40	50

8.8　系统控制

太阳能热水系统的控制包括太阳能集热系统的控制及热水供应系统的控制,热水供应系统的控制方式与常规给排水系统类似,本节不再赘述.太阳能集热系统控制主要涉及系统上(补)水控制、集热运行循环控制、辅助热源控制、防冻保护控制、防过热控制等.

8.8.1　运行控制

太阳能热水系统的运行控制方式主要有定温控制、温差控制、光电控制、定时控制 4 种.

光电控制一般利用光敏元件,根据太阳辐照强度控制水泵启停.定时控制通过设定时间控制系统运行,在阴雨天效果差,但需要跟踪太阳的聚焦型太阳能系统一般采用该控制方式.由于这两种控制方式效果差,系统集热效率低,应用较少.

定温控制和温差控制是强制循环的太阳能热水系统中最常采用的控制方式,其利用温度和温差作为驱动信号控制系统阀门的启闭和水泵的启停,实现系统的自动运行.

8.8.1.1 定温控制

定温控制是以集热器出口处温度作为控制信号，控制系统水泵或阀门实现系统自动运行的.系统原理如图 8-7 所示.

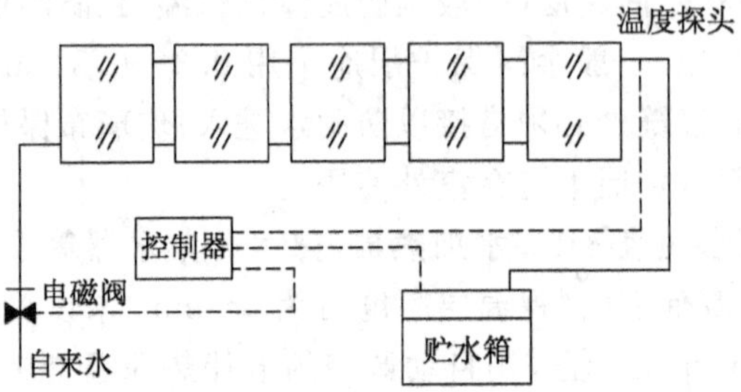

图 8-7 定温控制系统原理图

系统的运行原理是，当太阳能集热器的出口温度达到设定值时，打开电磁阀，冷水把集热器中达到设定温度的热水顶入贮水箱；当集热器内水温低于设定值时，电磁阀关闭.当贮水箱内的水位达到最大水位时，电磁阀关闭，停止进水.

该系统可利用自来水压力进行循环，运行费用较低，但当自来水水压不足或水压不稳定时，应在管路中加装水泵.该系统的缺点是当贮水箱处于满水位状态时，无法使集热器内的高温水继续进入水箱.

8.8.1.2 温差控制

温差控制通过比较集热器出口处温度和贮水箱底部水温，作为控制信号控制系统水泵使系统自动运行.系统原理如图 8-8 所示.

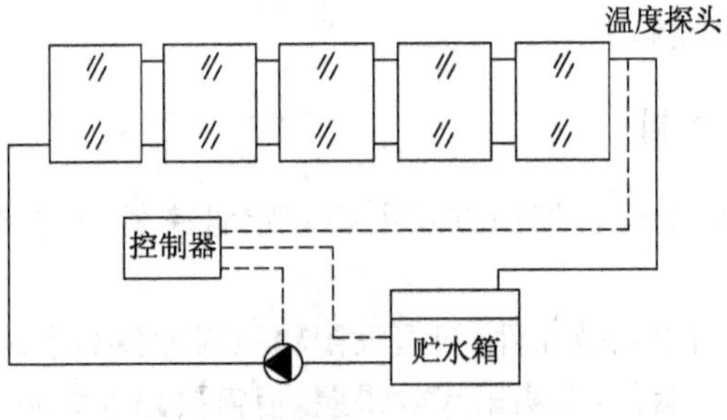

图 8-8 温差控制系统原理图

系统的运行原理是，当集热器出口端与水箱中的温差大于设定值时，控制器控制循环泵开启，系统进行循环；当温差小于设定值时，循环泵停止运行.

该系统可根据贮水箱温度调整集热器运行温度，即使在太阳辐照低的情况下也可以将太阳能转换成热能，系统热效率较高.

8.8.1.3 定温十温差循环系统

系统可根据贮水箱的水量和温度,分阶段执行定温控制和温差控制,保证贮水箱中的水温满足用户要求,实现全天候供水.系统原理如图 8-9 所示.

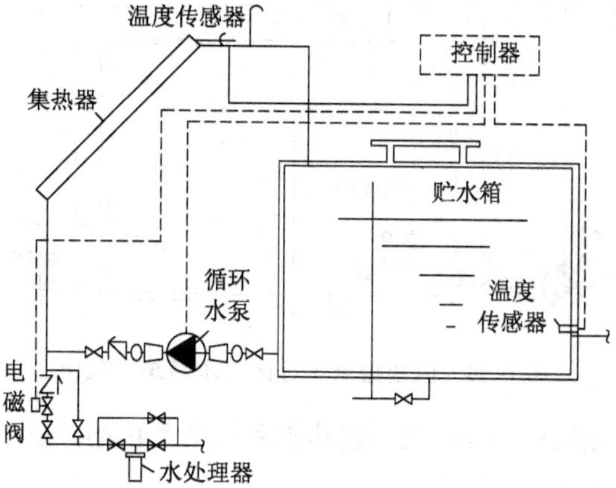

图 8-9 定温十温差循环系统原理图

系统的运行原理是,采用定温放水,使进入水箱内的水保持在设定温度值.当水箱内的水温低于供水温度时,采用温差循环控制系统,关闭电磁阀,开启循环水泵,水箱和集热器构成循环,从而保持水箱内的水温满足供水温度要求,实现全天候供热水.当水箱达到最大水位时,关闭电磁阀,开启水泵,水箱和集热器构成循环继续给贮水箱中水加热.

该系统可以完全智能化,最大限度地提高太阳能集热系统的利用率,减少辅助能源使用,并保证全天候热水供应.

8.8.1.4 温差控制十分区上水系统

为满足全天候热水供应需要,结合水位控制和温差循环控制,采用温差控制十分区上水运行控制方式,系统原理如图 8-10 所示.

系统的运行原理是,贮水箱首次补水至最低水位,通过温差循环方式,使这部分水温较快提升到供水设定值;当水温达到供水水温上限时,控制器打开补水电磁阀,使水箱内的水再上升至另一水位,依次再升温,再补水,如此不断循环,使水温在保持固定范围内的情况下不断提高水箱内的水位.水箱达到最高水位时,停止进水,水箱和集热器构成循环继续运行给贮水箱中水加热,直至达到设定最高水温后系统进入防过热保护控制.

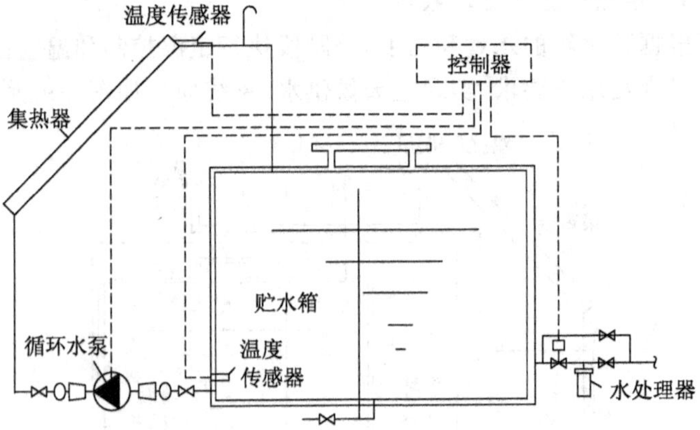

图 8-10　温差控制十分区上水系统原理图

该系统可最大限度地提高太阳能热水系统的利用率，减少辅助能源使用，并保证全天候热水供应.

8.8.2　防冻控制

在冬季最低温度低于 0 ℃的地区，安装太阳能热水系统需要考虑系统防冻问题. 系统防冻包括太阳集热器防冻和管路防冻.

8.8.2.1　循环防冻

通过使太阳能热水系统中集热介质的循环，达到防止集热器及管路结冰的目的. 循环的方式主要有以下 3 种.

① 连续循环：在冬季结冰的季节，使循环水泵连续不停地循环，以防止结冰. 但这种方法既浪费电能，又增加水泵的磨损.

② 间歇循环：在冬季结冰的季节，通过定时器，使循环水泵间歇循环，即循环一定时间，停止一定时间，以防止结冰. 这种方法解决了连续循环防冻的缺点，但如果停止循环的时间过长，也有可能结冰.

③ 定温循环：定温循环有两种控制方法，一种是由温控仪根据环境温度来自动控制水泵，当环境温度低于某一温度值时，温控仪使循环水泵启动；当环境温度高于某一温度值时，温控仪使循环水泵停止. 另一种方法是由温控仪根据太阳能热水系统管路内水的温度来自动控制水泵，当管路水温低于某一温度值时，温控仪使循环水泵启动；当管路水温高于某一温度值时，温控仪使循环水泵停止.

循环防冻是一种被动防冻的方法，缺点是一旦停电，将导致结冰冻坏的危险，且在高寒地区使用时，即使循环也仍有可能结冰. 尤其是对于散热很大的平板集热器，有可能冻坏吸热板芯. 因此，循环防冻一般用于真空管太阳能热水系统的防冻.

8.8.2.2　伴热带防冻

通过在太阳能热水系统的管路上加装电加热带的方式，从而达到防止管路结冰的目的. 电伴热带有以下两种方式.

① 温控伴热带防冻：通过温度控制仪控制电加热带通电与断电的方式，达到防止管路结冰的目的. 监测的温度可以是环境温度，也可以是管路的水温.

② 自限温伴热带防冻：伴热带本身的发热电阻随温度变化而变化. 当温度升高时，发热电阻增大，通过伴热带的电流减小；当温度达到某一数值时，发热电阻很大，几乎使伴热带不导电；当温度下降后，发热电阻又逐步变小. 因此，自限温伴热带具有温度自调功能.

伴热带防冻也是一种被动防冻的方法，可以在高寒地区使用；但伴热带只能解决系统管路的防冻问题，不能解决系统中集热器的防冻问题.

8.8.2.3　排空防冻

通过排空太阳能热水系统管路和集热器中的水，达到防止管路和集热器结冰的目的. 排空防冻有以下两种方式.

① 防冻排空阀防冻：在太阳能热水系统管路的最低处安装一防冻排空阀，当环境温度达到可能使管路中的水结冰的数值时，防冻排空阀自动打开，使太阳能热水系统中的水从防冻排空阀排出，从而达到防止结冰的目的.

② 回流排空防冻：当循环水泵停止循环后，集热器和管路中的水自动回流到水箱中，使集热器和管路排空，从而达到防止结冰的目的.

排空防冻是一种主动防冻的方法，比较可靠，尤其是回流排空防冻. 因此，多用于平板集热器系统的冬季防冻. 对于全玻璃真空管集热器系统，一般不宜采用排空防冻的措施，因为，排空后再次上水，有可能造成全玻璃真空管炸管. 另外，选用排空防冻时，应使贮水箱低于管路和集热器安装，并加大系统管路和集热器的坡度，以利于水的回流.

8.8.2.4　防冻液系统

防冻液系统在工程中最为常用. 常用的防冻液主要为乙二醇溶液，其他可供选用的防冻液还包括氯化钙、乙醇(酒精)、甲醇、醋酸钾、碳酸钾、丙二醇和氯化钠等. 对防冻液的性能要求主要有：

① 与集热器、管路及附件材料具有很好的相容性.

② 低温黏度不太大.

③ 化学性质稳定.

防冻液使用时应注意以下问题：

① 根据环境温度条件选择防冻液的冰点.目前市场上防冻液的冰点有−15，−25，−30，−40 ℃等几种规格，一般选择比所在地区最低气温低 10 ℃以上的为宜.

② 应选用具有防锈、防腐及除垢能力的防冻液；选用与管道材料、密封材料相匹配的防冻液.

③ 加注防冻液前一定要对太阳能集热系统进行清洗.

④ 禁止直接加注防冻液母液，应按要求配比好后加入系统.

⑤ 不同厂家生产的防冻液不能混加；不可用自来水稀释防冻液，以免自来水中的水垢、杂质与防冻液中的添加剂起反应，生成沉淀.

⑥ 应对使用中的防冻液进行定期、定项检查.检查内容应包括冰点检查、密度检查，同时还应对使用中的防冻液进行外观检查，发现密度增大、防冻液变稠、冰点上升，以及防冻液变蚀、变质、变味、发泡等情况应及时更换.没有具体要求时最多 5 年必须进行更换.

⑦ 采用乙二醇和丙二醇作为防冻液时，应注意系统过热而导致防冻液失效的问题.当太阳能集热系统过热时，过高的温度会导致工质压力升高、汽化和沸腾，使其防冻能力下降.

⑧ 防冻液的组成成分对其冰点有关键性影响，集热系统不应设自动补水，也不应设自动放气阀，以免破坏防冻液成分.在大型系统中，使用防冻液的集热系统应设旁通管路，以防集热系统清晨启动时，防冻液温度过低将热交换器或水箱中的水冻结，如图 8-11 所示.

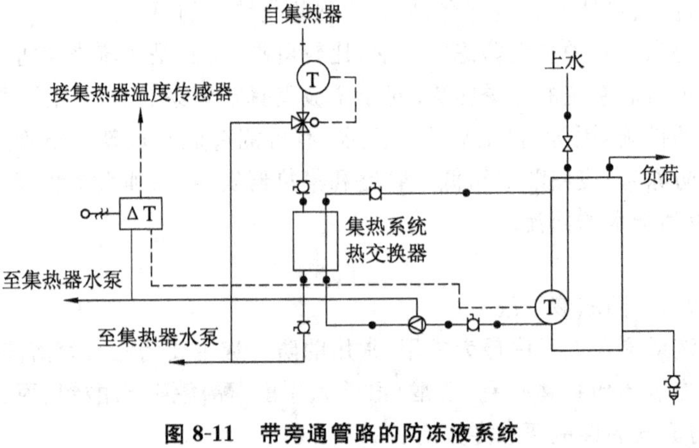

图 8-11　带旁通管路的防冻液系统

防冻液防冻是一种主动防冻措施，适应于各种类型的集热器，适用于双回路太阳能热水系统.

8.8.3 防过热控制

太阳能热水系统过热一般分为集热器过热和贮水箱过热. 系统过热会对集热器和管路系统造成损坏，并可能危及人身安全. 为保证系统的安全运行，在太阳能热水系统中应设置过热防护措施.

防过热系统的工作思路：当发生水箱过热时，不允许集热系统采集的热量再进入水箱，避免供热系统水的过热，此时多余的热量由集热系统承担；当集热系统也发生过热时，任由集热系统中的工质沸腾或采取其他措施散热. 常用的防过热措施有：

(1) 排空系统或回流系统

当水箱温度大于设定值后，关闭循环水泵，停止集热器向贮水箱传输热量，集热器中工质回流到水箱，集热器处于空晒状态，达到防过热的目的. 过热消除后，启动水泵，将传热工质重新注入集热器. 采用排空或回流系统防过热时，集热器选用和安装应考虑集热器空晒状态可能承受的高温，以及温度变化可能导致的集热器板芯变形问题.

(2) 带散热装置的过热保护系统

当水箱温度大于设定值后，把集热循环切换到与散热器相连，太阳能集热器得到的热量通过散热装置进行散热，减少向贮水箱的供热量，保证系统安全运行.

(3) 太阳能集热器遮盖法防过热

当水箱温度大于设定值后，利用自动遮盖装置或人工布置遮盖材料等方法将集热器遮盖一层透光性差的材料，减少投入到集热器上的太阳辐照，防止系统过热.

系统过热最彻底的解决措施应该是在设计阶段就针对用户的用热规律来规划和设计系统，从源头上避免过热现象的发生. 在系统部件的选择上，必须以系统的过热保护启动温度作为工作温度来选择，以保证过热防护系统的正常运行.

参考文献

[1] John. A Duffie, Williom A. Beckman. Solar Engineering of Thermal Processes (Fourth Edition), John Wiley & Sons, 2013.

[2] 陈仲能,邓先瑞:《太阳辐射与热能》,高等教育出版社,1989 年.

[3] 左大康:《地球表层辐射研究》,科学出版社,1991 年.

[4] 何利群,丁立行:《太阳能建筑的热物理计算基础》,中国科学技术大学出版社,2011 年.

[5] 朱光辉:《任意方位倾斜面上的总辐射计算》,《太阳能学报》,1981 年第 2 卷第 2 期.

[6] 祝昌汉:《我国直射辐射的计算方法及其分布特征》,《太阳能学报》,1988 年第 8 卷第 1 期.

[7] 祝昌汉:《我国散射辐射的计算方法及其分布》,〈太阳能学报》,1984 年第 6 卷第 3 期.

[8] 李申生:《太阳能热利用导论》, 高等教育出版社,1989 年.

[9] (美)陈成钧:《太阳能物理》,连晓峰,等译. 机械工业出版社,2012 年.

[10] 何梓年:《太阳能热利用》,中国科学技术大学出版社,2009 年.

[11] 刘鉴民:《太阳能利用原理、技术、工程》,电子工业出版社,2010 年.

[12] 葛新石,龚保,陆维德,等:《太阳能工程——原理和应用》,学术期刊出版社,1988 年.

[13] 葛绍岩,那鸿悦:《热辐射性质及其测量》,科学出版社,1989 年.

[14] 李业发,杨廷柱:《能源工程导论》,中国科学技术大学出版社,2013 年.

[15] 董仁杰,彭高军:《太阳能热利用工程》, 中国农业科技出版社,1996 年.

[16] 罗运俊,何梓年,王长贵:《太阳能利用技术》, 化学工业出版社,2005 年.

[17] 张鹤飞:《太阳能热利用原理与计算机模拟》,西北工业大学出版社,2004 年.

[18] 郭廷玮,刘鉴民,M. DAGUENET:《太阳能的利用》,科学技术文献出版社,1987 年.

[19] 达菲·J·A,贝克曼·W·A:《太阳能——热能转换过程》,葛新石,等译,科学出版社,1985 年.

[20] Zekai Sen:《太阳能基础理论与建模估算技术——大气、环境、气候变化和可再生能源》,付青编译, 电子工业出版社,2013 年.

[21] 岑幻霞:《太阳能热利用》,清华大学出版社,1996 年.

[22] 中华人民共和国国家质量监督检验检疫总局,中国国家标准化管理委员会:《(中华人民共和国国家标准 GB12936－2007)太阳能热利用技术术语》,中国标准出版社,2007 年.

[23] 张耀明,邹宁宇:《太阳能科学开发与利用》,江苏科学技术出版社,2012 年.

[24] 史月艳,那鸿悦:《太阳光谱选择性吸收膜系设计、制备及测评》, 清华大学出版社,2009 年.

[25] 葛新石,龚堡,俞善庆:《太阳能利用中的光谱选择性涂层》, 科学出版社,1980 年.

[26] 赵玉文,庄秀治,张超英,等:《硫化铅选择性涂层的研制》,《太阳能学报》,1982 年第 3 卷第 1 期.

[27] 李云奇,龚堡,俞善庆:《真空镀膜技术与设备》, 东北工学院出版社,1992 年.

[28] 魏海波,龚肖南,孙清,等:《真空磁控溅射法沉积平板集热器板芯选择性吸收涂层》,《真空》,2010 年第 47 卷第 3 期.

[29] 殷志强:镍铬铝钇氮氧材料薄膜: CN, 101012544,2007－08－08.

[30] 黄涵芬,张宝英,赵玉文:《阳极氧化铝电解着色选择性吸收涂层》,《太阳能学报》,1984 年第 5 卷第 4 期.

[31] 谢光明,赵玉文:《热管式真空集热管选择性黑钴涂层的研制》,《太阳能学报》,1990 年第 11 卷第 3 期.

[32] 郭信章,尹万里,于凤勤,等:《氮氧化铝选择性吸收膜组织结构的研究》,《太阳能学报》,1992 年第 13 卷第 4 期.

[33] 唐晋发,郑权:《应用薄膜光学》,科学技术出版社,1984 年.

[34] 程曙霞:《半球向全热发射率测定方法的研究》,《太阳能学报》,1981 年第 2 卷第 3 期.

[35] 葛新石,许勤堂,姚国兴,等:《高温涂层及金属的半球向全热发射率测定装置》,《工程热物理学报》,1982 年第 3 卷第 2 期.

[36] 何梓年,郭信章,曾信,等:《微计算机运控的非稳态法半球向全发射率测定装置》,《太阳能学报》,1985 年第 6 卷第 3 期.
[37] 何梓年,任曼蕴,等:《用辐射计测定透明薄膜全发射率的研究 》,《太阳能学报》,1993 年第 14 卷第 2 期.
[38] 殷志强,Harding G L:《溅射光谱选择性吸收表面的进一步改善》,《太阳能学报》,1986 年第 7 卷第 3 期.
[39] 葛新石,孙孝兰,许勤堂,等:《透明薄膜热辐射性质的测定研究》,1987 年第 8 卷第 1 期.
[40] L·埃克托瓦:《薄膜物理学》,王广阳,张福初,梁民基译,科学出版社,1986 年.
[41] 林永昌,卢维强:《光学薄膜原理》,国防工业出版社,1990 年.
[42] 薛涛,赵俊民:《化学镀膜技术》,国防工业出版社,1982 年.
[43] 李颜霞:《塑料真空镀膜》,国防化学工业出版社,1990 年.
[44] 钟迪生:《真空镀膜——光学材料的选择与应用》,辽宁大学出版社,2001 年.
[45] 李云奇:《真空镀膜技术与设备》,东北工学院出版社,1989 年.
[46] 王力衡,黄运添,郑海涛:《薄膜技术》,清华大学出版社,1991 年.
[47] 杨烈宇,关文铎,顾卓明:《材料表面薄膜技术》,人民交通出版社,1991 年.
[48] 杨邦朝,王文生:《薄膜物理与技术》,电子科技大学出版社,1994 年.
[49] 杨世铭,陶文铨:《传热学》,高等教育出版社,2009 年.
[50] 孔珑:《工程流体力学》,中国电力出版社,2007 年.
[51] 赵军,马一太,马远,等:《分析太阳能平板集热器吸热板芯传热性能的一种简易方法》,《太阳能学报》,2001 年第 22 卷第 4 期.
[52] 刘国新:《非金属平板集热器的性能分析》,《太阳能学报》,1987 年第 8 卷第 4 期.
[53] 季杰,马进伟,孙炜:《一种新型双效太阳能平板集热器的光热性能研究》,《太阳能学报》,2011 年第 32 卷第 10 期.
[54] 王如竹,代彦军:《太阳能制冷》, 化学工业出版社,2006 年.
[55] 郑宏飞,何开岩,陈子乾:《太阳能海水淡化技术》, 北京理工大学出版社,2005 年.
[56] 薛德千:《太阳能制冷技术》, 化学工业出版社,2006 年.
[57] 张壁光,刘志军,谢拥群:《太阳能干燥技术》, 化学工业出版社,2006 年.

[58] Bong T Y, Ng K C, Bao H. Thermal Performance of a Flat－plate Heat-pipe Collector array, Solar Energy, 1993, 50(6).

[59] 俞金娣，张鹤飞：《计算太阳能集热器性能的实用公式及其应用》，《太阳能学报》，1995 年第 16 卷第 4 期.

[60] 王瑞平：《平板型太阳能集热器效率分析》，《西安科技学院学报》，2002 年第 23 卷第 3 期.

[61] 张鹤飞：《用无因次参数确定平板集热器的热迁移因子》，《太阳能学报》，1988 年第 9 卷第 2 期.

[62] 中华人民共和国国家质量监督检验检疫总局，中国国家标准化管理委员会：《(中华人民共和国国家标准 GB/T6424－1997)平板型太阳能集热器技术条件》，中国标准出版社，1997 年.

[63] 中华人民共和国国家质量监督检验检疫总局，中国国家标准化管理委员会：《(中华人民共和国国家标准 GB/T4271－2007)太阳能集热器热性能试验方法》，中国标准出版社，2007 年.

[64] Moummi N, Yousef-Ali S, Moummi A, et al. Energy analysis of a solar air collector with rows of fins. Renewable Energy, 2004, 29(13).

[65] 殷志强：《全玻璃真空太阳集热管》，科学出版社，1998 年.

[66] 吴振一，窦建清：《全玻璃真空太阳集热管热水器及热水系统》，清华大学出版社，2008 年.

[67] 何梓年，李炜，朱敦智：《热管式真空管太阳能集热器及其应用》，化学工业出版社，2011 年.

[68] Tabassum S A, et al. Heat Removal from a Solar Energy Collector with a Heat-pipe Absorber, Solar & Wind Technology, 1988, 5.

[69] 何梓年，葛洪川，蒋富林，等：《真空集热管内不同形状吸热体表面相对太阳辐照强度的实验研究》，《太阳能学报》，1995 年第 16 卷第 4 期.

[70] 葛洪川，何梓年，富林，等：《真空集热管内不同形状吸热体能量收益的研究》，《太阳能学报》，1996 年第 17 卷第 1 期.

[71] 庄骏，张红：《热管技术及其工程应用》，化学工业出版社，2000 年.

[72] 中华人民共和国国家质量监督检验检疫总局，中国国家标准化管理委员会：《(中华人民共和国国家标准 GB/T 197752005)玻璃－金属封接式热管真空太阳集热管 》，中国标准出版社，2005 年.

[73] 中华人民共和国国家质量监督检验检疫总局，中国国家标准化管理委员会：《(中华人民共和国国家标准 GB/T17049－2005)全玻璃真空太

阳集热管》,中国标准出版社,2005 年.
[74] 章邦基:《旋转抛物面的聚焦域初探》,《太阳能学报》,1995 年第 16 卷第 3 期.
[75] 李明,夏朝凤:《槽式聚光集热系统加热真空管的特性及应用研究》,《太阳能学报》,2006 年第 27 卷第 1 期.
[76] 刘鉴民:《太阳能热动力发电技术》,化学工业出版社,2012 年.
[77] Eames P. C. ,Norton B. ,Details Parametric Analysis of Heat Transfer in CPC Solar Energy Collectors,Solar Energy,1993(50).
[78] 方贵银,等:《蓄能空调技术》,机械工业出版社,2006 年.
[79] 张雄,张永娟:《建筑节能技术与节能材料》, 化学工业出版社,2009 年.
[80] 伊松林,张璧光:《太阳能及热泵干燥技术》, 化学工业出版社,2011 年.
[81] 郭茶秀,魏新利:《热能存贮技术与应用》,化学工业出版社,2005 年.
[82] 崔海亭,杨锋:《蓄热技术及其应用》,化学工业出版社,2004 年.
[83] 张寅平,胡汉平,孔祥东,等:《相变贮能——理论和应用》,中国科学技术大学出版社,1996 年.
[84] 樊栓狮,梁德清,杨向阳,等:《储能材料与技术》,化学工业出版社,2004 年.
[85] G·培克曼,P·V·吉利:《蓄热技术及其应用》,程祖虞,奚士光,译,机械工业出版社,1989 年.
[86] 陆学善:《相图与相变》,中国科学技术大学出版社,1990 年.
[87] 张丽芝,张庆:《相变贮热材料》,《化工新型材料》,1999 年第 27 卷第 2 期.
[88] 张秀荣,朱冬生,等:《石墨/石蜡复合相变储热材料的热性能研究》,《材料研究学报》,2010 年第 24 卷第 3 期.
[89] 张正国,王学泽,方晓明:《石蜡/膨胀石墨复合相变材料的结构与热性能》,《华南理工大学学报》,2006 年第 34 卷第 3 期.
[90] 李媛媛:《相变储能复合材料的研究与制备》,北京化工大学,2013 年.
[91] 夏莉,张鹏,等:《石蜡与石蜡/膨胀石墨复合材料冲/放热性能研究》,《太阳能学报》,2010 年第 31 卷第 5 期.
[92] 曾翠华:《水合盐储能材料性能研究》,广州工业大学,2005 年.
[93] 刘栋,徐云龙:《成核剂对 $CaCl_2 \cdot 6H_2O$ 相变材料储热性能的影响》,《太阳能学报》,2007 年第 28 卷第 7 期.
[94] Intl. Standard,ISO9459－2. Solar heating-Domestic water heating systems-Part 2:Outdoor test methods for system performance characterization and

yearly performance prediction of solar-only systems,1995 年.
[95] 郑瑞澄:《民用建筑太阳能热水系统工程技术手册》,化学工业出版社,2011 年.
[96] 袁家普:《太阳能热水系统手册》,化学工业出版社,2009 年.
[97] 何梓年,朱敦智:《太阳能供热采暖应用技术手册》,化学工业出版社,2009 年.
[98] 国家住宅与居住环境工程技术研究中心:《住宅建筑太阳能热水系统整合设计》,中国建筑工业出版社,2006 年.
[99] 中华人民共和国国家质量监督检验检疫总局,中国国家标准化管理委员会:《(中华人民共和国国家标准 GB50015－2003)建筑给水排水设计规范》,中国标准出版社,2009 年.
[100] W A 贝克曼,S A 克莱因,等:《太阳能供热设计:f－图法》,岑幻霞,译,中国建筑工业出版社,1982 年.
[101] 理查德·威廉斯·J.:《太阳能采暖和热水系统的设计与安装》,赵玉文,郑敏樟,霍志臣,译,新时代出版社,1990 年.
[102] 刘共青,肖俊光:《小型太阳能热水工程的安装、使用与维修》,化学工业出版社,2013 年.
[103] 高援朝,沙永玲,王建新:《太阳能热利用技术与施工》,人民邮电出版社,2010 年.
[104] 贾英洲:《太阳能供暖系统设计与安装》,人民邮电出版社,2011 年.
[105] 谢建,李永泉:《太阳能热利用工程技术》,化学工业出版社,2011 年.
[106] 海涛,林波:《太阳能建筑一体化技术应用——光热部分》,科学出版社,2012 年.
[107] 中华人民共和国国家质量监督检验检疫总局,中国国家标准化管理委员会:《(中华人民共和国国家标准 GB/T18713－2002)太阳热水系统设计、安装及工程验收技术规范》,中国标准出版社,2002 年.
[108] 中华人民共和国国家质量监督检验检疫总局,中国国家标准化管理委员会:《(中华人民共和国国家标准 GB50364－2005)民用建筑太阳能热水系统应用技术规范》,中国建筑工业出版社,2005 年.
[109] 中华人民共和国国家质量监督检验检疫总局,中国国家标准化管理委员会:《(中华人民共和国国家标准 GB50604－2010)民用建筑太阳能热水系统评价标准》,中国建筑工业出版社,2010 年.
[110] 何梓年:《国外太阳能采暖和热水组合系统研究进展》,严陆光,崔容强,《21 世纪太阳能新技术》,上海交通大学出版社,2003 年.

附　录

附表 1　我国的太阳能资源分区及分区特征

分区	太阳辐照量/[MJ/(m²·a)]	主要地区	月平均气温≥10 ℃，日照时数≥6 h的天数
资源极富区Ⅰ	≥6 700	新疆南部、甘肃西北一角	275 左右
		新疆南部、西藏北部、青海西部	275～325
		甘肃西部、内蒙古巴彦淖尔盟西部、青海一部分	275～325
		青海南部	250～300
		青海西南部	250～275
		西藏大部分	250～300
		内蒙古乌兰察布盟、巴彦淖尔盟及鄂尔多斯市一部分	>300
资源丰富区Ⅱ	5 400～6 700	新疆北部	275 左右
		内蒙古呼伦贝尔市	225～275
		内蒙古锡林郭勒盟、乌兰察布盟、河北北部一隅	>275
		山西北部、河北北部、辽宁部分	250～275
		北京、天津、山东西北部	250～275
		内蒙古鄂尔多斯市大部分	275～300
		陕北及甘肃东部一部分	225～275
		青海东部、甘肃南部、四川西部	200～300
		四川南部、云南北部一部分	200～250
		西藏东部、四川西部和云南北部一部分	<250
		福建、广东沿海一带	175～200
		海南	225 左右

续表

分区	太阳辐照量/[MJ/(m^2·a)]	主要地区	月平均气温≥10 ℃，日照时数≥6 h的天数
资源较富区Ⅲ	4 200～5 400	山西南部、河南大部分及安徽、山东、江苏部分	200～250
		黑龙江、吉林大部分	225～275
		吉林、辽宁、长白山地区	<225
		湖南、安徽、江苏南部、浙江、江西、福建、广东北部、湖南东部和广西大部分	150～200
		湖南西部、广西北部一部分	125～150
		陕西南部	125～175
		湖北、河南西部	150～175
		四川西部	125～175
		云南西南一部分	175～200
		云南东南一部分	175 左右
		贵州西部、云南东南一隅	150～175
		广西西部	150～175
资源一般区Ⅳ	<4 200	四川、贵州大部分	<125
		成都平原	<100

附表 2　大气层外月平均日太阳辐照量 H_0

(太阳常数=1367 W/m^2)

纬度(度)	大气层外月平均日太阳辐照量/[MJ/(m^2·d)]											
	1月	2月	3月	4月	5月	6月	7月	8月	9月	10月	11月	12月
60	3.5	8.2	16.7	27.3	36.3	40.6	38.4	30.6	20.3	10.7	4.5	2.3
55	6.1	11.2	19.6	29.3	37.2	40.8	39.0	32.2	22.9	13.6	7.2	4.8
50	9.1	14.2	22.3	31.2	38.1	41.1	39.6	33.7	25.3	16.6	10.2	7.6
45	12.1	17.2	24.8	32.9	38.8	41.3	40.0	35.0	27.5	19.4	13.2	10.5
40	15.1	20.1	27.2	34.3	39.3	41.3	40.2	36.1	29.5	22.1	16.2	13.6
35	18.1	22.8	29.3	35.5	39.5	41.1	40.2	36.9	31.3	24.7	19.1	16.7
30	21.1	25.5	31.2	36.4	39.6	40.7	40.0	37.5	32.9	27.1	22.0	19.7
25	23.9	27.9	32.9	37.1	39.4	40.0	39.6	37.8	34.2	29.3	24.8	22.6
20	26.7	30.2	34.4	37.5	38.9	39.1	38.9	37.8	35.3	31.3	27.4	25.5
15	29.3	32.3	35.5	37.6	38.1	38.0	37.9	37.6	36.1	33.1	29.8	28.2
10	31.7	34.1	36.4	37.5	37.1	36.6	36.7	37.1	36.6	34.6	32.1	30.8
5	33.9	35.7	37.1	37.1	35.9	35.0	35.3	36.3	36.8	35.9	34.1	33.1
0	35.9	37.0	37.4	36.4	34.4	33.2	33.6	35.3	36.8	36.9	36.0	35.3
−5	37.6	38.1	37.5	35.4	32.7	31.1	31.7	34.1	36.5	37.7	37.5	37.3

续表

纬度(度)	大气层外月平均日太阳辐照量/[MJ/(m^2·d)]											
	1月	2月	3月	4月	5月	6月	7月	8月	9月	10月	11月	12月
−10	39.1	38.9	37.3	34.2	30.7	28.9	29.6	32.6	35.9	38.1	38.9	39.0
−15	40.4	39.4	36.8	32.7	28.6	26.5	27.4	30.8	35.0	38.3	39.9	40.4
−20	41.4	39.6	36.0	31.0	26.3	23.9	24.9	28.8	33.9	38.2	40.7	41.7
−25	42.1	39.6	35.0	29.0	23.8	21.3	22.3	26.7	32.5	37.8	41.3	42.6
−30	42.5	39.3	33.7	26.9	21.2	18.5	19.7	24.3	30.9	37.2	41.5	43.3
−35	42.7	38.7	32.1	24.5	18.4	15.7	16.9	21.8	29.0	36.3	41.5	43.8
−40	42.7	37.8	30.3	22.0	15.6	12.8	14.0	19.2	27.0	35.1	41.3	44.0
−45	42.4	36.7	28.3	19.4	12.8	9.9	11.2	16.5	24.7	33.7	40.8	44.0
−50	41.9	35.3	26.1	16.6	9.9	7.1	8.3	13.6	22.2	32.0	40.1	43.8
−55	41.3	33.8	23.6	13.7	7.1	4.5	5.6	10.8	19.6	30.2	39.2	43.5
−60	40.6	32.1	21.0	10.8	4.4	2.1	3.1	7.9	16.8	28.1	38.3	43.2

附表3 常用无机盐水合物的热物理性质

水合物分子式	结晶水的变化	熔点/℃	溶解潜热/(kJ/kg)	熔解熵/(kJ/℃)	固态比热容/[kJ/(kg·℃)]	液态比热容/[kJ/(kg·℃)]	密度/[kg/m3]	溶解度/[>%]
Ba(OH)	0~8	72	301	270	1.17		2 130	50
$CaCl_2$	2~6	29.5	180	123	1.46	2.30	1 680	56
$Ca(NO_3)_2$	2~4	39.7	140	105	1.46		1 820	74
$Cd(NO_3)_2$	3~4	59.5	106	98.3	1.09	1.59	2 450	73
$Cd(NO_3)_2$	4~6	57	127	112	1.55	2.10	1 870	61
$CuSO_4$	1~7	96	170	132			1 950	45
$Cu(NO_3)_2$	4~6	24	123	123	1.38	2.01	2 070	62
$FeCl_3$	0~6	37	226	197				70
$LiNO_3$	0~3	30	297	120				61
$Mg(NO_3)_2$	4~6	90	160	113	2.26	3.68	1 460	65
$MgSO_4$	1~7	48	202	157	1.51		1 460	39
$MgCl_2$	4~6	117	172	90.4	1.59	3.68	1 560	50
$MnCl_2$	2~4	58	178	107			2 010	52
$Mn(NO_3)_2$	2~3	35.5	102	87.9	1.42	1.72		极易溶
$Mn(NO_3)_2$	4~6	26	140	134			1 820	67
$NaC_2H_3O_2$	0~3	58	180	87.9	1.97	3.35	1 450	60
NaOH	0~1	64	272	46.9				75
Na_2CO_3	1~10	34	251	237	1.88	3.35	1 440	34
Na_2CrO_4	4~10	20	163	192			1 480	48
Na_2HPO_4	2~12	36.5	264	276	1.55	3.18	1 520	44
Na_3PO_4	2~12	70	220	243			1 640	44
Na_2S2O_3	0~5	49	213	155	1.65	2.38	1 680	67
Na_2SO_4	0~10	32.4	251	266	1.78	3.31	1 460	34
$Ni(NO_3)_2$	4~6	57	152	139	1.59	3.10	2 050	64
$Zn(NO_3)_2$	4~6	36.4	130	121	1.34	2.26	2 070	67

附表4　冷水计算温度

区域	省、市、自治区、行政区		地面水/℃	地下水/℃	区域	省、市、自治区、行政区		地面水/℃	地下水/℃
东北	黑龙江		4	6～10	东南	浙江		5	15～20
	吉林		4	6～10		江苏	偏北	4	10～15
	辽宁	大部	4	6～10			大部	5	15～20
		南部	4	10～15		江西 大部		5	15～20
华北	北京		4	10～15		安徽 大部		5	15～20
	天津		4	10～15		福建	北部	5	15～20
	河北	北部	4	6～10			南部	10～15	20
		大部	4	10～15		台湾		10～15	20
	山西	北部	4	6～10	中南	河南	北部	4	10～15
		大部	4	10～15			南部	5	15～20
	内蒙古		4	6～10		湖北	东部	5	15～20
西北	陕西	偏北	4	6～10			西部	7	15～20
		大部	4	10～15		湖南	东部	5	15～20
		秦岭以南	7	15～20			西部	7	15～20
	甘肃	南部	4	10～15		广东、港澳		10～15	20
		秦岭以南	7	15～20		海南		15～20	17～22
	青海	偏东	4	10～15	西南	重庆		7	15～20
	宁夏	偏东	4	6～10		贵州		7	15～20
		南部	4	10～15		四川	大部	7	15～20
	新疆	北疆	5	10～11		云南	大部	7	15～20
		南疆		12			南部	10～15	20
		乌鲁木齐	8	12		广西	大部	10～15	20
东南	山东		4	10～15			偏北	7	15～20
	上海		5	15～20	西藏				5

附表5　热水用水定额(1)

序号	建筑物名称	单位	最高日用水定额/L	使用时间/h
1	住宅 有自备热水供应和淋浴设备 有集中热水供应和淋浴设备	 每人每日 每人每日	 40～80 60～100	24
2	别墅	每人每日	70～110	24
3	酒店式公寓	每人每日	80～100	24
4	住宅 Ⅰ类、Ⅱ类 Ⅲ类、Ⅳ类	 每人每日 每人每日	 70～100 40～80	24或定时供应

续表

序号	建筑物名称	单位	最高日用水定额/L	使用时间/h
5	招待所、培训中心、普通宾馆 设公用盥洗室 设公用盥洗室、淋浴室 设公用盥洗室、淋浴室、洗衣室 设单独卫生间、公用洗衣室	 每人每日 每人每日 每人每日 每人每日	 25～40 40～60 50～80 60～100	24 或定时供应
6	宾馆、客房 旅客 员工	 每床位每日 每人每日	 120～160 40～50	24
7	医院住院部 设公用盥洗室 设公用盥洗室、淋浴室 设单独卫生间 医务人员 门诊部、诊疗所 疗养院、休养所住房部	 每床位每日 每床位每日 每床位每日 每人每班 每病人每次 每床位每日	 60～100 70～130 110～200 70～130 7～13 100～160	 24 24 24 8 8 24
8	养老院	每床位每日	50～70	24
9	幼儿园、托儿所 有住宿 无住宿	 每儿童每日 每儿童每日	 20～40 10～15	 24 10
10	公共浴室 淋浴 淋浴、浴盆 桑拿浴(淋浴、按摩池)	 每顾客每次 每顾客每次 每顾客每次	 40～60 60～80 70～100	12
11	理发室、美容院	每顾客每次	10～15	12
12	洗衣房	每千克干衣	10～30	8
13	餐饮厅 营业餐厅 快餐店、职工及学生食堂 酒吧、咖啡厅、茶座、卡拉 ok 房	 每顾客每次 每顾客每次 每顾客每次	 15～20 7～10 3～8	 10～12 12～16 8～18
14	办公楼	每人每班	5～10	8
15	健身中心	每人每次	15～25	12
16	体育场(馆) 运动员淋浴	 每人每次	 17～26	 4
17	会议厅	每座位每次	2～3	4

注：热水温度按 60 ℃计。

附表 6 热水用水定额(2)

序号	建筑物名称	单位	各温度时最高日用水定额/L			
			50 ℃	55 ℃	60 ℃	65 ℃
1	住宅					
	有自备热水供应和淋浴设备	每人每日	49～98	44～88	40～80	37～73
	有集中热水供应和淋浴设备	每人每日	73～122	66～110	60～100	55～92
2	别墅	每人每日	86～134	77～121	70～110	64～101
3	单身职工宿舍、学生宿舍、招待所、培训中心、普通宾馆					
	设公用盥洗室	每人每日	31～94	28～44	25～40	23～37
	设公用盥洗室、淋浴室	每人每日	49～73	44～88	40～60	37～55
	设公用盥洗室、淋浴室、洗衣室	每人每日	61～98	55～88	50～80	46～73
	设单独卫生间、公用洗衣室	每人每日	73～122	66～110	60～100	55～92
4	宾馆、客房					
	旅客	每床位每日	147～196	132～176	120～160	110～146
	员工	每人每日	49～61	44～55	40～50	37～56
5	医院住院部					
	设公用盥洗室	每床位每日	55～122	50～110	45～100	41～92
	设公用盥洗室、淋浴室	每床位每日	73～122	66～110	60～100	55～92
	设单独卫生间	每床位每日	134～244	121～220	110～200	101～184
	门诊部、诊疗所	每病人每次	9～16	8～14	7～13	6～12
	疗养院、休养所住房部	每床位每日	122～196	110～176	100～160	92～146
6	养老院	每床位每日	61～86	55～77	50～70	46～64
7	幼儿园、托儿所					
	有住宿	每儿童每日	25～49	22～44	20～40	19～37
	无住宿	每儿童每日	12～19	11～17	10～15	9～14
8	公共浴室					
	淋浴	每顾客每次	49～73	44～66	40～60	37～55
	淋浴、浴盆	每顾客每次	73～98	66～88	60～80	55～73
	桑拿浴(淋浴、按摩池)	每顾客每次	85～122	77～110	70～100	64～91
9	理发室、美容院	每顾客每次	12～19	11～17	10～15	9～14
10	洗衣房	每千克干衣	19～37	17～33	15～30	14～28
11	餐饮厅					
	营业餐厅	每顾客每次	19～25	17～22	15～20	14～19
	快餐店、职工及学生食堂	每顾客每次	9～12	8～11	7～10	7～9
	酒吧、咖啡厅、茶座、卡拉 ok 房	每顾客每次	4～9	4～9	3～8	3～8
12	办公楼	每人每班	6～12	6～11	5～10	5～9
13	健身中心	每人每次	19～31	17～28	15～25	14～23
14	体育场(馆)					
	运动员淋浴	每人每次	31～43	28～39	25～35	23～34
15	会议厅	每座位每次	2～4	2～4	2～3	2～3

注:① 表内所列用水量已包括在冷水用水定额之内;② 冷水温度按 5 ℃计。

附表 7　卫生器具的一次和小时热水用水定额及水温

序号	卫生器具名称	一次用水量/L	小时用水量/L	使用水温/°C
1	住宅、宾馆、别墅、旅馆			
	带有淋浴器的浴盆	150	300	40
	无淋浴器的浴盆	125	250	40
	淋浴器	70～100	140～200	37～40
	洗脸盆、盥洗槽水嘴	3	30	30
	洗涤盆(池)		180	50
2	宿舍、招待所、培训中心			
	淋浴器　有淋浴小间	70～100	210～300	37～40
	无淋浴小间		450	37～40
	盥洗槽水嘴	3～5	50～80	30
3	餐饮业			
	洗涤盆(池)		250	50
	洗脸盆　工作人员用	3	60	30
	顾客用		120	30
	淋浴器	40	400	37～40
4	幼儿园、托儿所			
	浴盆　幼儿园	100	400	35
	托儿所	30	120	35
	淋浴器　幼儿园	30	180	35
	托儿所	15	90	35
	盥洗槽水嘴	15	25	30
	洗涤盆(池)		180	50
5	医院、疗养院、休养所			
	洗手盆		15～25	30
	洗涤盆(池)		300	50
	淋浴器		200～300	37～40
	浴盆	125～150	250～300	40
6	公共浴室			
	浴盆	125	250	40
	淋浴器　有淋浴小间	100～150	200～300	37～40
	无淋浴小间		450～540	37～40
	洗脸盆	5	50～80	35
7	办公楼 洗手盆		50～100	35
8	理发室、美容院　洗脸盆		35	35
9	实验室			
	洗脸盆		60	50
	洗手盆		15～25	30

续表

序号	卫生器具名称	一次用水量/L	小时用水量/L	使用水温/°C
10	剧场 淋浴器 演员用洗脸盆	 60 5	 200～400 80	 37～40 35
11	体育场馆　淋浴器	30	300	35
12	工业企业生活间 淋浴器　一般车间 脏车间 洗脸盆或盥洗槽水嘴　一般车间 脏车间	 40 60 3 5	 360～540 180～480 90～120 100～150	 37～40 40 30 35
13	净身器	10～15	120～180	30

注：一般车间指现行《工业企业设计卫生标准》中规定的3，4级卫生特征的车间；脏车间指该标准中规定的1，2级卫生特征的车间。

附表8　直接供应热水的热水锅炉、热水机组或水加热器的最高水温和配水点的最低水温

水质处理情况	热水锅炉、热水机组或水加热器出口的最高水温/°C	配水点的最低水温/°C
原水水质无须软化处理、原水水质需水质处理且有水质处理	75	50
原水水质需水质处理但未进行水质处理	60	50

注：① 当热水供应系统只供淋浴和盥洗用水，不供洗涤盆（池）洗涤用水时，配水点最低水温可不低于40 ℃。

② 局部热水供应系统和以热力管网热水作热媒的热水供应系统，配水点最低水温为50 ℃。

③ 从安全、卫生、节能、防垢等考虑，适宜的热水供应温度为55～60 ℃。

④ 医院的水加热温度不宜低于60 ℃。

附表9　盥洗用、沐浴用和洗涤用的热水水温

用水对象	热水水温/℃
盥洗用（包括洗脸盆、盥洗槽、洗手盆用水）	30～35
淋浴用（包括浴盆、淋浴器用水）	37～40
洗涤用（包括洗涤盆、洗涤池用水）	约50

注：① 当配水点处最低水温降低时，热水锅炉和水加热器最高水温可相应降低；

② 集中热水供应系统中，在水加热设备和热水管道保温条件下，加热设备出口处与配水点的热水温度差一般不大于10 ℃。